计算机前沿技术丛书

人工智能软件测试技术

王月春 主编
高凌燕 张倩 吕庆 副主编

清華大學出版社
北京

内容简介

本书介绍了软件测试的基本概念、基本原理、基本方法及过程等内容,包括软件测试概述、静态测试、黑盒测试、白盒测试、集成测试、系统测试、测试报告与管理、智能软件测试以及单元测试框架 JUnit、压力测试工具 JMeter 的使用方法,同时还介绍了软件测试与质量保证等内容。

本书是软件测试的基础教材,旨在让读者能够熟练地对实际软件进行有效测试,为后续核心课程的学习积累知识,培养读者的专业技能,满足软件开发、软件测试和软件质量保障等技能要求。

本书适合作为高等院校计算机相关专业的教材,也可作为软件测试及开发人员的参考书。

图书在版编目(CIP)数据

人工智能软件测试技术/王月春主编.—北京:清华大学出版社,2023.1(2024.2重印)
(计算机前沿技术丛书)
ISBN 978-7-302-61334-3

Ⅰ.①人… Ⅱ.①王… Ⅲ.①人工智能—软件—测试 Ⅳ.①TP18

中国版本图书馆 CIP 数据核字(2022)第 122367 号

责任编辑: 王 芳
封面设计: 沈 露
责任校对: 郝美丽
责任印制: 沈 露

出版发行: 清华大学出版社
网 址: https://www.tup.com.cn,https://www.wqxuetang.com
地 址: 北京清华大学学研大厦 A 座　**邮 编:** 100084
社 总 机: 010-83470000　**邮 购:** 010-62786544
投稿与读者服务: 010-62776969, c-service@tup.tsinghua.edu.cn
质量反馈: 010-62772015, zhiliang@tup.tsinghua.edu.cn
课件下载: https://www.tup.com.cn,010-83470236
印 装 者: 三河市龙大印装有限公司
经 销: 全国新华书店
开 本: 185mm×260mm　**印 张:** 14　**字 数:** 344 千字
版 次: 2023 年 1 月第 1 版　**印 次:** 2024 年 2 月第2 次印刷
印 数: 1201～1700
定 价: 49.00 元

产品编号:094908-01

“人工智能服务”系列教材编审委员会

续表

职　称	姓　名	学　校
编委会成员	洪政	重庆公共运输职业学院
	合尼古力·吾买尔	新疆交通职业技术学院
	颜远海	广州华商学院
	郭洪延	沈阳职业技术学院
	马力	沈阳职业技术学院
	梁圩钰	石家庄铁路职业技术学院
	赵丽君	石家庄铁路职业技术学院
	潘益婷	浙江工贸职业技术学院
	桂凯	浙江工贸职业技术学院
	徐欣欣	浙江工贸职业技术学院
	王丽亚	浙江工贸职业技术学院
	周杰	浙江工贸职业技术学院
	项朝辉	浙江工贸职业技术学院
	苏布达	呼和浩特民族学院
	张大成	河北建材职业技术学院
	刘俊	湖南机电职业技术学院
	李红日	湖南机电职业技术学院
	谢薇	温州城市大学
	孟进	昆明文理学院
	高嘉璐	昆明文理学院
	金雷	广东工业大学
	周帅	北京博海迪信息科技股份有限公司

前言

PREFACE

软件测试是软件质量保证的重要手段之一，是及时发现软件缺陷、避免软件因存在问题或漏洞而遭受损失的重要措施。特别是随着大数据、云计算、人工智能等技术的发展，软件的功能越来越复杂，软件的质量保证显得更为重要。近年来随着企业对软件测试越来越重视，测试人员与开发人员比例由 1∶7 上升至 1∶3，说明软件行业对测试岗位的认识越来越深入，对专业测试人员的重视逐步增强。

随着软件系统规模和复杂性的增加，软件需要进行高效专业化的软件测试，对测试人员的能力要求也越来越高，但是国内从事软件测试的人员相对短缺，特别是有经验的软件测试人员更加缺乏。随着软件行业的发展，企业需要更多专业的软件测试人才。

本书从软件测试的基本内容出发，将理论与实践相结合，突出重点，介绍了软件测试的基本过程，测试计划，测试用例设计与测试执行，测试工具应用，测试管理，测试报告的撰写等。针对测试阶段，重点就单元测试、集成测试、系统测试进行介绍；在测试设计方面，重点介绍了黑盒测试、白盒测试等，并介绍了性能测试工具 JMeter 的使用方法。

全书共 8 章，第 1 章为软件测试概述，介绍软件测试与软件工程的关系、软件测试模型、软件测试分类和测试用例的概念。第 2 章介绍静态测试的方法，包括代码走读、代码坏味与软件重构、软件质量与质量管理平台、软件能力成熟度模型(CMM)。第 3～6 章介绍软件测试的核心方法和技术，分别是黑盒测试、白盒测试、集成测试和系统测试的知识点和技术，从不同维度深入介绍软件测试的主要技术。第 7 章介绍测试报告与管理的基本知识、缺陷跟踪与缺陷生命周期相关知识、测试管理系统及管理工具。第 8 章介绍智能软件测试、自动化测试、基于人工智能的软件测试、基于人工智能的测试软件。附录部分介绍了软件测评师考试大纲。

通过本书的学习，读者可以掌握软件测试的基本概念、基本方法，软件测试的主要技术，以及软件性能测试和测试管理等知识；通过对相关知识的学习和应用，读者可以理解软件测试的基本理论，熟练掌握软件测试的技术，为今后开展大型软件测试奠定扎实的基础。

本书由王月春担任主编，高凌燕、张倩、吕庆担任副主编。其中，王月春编写第 1 章和第 2 章，高凌燕编写第 3 章和第 5 章，张倩编写第 4 章和第 7 章，吕庆编写第 6 章和第 8 章。全书由王月春统稿。

石家庄邮电职业技术学院计算机系的老师和同学对本书的编写提供了大量的支持，并提出了不少宝贵建议和修改意见，在此向他们表示感谢。同时，还要感谢书后参考文献的作者，感谢他们的资料对本书的指导。清华大学出版社王芳编辑对本书的出版给予了宝贵支持。

由于编者水平有限，时间仓促，书中不妥之处在所难免，敬请广大读者批评指正。

编　者

2022年7月

目录

CONTENTS

第1章

软件测试概述

学习目标：

- 了解软件测试的概念。
- 了解软件测试的产生与发展。
- 了解软件测试与软件工程的关系。
- 理解软件测试的流程。
- 理解软件测试的分类、原则。
- 掌握软件测试的原则与测试用例的相关知识。

本章介绍软件测试的基本概念，软件测试的产生与发展，软件测试的分类、原则以及测试用例的相关知识，测试环境及对测试人员的要求。

1.1 软件测试的背景与定义

软件是一种计算机程序，一般是由各种逻辑组成指令或程序集合。随着各种高级编程语言的出现，各种业务逻辑越来越复杂，使得软件的规模和复杂性与日俱增，特别是由于软件是一种逻辑组成的编程语言实体，这种固有的特点使其无法批量生产，导致软件产品的质量难以控制，与能够批量生产的硬件的质量控制有很大不同。

1.1.1 软件测试

1. 软件测试的定义

软件测试专家 G. J. Myers 曾经给软件测试做如下定义：是为了发现错误而进行的针对某个程序的执行过程，是以寻找程序中存在的错误为目标，一个成功的测试必须是发现程序错误的测试。因此，G. J. Myers 给出与测试相关的三个要点。

(1) 测试是为了证明程序有错误，而不是证明程序没有错误。

(2) 一个好的测试用例是发现了至今没有发现的错误。

(3) 一个成功的测试是发现了至今未发现的错误的测试。

电气电子工程师协会(Institute of Electrical and Electronics Engineers,IEEE)1983年给“软件测试”的定义是“使用人工或自动化手段来运行或测试某个软件系统的过程,其目的在于检验它是否满足规定的需求或弄清预期结果与实际结果之间的差别”。它是帮助识别开发完成(中间或最终版本)的计算机软件(整体或部分)的正确度(correctness)、完成度(completeness)和质量(quality)的软件过程,是软件质量保证(Software Quality Assurance,SQA)的重要子域。

通过分析不难看出,这个定义包含如下几个要点。

(1) 软件测试分为人工测试和自动化测试。

(2) 软件测试是一个过程,需要进行过程管理。

(3) 软件测试的目的是检验软件是否满足规定的需求。

(4) 软件测试的主要工作是设计测试用例、执行测试用例、记录分析测试用例执行结果。

(5) 软件测试要比较软件执行的预期结果与软件实际执行结果之间的差别。

(6) 软件测试是软件质量保证的重要手段。

IEEE计算机学会(IEEE Computer Society)职业实践委员会(Professional Practices Committee)在《软件工程知识体系指南2004版》中对上述定义进行了补充,其定义和解释如下:“测试是为了评价和改进产品质量,标识产品的缺陷和问题而进行的活动。软件测试是根据一个程序的行为,在有限的测试集合上针对期望行为的动态验证组成的,测试用例通常是从无限的执行域中适当选取的。”

这个定义中,阐述了几个与软件测试相关的关键问题,具体说明如下。

(1) 动态:动态意味着测试总是隐含在经过评价的输入中执行程序,输入值本身并不能充分确定一个测试,因为一个复杂的、非确定性的系统可能对相同的输入作出不同的反应行为,这取决于系统的状态。

(2) 有限:即使是简单的程序,理论上也有很多的测试用例,需要若干年或很长时间才能够完成穷举测试。因此,在实际工作中,一般认为整个测试集合是有限的。测试总是隐含了有限的资源和进度与无限的测试需求之间的权衡。

(3) 选取:人们提出的许多测试技术,本质上是如何选取测试集合的问题。必须意识到,不同的选择标准可能产生差别很大的结果。在给定的条件下,如何标识最适当的选择准则是一个复杂的问题。在实践中,需要使用风险分析技术和测试技能。

(4) 期望:确定观察程序执行的输出结果是否可接受,将观察到的结果与用户期望进行对比(确认测试),与需求规格说明书对比(验证测试),与隐含的需求的期望行为或合理的期望对比。

2. 软件测试相关术语

在软件测试方面的文献资料中,由于软件测试技术在近几十年的演进发展,衍生了很多名词术语,而且文献的作者所处领域不同,导致很多名词的使用比较混乱。

(1) 错误(error):人会做错事,编程时出现的错误称为缺陷(bug)。错误很容易传递和放大,比如需求分析阶段的错误会传递到系统设计阶段,并被放大,而且在编码阶段会进一步放大。

(2) 故障(fault):故障是错误的结果。更准确地说,故障是错误的具体表现形式,比如文字描述、数据流图、层次结构图、源代码等。故障在软件测试中的同义词是缺点(defect)。故障可能难以捕获。比如,设计人员犯下一个遗漏错误,所导致的故障表象上看是丢掉了一些应有的内容。故障又可以进一步细分为过失故障和遗漏故障。如果在表象中添加了不正确的信息,这是过失故障,而未输入正确的信息,则是遗漏故障。在这两类故障中,遗漏故障更难检测和纠正。

(3) 失效(failure):发生故障会导致失效。失效具有两个微妙的特征:①失效只出现在程序的可执行表现当中,通常是源代码,确切地说是程序加载后的目标代码;②这样定义的失效只和过失故障有关。那么如何处理遗漏故障对应的失效呢?进一步说,对于不轻易发生的故障,或者长期不发生的故障,情况又如何呢?Michelangelo病毒就是这种故障的例子,它只有在3月6日(Michelangelo生日)才执行。采用代码评审能够通过查找故障来避免失效。实际上,好的代码评审同样能够检查出遗漏故障来。

(4) 事故(incident):失效发生时,用户(或客户和测试人员)可能察觉到,也可能察觉不到。事故是与失效相关联的症状,它警示用户有失效发生。

(5) 测试(test):测试需要考虑到错误、故障、失效和事故等诸多问题。测试是利用测试用例来操作软件的活动。

(6) 测试用例(test case):每个测试用例都有一个明确的标识,并与程序的行为密切相关。每个测试用例还包括若干输入和期望输出。

3. 软件测试的重要性

从软件开发的角度来说,软件测试可以尽早发现和改正软件潜在的错误,能够避免给用户造成可能的损失,错误发现的越晚,造成的损失越大。对于用户来说,对软件进行测试是选择软件产品的依据,通过亲自测试或第三方测试来判定软件的质量,并作出选择。

软件测试可以保证对需求和设计的理解与表达的正确性,软件实现的正确性以及软件运行的正确性。通过软件测试还可以防止由于无意识行为而引入的一些人为错误。例如,一个新手程序员将C语言中的判断语句if(x==2)写成了if(x=2),就会导致该判断语句的结果永远为true,不会执行else语句的分支。这种错误可以通过代码检查的测试手段发现。

软件测试是软件质量保证的重要手段。在软件开发的总成本中,软件测试的成本占比30%~50%,有些复杂的软件,软件测试成本甚至超过50%。由此可见,要开发出高质量的软件产品,必须加强和重视软件测试工作。归纳起来说,软件测试的重要性表现在以下几方面。

(1) 一个不好的测试可能影响操作的性能和可靠性,并且可能导致在维护阶段花费巨大的成本。

(2) 一个好的测试是项目成功的重要保证。复杂项目在测试上花费的成本超过项目成本的一半,为了使测试更加有效,必须事先在测试计划和测试组织方面进行设计。

(3) 一个好的测试可以极大帮助定义需求,完善需求分析和设计,有助于项目一开始就步入正轨,测试的好坏对于整个项目的成功有着重要的影响。

(4) 一个好的测试可以使错误修复的成本下降很多。

(5) 一个好的测试有助于发现项目存在的许多问题。

1.1.2 软件工程

1. 软件工程的由来

由于软件越来越复杂，软件出现缺陷的可能性越来越大，人们逐渐认识到软件的开发过程需要采用工程化的思想进行管理，北大西洋公约组织(NATO)于1968年举办了首次软件工程学术会议，在会议上提出了"软件工程"(Software Engineering，SE)的概念，并建议"软件开发应该是类似工程的活动"。软件工程从提出到现在，业界对其进行了广泛的技术实践，并产生了大量的研究成果，现在已经逐渐发展成为一门独立的学科。

工程不仅仅是一个学科，它还是解决软件问题的方法，包括管理、过程和技术三方面。其中，"过程"是指软件的开发过程、维护过程和管理过程。把经过时间考验和实践检验的管理技术和当前最好的技术方法相结合，这就是软件工程。它涉及程序语言、数据库、软件开发工具、系统平台、标准、文档等多方面的内容。

2. 软件工程的定义

软件工程的目标是采用工程化的方法，提高软件产品质量和软件生产效率，降低软件开发成本，减少软件缺陷，成功构建满足用户需求的软件系统。那么，软件工程是如何定义的呢？

一直以来，软件工程都缺乏统一的定义，很多专家学者、组织机构分别给出了自己的定义。

(1) 运用现代科学技术知识设计并构造计算机程序以及为开发、运行和维护这些程序所必需的相关文件资料。

(2) 应用系统化、遵从原则、可以被计量的方法来发展、操作及维护软件，也就是把工程应用到软件上。

(3) 创立与使用健全的工程原则，以便经济地获得可靠且高效的软件。

(4) 对软件分析、设计、实施及维护的一种系统化方法。

(5) 软件工程师关于设计和开发高质量软件的工程化方法。

IEEE在软件工程术语汇编中给出了以下定义：软件工程是将系统化的、严格约束的、可量化的方法应用于软件的开发、运行和维护，即将工程化应用于软件中的方法研究。

弗里茨·鲍尔(Fritz Bauer)在NATO会议上对软件工程的定义：建立并使用完善的工程化原则，以较为经济的手段获得能在实际机器上有效运行的可靠软件的一系列方法。

《计算机科学技术百科全书》对软件工程的定义：软件工程是应用计算机科学、数学、逻辑学及管理科学等原理，开发软件的工程。软件工程借鉴传统工程的原则和方法提高质量、降低成本和改进算法。其中，计算机科学、数学用于构建模型与算法，工程科学用于制定规范、设计泛型(paradigm)、评估成本及确定权衡，管理科学用于计划、资源、质量和成本等管理。

3. 软件工程的目标

一个好的软件工程需要达到以下几方面的目标。

(1) 达到用户需求的功能要求。软件以实现用户的需求为目标，满足用户需求规格说明书中提出的功能需求，用户需求规格说明书也是软件验收测试的依据。

(2) 软件运行具有较好的性能。一个好的软件除了要满足用户的需求外，还要具有较好的性能,即软件在合理的用户规模下,应具有良好的使用性能和用户体验。

(3) 软件开发的低成本。软件的成本一般包括从项目立项到项目验收交付期间的需求分析、设计、编码、系统集成、测试、验收交付等活动产生的直接成本和间接成本。软件开发过程中,成本是需要进行科学管理的。

(4) 软件具有较好的可移植性。通常是指软件源代码在不同操作系统下需要修改的代码越少,可移植性就越好。比如,使用 Java 在 Windows 操作系统下开发的程序,可以不经过或经过少量的代码改动就可以移植到 Linux 操作系统中运行。

(5) 开发的软件可维护性强。当软件因为错误或新的需求变化,而需要对软件进行更新、修改和改进完善的难易程度称为软件的可维护性。越容易修改完善更新的软件,其可维护性越强。

(6) 软件开发过程有较好的项目管理,能够按时交付产品。软件开发过程中的项目管理通常包含项目的范围管理、时间管理、成本管理、质量管理及风险管理等。项目管理过程越完善,项目按时交付的可能性越大。

4. 软件工程的核心知识

(1) 软件需求(software requirements)。

(2) 软件设计(software design)。

(3) 软件建构(software construction)。

(4) 软件测试(software test)。

(5) 软件维护与更新(software maintenance)。

(6) 软件构型管理(Software Configuration Management,SCM)。

(7) 软件工程管理(Software Engineering Management,SEM)。

(8) 软件开发过程(Software Development Process,SDP)。

(9) 软件工程工具方法(Computer-Aided Software Engineering,CASE)。

1.1.3 软件缺陷

1. 软件缺陷定义

软件在运行过程中出现的各种不正常情况,包括问题、错误、功能失效及与用户的需求不一致等都属于软件缺陷。

IEEE STD729—1983 中给出了软件缺陷的定义:软件缺陷就是软件产品中所存在的问题,最终表现为用户所需要的功能没有完全实现,不能满足或不能全部满足用户的需求。这里有一个关键点需要注意,不能满足或不能全部满足用户的需求都是软件缺陷,从另一个角度来说,软件的功能一定要追溯到用户的需求。

从软件产品内部来看,软件缺陷是软件在开发建设过程中存在的错误、误差等各种问题的可能性表现。从软件产品外部来看,软件缺陷是系统功能没有实现或没有完全实现。

从前述软件工程的过程来看,软件开发主要经历了需求分析、软件设计、软件编码等主要环节,因而软件缺陷的表现会多种多样,不仅表现在功能没有实现方面,还体现在以下几方面。

(1) 软件没有实现产品规格说明书中所要求的功能。

(2) 软件中实现了产品规格说明书中没有提到的功能。

(3) 软件中出现了产品规格说明书中指出的不该出现的错误。

(4) 软件没有实现产品规格说明书中虽未明确说明但是应该实现的功能。

(5) 软件难以使用,难以理解,运行缓慢。

2. 软件缺陷案例及影响

由于软件缺陷的存在,使得软件使用起来会造成或多或少的损失,造成或大或小的危害,甚至会导致一些不可估计的后果。

1) "千年虫"问题(1974 年前后)

在 20 世纪 70 年代,由于计算机的存储设备非常昂贵,存储空间有限,计算机程序员为了节省存储空间,将程序中表示年份的四位数字只保留后两位数字,如将"1978"年保存为"78"年,并想当然地认为到了 2000 年程序早就更新换代了。但是直到 1995 年,这些保存两位年份的程序仍在使用,原来的程序员已经退休,没有人想到深入检查这些程序的 2000 年兼容问题(也称"千年虫"问题)。到了 20 世纪末的最后阶段,全世界的计算机中各类软硬件系统,都需要对此类系统进行升级或更换来解决潜在的"千年虫"问题,为此付出了数千亿美元的代价。

2) 美国爱国者导弹防御系统(1991 年)

美国爱国者导弹防御系统是主动防御系统的简化版本,它首次被用于对抗伊拉克飞毛腿导弹的防御作战中,有几次没有成功拦截伊拉克飞毛腿导弹。分析发现拦截失败的原因在于一个软件缺陷,当爱国者导弹防御系统的时钟累计运行 14 小时后,由于时间的误差,导致系统跟踪不再准确。

3) Intel 公司的奔腾处理器芯片缺陷(1994 年)

在计算机的"计算器"程序中输入以下公式:

$$(4195835/3145727)\times 3145727-4195835$$

如果结果是 0,表明计算机没有问题。若得到其他结果,就说明计算机使用的奔腾处理器芯片会带来浮点除法软件缺陷。1994 年,Intel 奔腾处理器芯片就存在这个缺陷,而且大量生产供用户使用,最后,Intel 公司为这个软件缺陷道歉并支付 4 亿美元进行芯片的更换。

这个缺陷是美国弗吉尼亚州 Lynchburg 学院的 Thomas R. Nicely 博士发现的,他在使用 Intel 奔腾处理器芯片的计算机上做除法实验时记录到了一个预料外的结果。他把发现的问题放到网上,随后引发成千上万人的关注。好在这种情况很少见,只有在进行精度很高的数学、科学和工程计算时才会出现错误,大多数用户不会遇到这种情况。

这个案例不仅说明软件缺陷带来的问题,更重要的是说明对待软件缺陷的态度。

(1) Intel 公司的软件测试工程师在芯片发布之前进行内部测试时已经发现这个问题,但是管理层认为这个缺陷没有严重到必须修正的地步,甚至认为没有必要公布这个问题。

(2) 当这个软件缺陷被发现时,Intel 公司通过新闻发布会和公开声明试图掩盖这个问题的严重性。

(3) 受到舆论压力时,Intel 公司承诺更换有问题的芯片,但是要求用户必须证明自己受到软件缺陷的影响。

结果,舆论大哗,互联网上充斥着愤怒的客户要求 Intel 公司解决问题的呼声。最后,Intel 公司在网站报告已经发现的问题,并认真对待客户的反馈意见。

4）“冲击波”计算机病毒（2003 年）

2003 年 11 月 8 日，“冲击波”病毒首先在美国发作，使美国政府机关、企业和个人用户的成千上万的计算机受到攻击。随后，“冲击波”病毒在互联网上广泛传播，很快，中国、日本、欧洲等国家和地区的计算机相继受到攻击，结果使得十几万台邮件服务器瘫痪，给世界互联网通信造成了惨重的损失。分析原因，黑客利用了微软 Windows Messenger Service 中的一个缺陷，突破了计算机安全屏障，使基于 Windows 操作系统的计算机崩溃。该缺陷几乎影响所有的微软 Windows 操作系统。随后，微软公司不得不紧急发布补丁包修复缺陷。

5）诺基亚手机平台缺陷（2008 年）

2008 年 8 月，诺基亚公司的 Series40 手机平台发现严重缺陷，黑客能够在他人的手机上安装和激活应用软件。造成缺陷的原因是 Series40 手机使用的是旧版本的 J2ME，使黑客能够远程访问本应受限的手机功能。

3. 软件缺陷产生的原因

在软件开发过程中，软件缺陷的产生是不可避免的。那么，产生软件缺陷的原因主要有哪些呢？软件缺陷的产生是由软件产品本身的特点和软件开发过程决定的。主要从软件本身、团队工作和技术问题等角度进行分析，就可以了解软件缺陷产生的原因。

1）软件本身的问题

（1）需求方面的原因。主要是需求不清晰，使软件的设计目标与用户的需求发生偏差，从而引起功能或产品特征的缺陷。

（2）系统结构方面的原因。对于复杂的软件系统，由于系统结构非常复杂，而又无法设计成一个很好的层次结构或组件结构，结果导致意想不到的问题或系统维护、扩充上的困难；即使设计成良好的面向对象的系统，由于对象、类太多，很难完成对各种对象、类相互作用的组合测试，从而隐藏着一些参数传递、方法调用、对象状态变化等方面问题。

（3）对程序逻辑路径或数据范围的边界考虑不够周全，漏掉某些边界条件，造成容量或边界错误。特别是针对程序的边界测试不全面容易产生软件缺陷。

（4）对金融、证券等高并发的实时生产系统，要进行精心设计和技术处理，保证精确的时钟同步，否则容易引起时间上不协调、不一致性带来的问题。例如在数据库集群软件中，需要操作系统提供 NTP 时钟服务，随时保持集群内主机之间的时钟同步，否则极易引起数据库集群故障，导致软件运行发生问题。

（5）如果未考虑系统崩溃后的自我恢复或数据的异地备份、灾难性恢复等问题，可能会产生系统安全性或可靠性等方面的隐患。

（6）系统运行环境的复杂，用户使用的计算机环境千变万化，包括用户的各种操作方式或各种不同的输入数据，容易引起一些特定用户环境下的问题；在系统实际应用中，数据量很大，从而会引起强度或负载问题。如 B/S 模式下的浏览器有各种版本，对有些软件界面的支持程度有很大的区别。很多金融类软件，用户终端千差万别，设备采购时间相隔也比较久远，对软件的支持程度也有很大的差距。

（7）由于通信端口多、存取和加密手段的矛盾等会造成系统的安全性或适用性等问题。

（8）新技术的采用，可能涉及事先未考虑到的技术或系统兼容的问题。

2）团队工作的问题

（1）系统需求分析时对客户的需求理解不清楚，或者和用户的沟通存在一些困难。这就特别强调软件的需求分析要尽量深入，通过大量的用户访谈、结构化分析、原型设计等方法，尽可能多了解用户的需求，切实深入分析用户到底在想什么、要什么、做什么等问题。

（2）不同阶段的开发人员相互理解不一致。例如，软件设计人员对需求分析的理解有偏差，编程人员对系统设计规格说明书的某些内容重视不够或存在误解。不同阶段的人员沟通不到位。

（3）对于设计或编程上的一些假定或依赖性，相关人员没有充分沟通。

（4）项目组成员技术水平参差不齐，新员工较多或培训不够等原因也容易引起问题。

3）技术方面的问题

（1）算法错误，在给定条件下没能给出正确或准确的结果。

（2）语法错误，对于编译性语言程序，编译器可以发现这类问题；但对于解释性语言程序，只能在测试运行时发现。

（3）计算和精度问题，计算的结果没有满足所需要的精度。

（4）系统结构不合理、算法选择不科学，造成系统性能低下。

（5）接口参数传递不匹配，导致模块集成出现问题。

4）项目管理的问题

（1）对项目质量不够重视，缺乏质量文化，不重视质量计划，对质量、资源、任务、成本等的平衡性把握不好，容易挤掉需求分析、评审、测试等时间，遗留比较多的缺陷。

（2）系统分析时对客户的需求不是十分清楚，或者和用户的沟通存在一些困难。

（3）开发周期短，需求分析、设计、编程、测试等各项工作不能完全按照定义好的流程进行，工作不够充分，结果不完整、不准确，错误较多；周期短，还给各类开发人员造成太大的压力，从而引起一些人为的错误。

（4）开发流程不够完善，存在太多的随机性和缺乏严谨的内审或评审机制，容易产生问题。

（5）文档不完善，风险估计不足等。

5）帕累托法则

帕累托法则（Pareto principle）也称为80/20法则，以意大利经济学家维尔弗雷多·帕累托（Vifredo Pareto）的名字命名。约瑟夫·莫西·朱兰（Joseph M·Juran）博士在管理学中采纳了该思想，认为事物的主要结果只取决于一小部分因素。这个思想经常被应用到不同的领域，经过大量的试验检验后，被证明其在大部分情况下，都是正确的。

虽然软件缺陷产生的原因很多，有技术层面的，也有管理层面的，但通常情况下，大多数缺陷都是由有限的原因产生的，这就是帕累托法则在软件缺陷产生原因方面的应用。也就是说，80%的软件缺陷是由20%的构件引起的，即软件缺陷主要集中在一小部分构件上。

从软件工程的角度来说，帕累托法则也同样适用。比如，80%的工程活动是由20%的需求消耗的，也就是说，软件开发的工作量可能集中在一小部分需求上面，这就提示我们在做需求分析时，要更多关注那些优先级高的需求，避免由于关键需求的变更引起大量的返工。帕累托法则同样适用于软件系统实施失败的原因，如图1-1所示。

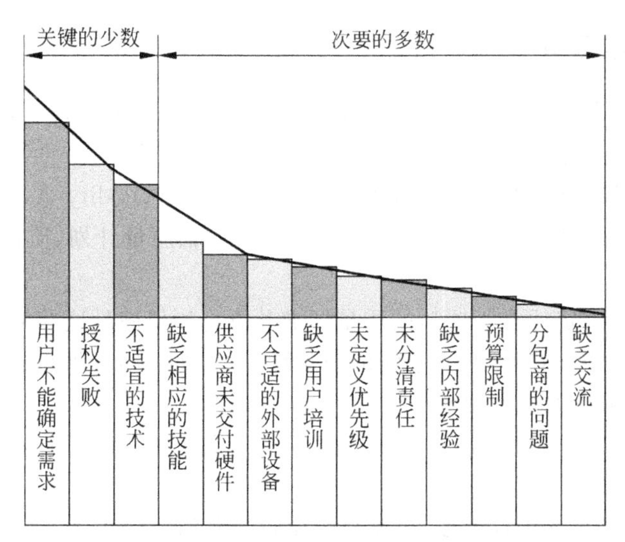

图 1-1　软件系统实施失败原因的帕累托分析

4. 软件缺陷的修复成本

一般而言，在软件开发过程中，对于发现的软件缺陷要尽快进行修复。软件的缺陷不只是在编程阶段产生，在需求分析和设计阶段同样会产生错误，正如前文所述，需求分析阶段的错误如果没有被发现，或者发现了但是没有被修复，在后面的设计和编码阶段甚至会放大错误，造成更加严重的损失。从这个角度不难得出结论：错误发现的越早，造成的损失越小；相反则造成的损失越大。按照这个逻辑推理下去，软件测试工作应尽早开始并不断进行。

就软件缺陷修复成本而言，缺陷发现的越早或解决的越早，修复成本越低。如果在需求阶段修正一个错误的代价是 1，那么在设计阶段就是它的 3～6 倍，在编码阶段是它的 10 倍，在内部测试阶段是它的 20～40 倍，在外部测试阶段是它的 30～70 倍，等到产品发布时，这个数字就是 40～1000 倍。由此可见，修正错误的代价不是随着时间线性增长的，而是几乎呈指数级增长。

IBM 公司质量工程经理 Laura Rose 在 1996 年指出，在设计阶段修复一个缺陷的平均成本是 25 美元，而在产品发布部署之后是 16000 美元。

软件开发各阶段缺陷修复成本如图 1-2 所示。

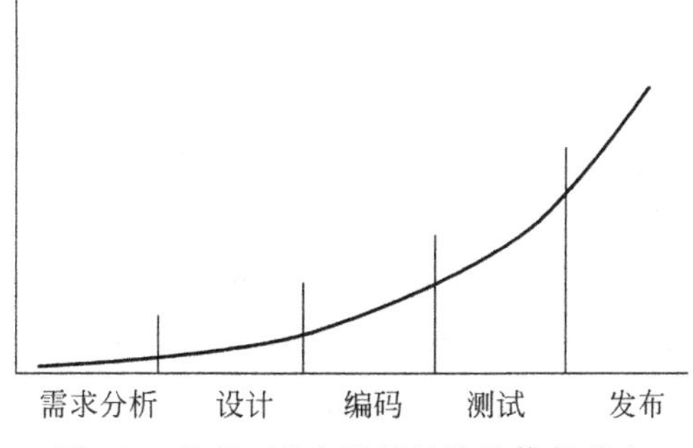

图 1-2　软件开发各阶段缺陷的修复成本

1.1.4 软件质量

ISO 9000 对项目质量的定义是：一组固有特性满足需求的程度。需求是指明示的、通常隐含的或必须履行的需求或期望，特性是指可以区分的特征。

为提高软件质量，通常项目开发团队会设置质量保证（Quality Assurance，QA）组织或岗位，负责软件的质量保证工作。项目质量管理主要包括质量计划、质量保证和质量控制三个过程。

（1）质量计划：确定适合于项目的质量标准并决定如何满足这些标准。

（2）质量保证：用于有计划的、系统的质量活动（例如：同行评审或审计等），确保项目中的所有过程满足项目关系人的期望。

（3）质量控制：监控项目结果以确定是否符合有关标准，制定有效方案，以消除产生项目质量问题的原因。

质量管理的理论和方法有很多，简要介绍比较经典的管理方法。

1. PDCA 循环

PDCA 循环是美国质量管理专家沃特·A. 休哈特（Walter A. Shewhart）首先提出的，由戴明（Deming）采纳、宣传，获得普及，所以又称戴明环，如图 1-3 所示。全面质量管理的思想基础和方法依据就是 PDCA 循环。PDCA 循环的含义是将质量管理分为四个阶段，即计划（Plan，P）、执行（Do，D）、检查（Check，C）和处理（Act，A）。在质量管理活动中，要求把各项工作按照作出计划、计划实施、检查实施效果来进行，然后将成功的纳入标准，不成功的留待下一循环去解决。这一工作方法是质量管理的基本方法，也是企业管理各项工作的一般规律。

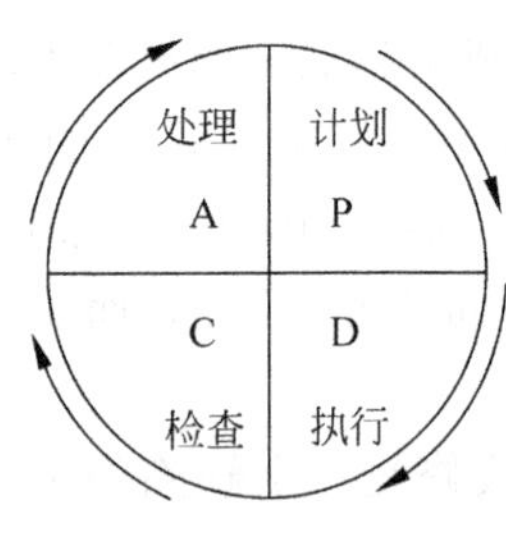

图 1-3 戴明环示意图

（1）计划包括方针和目标制定，活动计划制定。

（2）执行是指根据计划，设计具体的方法和方案，进行具体的执行和操作，实现计划中制定的内容。

（3）检查是指根据计划和执行的结果，检查结果的正确性，以及哪些环节正确，哪些环节错误，明确执行效果，找出问题。

（4）处理是指对检查的结果进行处理，总结成功经验并加以标准化处理，对失败的教训进行反思。对于没有解决的问题，提交下一个 PDCA 循环处理。

2. 六西格玛

六西格玛（Six Sigma，6σ）质量管理的概念是 1986 年由摩托罗拉公司的比尔·史密斯（Bill Smith）提出的，主要目标是降低生产过程中产品及流程的缺陷次数，减少产品异常，提升产品质量。20 世纪 90 年代，通用电气公司实践并总结发展了 6σ 管理经验，提炼管理精华形成了提高企业绩效的管理模式。

6σ 管理方法的核心是追求零缺陷产品生产，降低成本。σ 是希腊文中的一个字母，在统计学中用来表明标准偏差值，描述总体中个体偏离均值的程度。测量出来的 σ 表征单位缺陷、百万缺陷或错误的概率，σ 越大，表明缺陷就越少。6σ 是一个目标，这个质量水平意味的是在所有的过程和结果中，99.99966％是无缺陷的，也就是说，做 100 万件事情，其中只有 3.4 件是有缺陷的，这几乎趋近到人类能够达到的最为完美的境界，也是质量管理追求的目标。6σ 理论认为，大多数企业在 3σ～4σ 间运转，也就是说每百万次操作失误为 6210～66800，这些缺陷要求经营者将销售额的 15%～30%进行事后弥补或修正。如果做到 6σ，事后弥补的资金将降低为销售额的 5%左右。

3. 软件能力成熟度模型

软件业一致认为，影响软件项目进度、成本、质量的因素主要是“人、过程、技术”。根据现代软件工程对众多失败项目的调查，发现管理是软件失败的主要原因，这说明“要保证项目不失败，就要更加关注管理”。

软件能力成熟度模型(Capability Maturity Model for software，CMM)是由美国卡内基-梅隆大学软件工程研究所研究出来的评价软件承包商能力并帮助改进软件质量的方法。其目的在于帮助软件企业对软件工程过程进行管理和改进，增强开发和改进能力，从而按时、不超预算地开发出高质量软件。

CMM 首先是作为一个“评估标准”出现的，用于定义和评价软件公司开发过程的成熟度，提供怎样做才能提高软件质量的指导。CMM 是通用的，适合于任意规模的软件公司。CMM 共划分为 5 个等级，如图 1-4 所示。

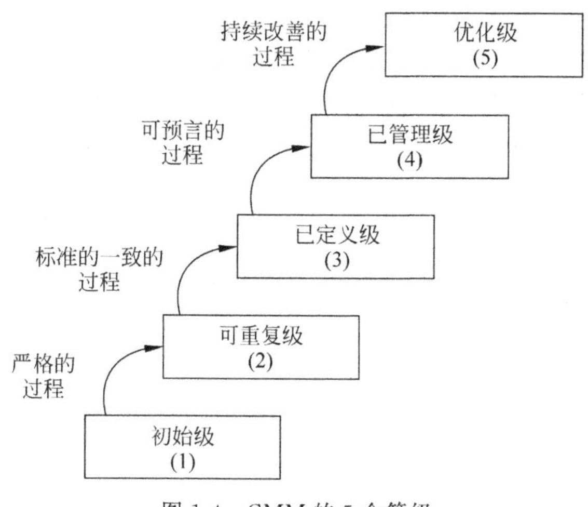

图 1-4　CMM 的 5 个等级

(1) 初始级。初始级的工作是无序的，项目进行过程中经常放弃当初的计划。管理没有章法，缺乏健全的管理制度。开发成效不稳定，项目主要依靠项目负责人的经验和能力，关键人物离开后，工作秩序将面目全非。

(2) 可重复级。在以往项目经验的基础上建立了软件项目的基本管理制度和规程，管理工作有章可循，项目的计划和跟踪是稳定的，初步实现了标准化，开发工作比较好的按标准实施。变更依法进行，做到了基线化。

(3) 已定义级。开发过程和管理过程均已实现标准化、文档化，建立了完善的培训制度和专家评审制度，项目的成本、进度、功能等技术和管理活动均可控制，对项目的过程、岗位和职责都有共同的理解。

(4) 已管理级。所有的产品和工程均建立了定量的质量目标和相应的度量方式及度量指标。通过度量可以控制软件的过程和产品，开发新领域软件的风险也可以得到有效控制，软件产品具有可预测的高质量。

(5) 优化级。企业可以集中精力改进过程，采用新技术、新方法，具有防止出现缺陷、识别薄弱环节以及加以改进的手段。可以取得过程有效的统计数据，并通过分析得到最佳方法，达到持续改善的境界。

4. 测试能力成熟度模型

软件产业的兴起对软件质量的要求越来越高，CMM 被用作软件开发过程的标准。虽然测试要占到整个项目花费的 30%～50%，但在各种软件质量改进模型中，测试很少被提及。基于此，提出了测试能力成熟度模型（Test capability Maturity Model for software，TMM）。测试能力成熟度模型划分为 5 个等级，如图 1-5 所示。

(1) 初始级。在初始级，测试是混乱的、无定义的过程，常常被作为调试的一部分。对于质量和风险没有足够清晰的认识，产品质量依赖于个人能力。测试也缺少资源、工具和训练有素的人员。

(2) 已管理级。测试成为一个可管理的过程并被清晰地从调试中分离出来。但测试仍然被认为是编码之后的一个阶段。在这个等级可以制订测试计划，并有了一定的测试方法，明确了哪些需要测试、什么时间测试以及由谁来测试等。在这个阶段，测试虽然开始得比较晚，但已经划分了单元测试、综合测试、系统测试、验收测试等。可管理级的过程域主要包括测试方针和策略、测试计划、测试监控、测试设计与执行、测试环境。

(3) 已定义级。在这个阶段，测试不再是编码后的一个阶段，测试被集成到整个开发生命周期中，测试计划在项目的初始阶段就完成了。已定义级存在测试的组织和培训，测试被

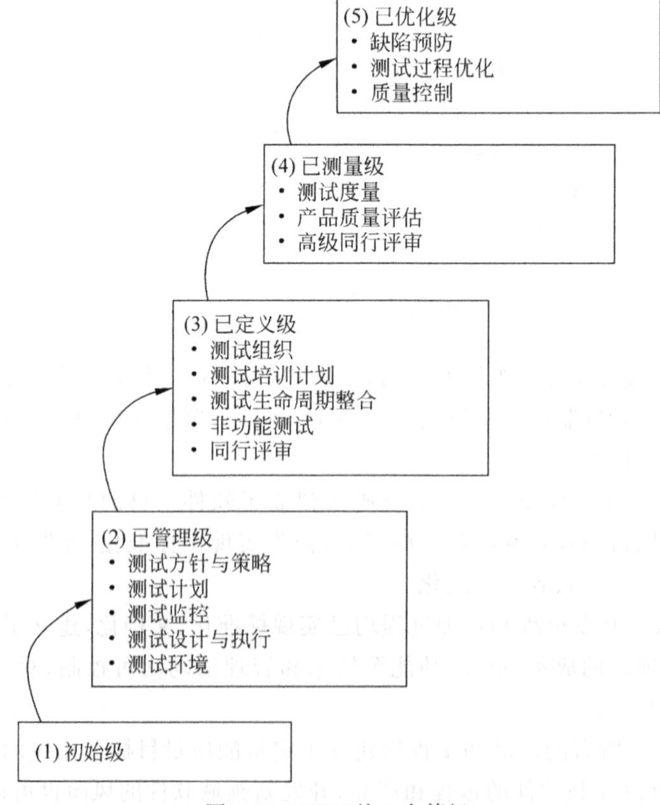

图 1-5　TMM 的 5 个等级

明确为一种职业。测试评审贯穿于整个项目的生命周期,需求说明书也纳入了评审范围。已定义级的过程域包括测试组织、测试培训计划、测试生命周期和整合、非功能测试、同行评审。

(4) 已测量级。在这个阶段,测试是一个充分定义、有事实根据和可度量的过程。为产品质量和过程性能制定多个目标,并作为标准进行管理。评审和检查被视为测试的一部分并用以度量文档质量,静态测试和动态测试被集成到一起。评审作为正式的质量控制手段,包括测试度量、产品质量评估、高级同行评审过程域。

(5) 已优化级。测试是一个完全可定义的过程,并能够控制成本和测试效率。测试方法和测试技术持续优化,缺陷预防和质量控制被引入过程域,选择和评估测试工具有详细的步骤,在测试设计、测试执行、测试用例管理等方面尽可能采用工具进行。测试是一个以缺陷预防为目标的过程。缺陷预防、测试过程优化、质量控制被纳入已优化级的过程域。

1.2 软件测试与人工智能的兴起

1.2.1 软件测试的发展

伴随着软件工程的产生和发展,软件测试也在不断发展变化。早期的软件测试理论和技术并不完善,也没有得到足够的重视。近二十年来,软件测试技术的发展很快,理论体系和技术发展也日趋成熟。

1. 软件测试初始阶段

在早期的软件开发过程中,软件的规模都比较小,复杂度低,软件的开发过程也没有计划性,缺乏“规范化”管理,对软件的测试也仅仅停留在程序调试阶段,一般由程序员完成,并对程序中发现的问题进行修改。早期的软件测试投入的人力物力很少,测试工作介入也晚,没有形成系统化的测试理论和测试方法。

到了1957年前后,软件测试开始受到重视,从软件调试正式走向了软件测试,并以验证软件的功能为主要目的,软件测试工作通常被安排在编码完成之后,这时仍缺乏有效的测试技术和测试方法。

2. 软件测试发展阶段

到了20世纪70年代,人们开始思考软件工程化的思想,“软件测试”这个词语也频频出现,在一些软件工程中也开始探索建立软件测试计划。1972年在美国北卡罗来纳大学(The University of North Carolina)召开了历史上第一次关于软件测试的正式会议。从此,软件测试开始受到重视,专业的软件测试人员也出现了,软件测试开始了正式的研究和发展。

1973年,比尔·赫泽尔(Bill Hetzel)博士首先给出了软件测试的定义:“就是建立一种信心,认为程序能够按照预期的设想运行”。后来,他又对软件测试的定义进行了修订:“评价一个程序和系统的特性或能力,并确定它是否达到预期的结果。软件测试就是以此为目的的任何行为”。这个定义中的“设想”和“预期结果”其实就是现在的用户需求。

3. 软件测试专门学科

从20世纪80年代开始,计算机被广泛应用于各行各业,软件开发进入了高速发展时期,各种应用场景都需要开发计算机软件,软件产业逐步走向成熟,软件的规模越来越大,软件的复杂度也越来越高，用户对软件的质量要求也越来越高。人们为软件开发和软件测试制定了各种流程和管理方法，产生了各种标准，如 IEEE、CMM 等，软件开发工作逐渐从无序向有序发展。

在这个时期，一些软件测试的理论和技术开始形成，并形成了软件测试的行业标准(IEEE/ANSI)。IEEE 给软件测试的定义明确指出，软件测试的目的是检验软件系统是否满足需求，表明了软件测试不再是一次性的活动，也不再是软件开发后期的活动，而是与整个软件开发流程相融合的。软件测试已经成为一个专业，一个专门学科，需要用专门的方法和手段并由专门的人才来承担。

4. 软件测试与软件开发融合

进入 20 世纪 90 年代，软件工程迅速发展，形成了各种各样的软件开发模式，关于软件质量保证的研究和实践也在不断演进发展，使得软件测试与软件开发出现了融合趋势。

随着软件工程技术在大型软件项目中应用，软件测试与软件开发的关系也由相对独立逐渐走向融合发展，软件开发人员也承担软件测试的责任，软件测试人员则更早地参与到软件开发过程中去，比如在需求分析阶段软件测试人员就开始参与到项目中来，软件开发与软件测试的界限变得模糊起来。

5. 软件测试的发展趋势

软件测试技术发展到现在，取得了长足的进步，但是仍赶不上软件开发技术的发展速度。软件测试理论仍沿用 20 世纪的成果，软件测试相当一部分的工作仍然需要依赖手工完成。然而，软件测试技术也在快速发展，出现了很多新的测试方法和测试工具，软件测试工具的自动化程度也越来越高，软件测试的发展进入了快车道。

软件测试工作在很大程度上是一种重复性的工作，表现在针对同一个功能点需要用不同的测试用例进行多次测试，比如在程序输入域的不同边界进行多个值的验证测试，对程序功能用合法输入、非法输入等进行验证，再如，进行回归测试时，需要测试人员重复使用以前的测试用例进行测试。基于以上原因，人们提出了自动化测试的方法。比较常见的自动化测试工具有功能测试、负载压力测试等。据工业和信息化部的调研数据来看，80%以上的软件企业都采用了自动化测试技术。

随着软件测试技术的不断发展，软件测试不仅仅关注软件的功能特性，更看重软件或产品的性能，使得性能测试工具得到了较为广泛的应用，积累总结了丰富的性能测试理论和方法，比如负载测试、压力测试等。同时出现了大量的性能测试工具，如 HP 公司的 LoadRunner、Jmeter 等。此外，软件测试在一些领域划分得更为详细，如手机软件测试、Web 应用测试、安全测试、可靠性测试等。

6. 人工智能技术融入软件测试

人工智能(Artificial Intelligence，AI)技术的发展，给软件测试注入了新的活力。通过人工智能技术与软件测试的结合，可以有效提高软件测试的效率。比如，基于机器学习的软件测试技术，可用于优化测试流程，通过 AI 算法预测故障点等。

1.2.2 人工智能技术的兴起

1. 人工智能技术发展简要历程

人工智能的概念由来已久，主要发展历程如图 1-6 所示。1956 年，在美国达特茅斯学院举行的一次讨论会上首次提出了“人工智能”的概念。但是人工智能技术的发展并不是一帆风顺的，在2000年以前，由于算法的局限性和计算能力的限制，人工智能技术更多是在实验室阶段，并没有走向市场。

到了2000年，随着计算机性能的大幅提升和互联网技术的快速普及，机器学习、深度学习、自然语言处理、计算机视觉等技术迅速发展，特别是2012年深度学习技术在图像处理和语音识别方面取得重大突破后，人工智能技术真正具备了从实验室步入市场的能力。

2016年Google DeepMind开发的人工智能围棋程序AlphaGo对决韩国围棋冠军李世石，以4：1的绝对优势大获全胜，让人工智能技术火热起来。

在国内，华为、阿里巴巴、百度、腾讯等高科技企业相继投入大量的人力物力开展人工智能应用研究，2019年，我国科技企业研发投入约4005亿元，其中人工智能算法研发投入占比9.3%，超过370亿元。人工智能与大数据、5G等都被列入国家新型基础设施的重要组成部分，人工智能技术正在成为当代最有影响力的前沿技术之一。

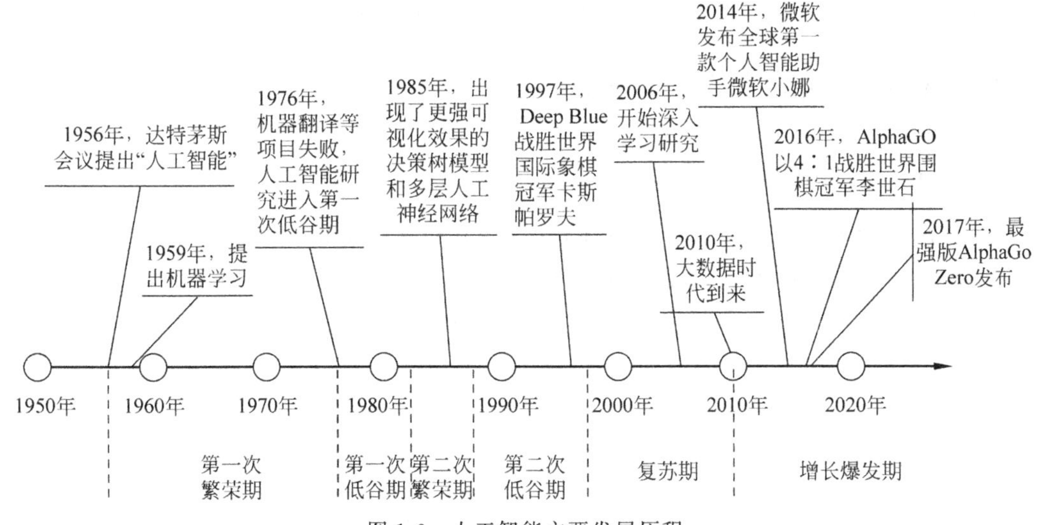

图1-6 人工智能主要发展历程

2. 人工智能技术对软件测试的影响

随着人工智能技术的快速发展，出现了以机器学习、自然语言处理等技术为基础的自主测试程序，以及结合决策树、神经网络等深度学习算法开发的人工智能测试机器人。人工智能测试机器人与传统的自动化测试工具和框架不同，人工智能测试机器人允许在不确定的条件下运行，通常在以下场合可以采用人工智能测试机器人进行测试。

(1) 差异化测试。比如，在软件开发过程中，开发人员增加或更新代码，都必须要进行新的测试，要确认新代码不会影响原有代码的正确运行，随着代码库中的新代码越来越多，需要进行回归测试的工作量将快速增长，甚至达到人工执行非常困难的地步。人工智能测试机器人通过比较程序的不同版本，对程序版本的差异进行分类，并从分类中进一步学习，完善测试算法。

(2) 视觉测试。针对基于界面的软件功能测试，可以基于图像识别技术，对软件功能屏幕和用户需求界面进行比较，来测试程序的外观。比如，机器人流程自动化(Robotic Process Automation，RPA)可以采用光学字符识别(Optical Character Recognition，OCR)

技术对屏幕文字和图片文字进行测试比较，并实现跨系统交互测试。

(3) 声明式测试。采用自然语言处理技术或特定领域的语言，比如财务领域的专业术语，让人工智能测试机器人明确测试意图，并由测试机器人确定如何开展测试。

通过人工智能技术进行软件测试，有助于减少手工测试耗时费力的问题，能够增强准确性，因为即使是最有经验的软件测试工程师，在面对大量数据时也会因疲劳等原因忽略一些缺陷。同时，软件测试工作融入人工智能技术，有助于加快测试进程，因为人工智能技术可以快速扫描出程序中更新的部分，进而开展更新测试。再者，人工智能技术的应用，还有助于正确理解客户需求，通过对用户的提问、意见反馈等内容进行分析，能够确定哪些需求具有更广泛的受众面，进而开发满足受众的新功能。

诚然，人工智能技术的发展和应用给软件测试带来了巨大的挑战，人们也采用人工智能技术对软件测试进行了有益的尝试，但是在当下看来，人工测试仍然不可或缺。就人工智能软件技术本身而言，也必然要通过人工测试的手段减少缺陷的产生。另外，采用人工智能技术的测试方法之后，节约下来的测试人员可以开展软件测试的创新性研究。

1.3 软件测试的流程与分类

1.3.1 软件测试流程

一般来说，软件测试从项目立项就开始进行了，主要包括五个主要环节，即测试需求分析、测试计划制定、测试设计、测试执行、测试分析。软件测试流程如图 1-7 所示。

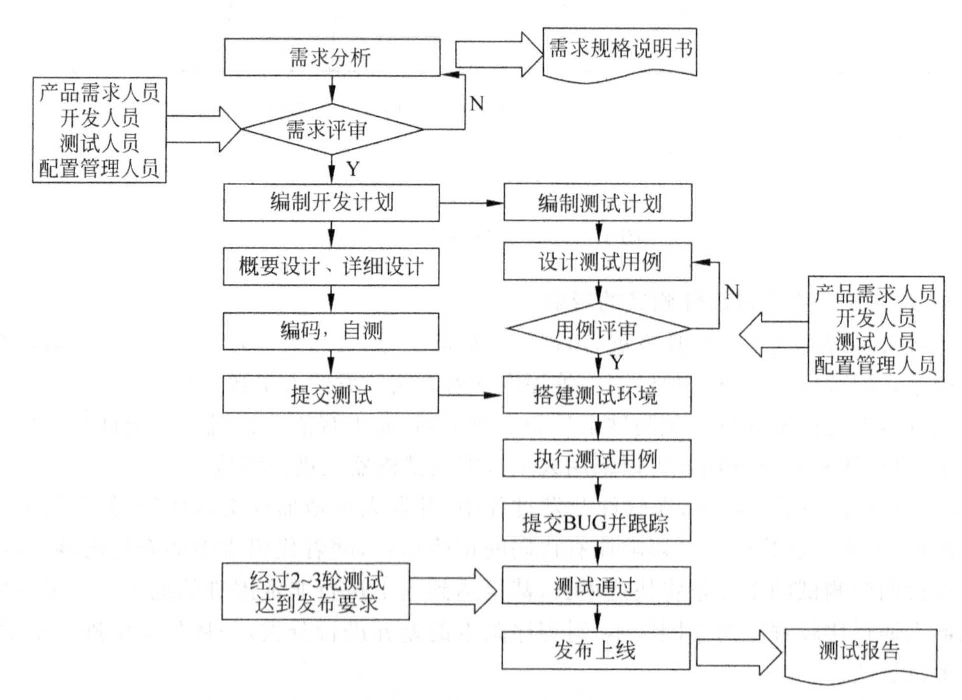

图 1-7 软件测试流程

1. 测试需求分析

在需求分析阶段，测试人员开始介入，与客户进行沟通，深入理解业务，与设计、开发人员一起了解项目需求，分析需求点，并参加需求评审会议。

一般情况下，需求分析包括软件功能需求分析、测试环境需求分析、测试资源需求分析。测试需求分析需要追溯到用户需求，测试需求分析的依据是软件需求文档、软件规格说明书和设计开发人员的文档等。

2. 测试计划制定

测试人员参考软件需求文档、软件设计文档、项目建设计划等，来制定测试计划，内容主要包括测试范围、进度安排、人员安排、测试方法、测试环境以及测试通过或测试失败的标准等。

测试计划的目的是为有组织地完成测试提供一个基础。

3. 测试设计

根据测试计划，设计测试用例以及开发必要的测试驱动程序。同时还要准备测试工具、测试环境、测试数据以及期望的测试结果等。

其中，测试用例的编写和测试环境的准备是两个主要方面，测试用例对测试工作有很好的指导作用，测试环境则能够准确反映测试中存在的问题。

4. 测试执行

测试执行环节的工作主要包括搭建测试环境、执行测试用例、记录测试结果、报告软件缺陷、跟踪软件缺陷、分析测试结果，必要时进行回归测试。

从测试的角度来说，测试执行包括测试的范围和测试的程度。例如，一个软件需要测试哪些方面？每个方面需要测试到什么程度？

从测试管理的角度而言，在有限时间、有限人员的情况下，如何进行合理的分工和进度安排就显得非常必要了。

5. 测试分析

在每次测试完成之后要有测试总结，对测试过程、测试结果进行分析评估。项目交付后，一般要对整个项目的测试结果进行评估总结，总结测试经验，归纳测试的不足，为后续项目测试提供借鉴。

1.3.2　软件测试分类

软件测试的方法有很多，可以从不同的角度进行分类。从是否要执行被测试程序的角度可以分为静态测试和动态测试；从测试设计的角度可以分为黑盒测试和白盒测试；从测试执行是否需要人工干预的角度可以分为人工测试和自动化测试；从测试阶段的角度可以分为单元测试、集成测试、系统测试、确认测试和验收测试。

1. 静态测试与动态测试

1）静态测试

静态测试，是指不需要执行被测试程序，而是通过检查分析等方式，来发现软件缺陷的测试方法。被检查的对象包括需求文档、程序源代码、设计文档，以及与软件相关的其他文档，主要检查文档中的二义性错误等。

静态测试最好由未参加代码编写的人员或小组来完成，可以手工进行测试或通过一些静态测试工具开展，如静态代码检查工具，能够检测特定编程语言的语法错误等。

静态测试常用的方法有走查、审查、静态代码分析工具等。

2）动态测试

动态测试是指通过实际运行被测试软件，观察程序的运行状态、行为等发现软件的缺陷。通过对被测试程序的运行情况进行分析，发现程序运行结果与用户需求不一致的地方。

动态测试一般包括功能确认和接口测试、覆盖率分析、性能分析、内存分析等。

动态测试的特性是必须要设计测试用例，需要搭建与软件运行相关的测试环境。动态测试不能发现测试文档中的问题。

动态测试与静态测试既有协同性，又有相对独立性。一般在程序运行前进行静态测试，通过检查代码、文档等发现隐含的缺陷。执行动态测试检查程序的运行行为，发现程序运行时的缺陷。

2. 黑盒测试与白盒测试

1）黑盒测试

黑盒测试是指基于用户需求和功能说明书进行的测试，也称为功能测试或数据驱动测试，是在已知产品功能的前提下，检测每个功能是否都能正常使用，在测试时，把程序看作一个不透明的黑盒子，完全不考虑程序的内部逻辑，在程序的接口处进行测试，只检查程序功能是否按照需求规格说明书的规定正常使用，程序能否适当地接收输入数据并产生正确的输出信息，并保持外部数据的完整性。

黑盒测试是针对软件界面和功能进行的测试，只有把所有可能的输入都作为测试输入，才可能检查出程序的所有错误，所以黑盒测试是穷举输入测试。实际上，程序的输入有无穷多种，我们不仅要对程序的合法输入进行测试，还要对那些不合法但可能的输入进行测试。

黑盒测试的优点主要有：测试用例与程序如何实现无关，测试用例的设计可以与程序开发并行，没有编程经验的人员也可以设计测试用例。

黑盒测试的局限在于不可能做到穷举测试，可能会存在漏洞。

黑盒测试的主要方法有等价类划分、边界值分析、因果图等。

2）白盒测试

白盒测试也称为逻辑驱动测试或结构测试，是指基于程序内部逻辑结构的测试，即基于覆盖程序全部代码、分支、路径、条件的测试。白盒测试的前提是知晓软件内部的流程，在测试时，把系统看成一个透明的盒子，通过测试检测产品是否按照规格说明书的规定执行。

白盒测试需要全面了解程序的内部逻辑结构，需要对程序的所有独立路径进行测试。白盒测试是一种穷举路径测试，必须要检查程序的逻辑结构，得到所有独立路径，而贯穿程序的独立路径可能是一个天文数字，即使每条路径都测试了仍然可能有错误。

白盒测试的优点主要有：可以利用不同的覆盖准则测试程序代码的各个分支，发现程序内部的编码错误；能够发现内存泄漏问题。

白盒测试同样不能做到穷举测试，因测试用例设计是根据程序本身进行的，不是根据客户需求说明书，所以可能会存在需求方面的漏洞。

白盒测试的主要方法有逻辑覆盖、基本路径测试。

3）灰盒测试

不同的测试方法各有侧重，可以构成互补关系。白盒测试可以有效发现程序内部的编码和逻辑错误，但无法验证系统是否完成了所有规定的功能；黑盒测试根据系统需求规格说明书进行测试，可以检测系统是否完成了所有规定的功能，但是无法实现对程序源代码所有路径的遍历覆盖。

将这两种方法结合起来，引入了灰盒测试，即介于白盒测试和黑盒测试之间的测试。灰盒测试结合了白盒测试和黑盒测试的要素，关注输入的正确性，同时关注程序的内部表现。

3. 人工测试与自动化测试

按照软件测试是否需要人工干预的角度可以分为人工测试和自动化测试。

1）人工测试

人工测试更多是指采用手工的方法开展人为测试。人工测试的主要方法有桌前检查、代码审查和走查等。在软件开发各阶段的评审会议、代码同行检查等都是人工测试。

2）自动化测试

自动化测试是指利用测试工具对软件测试活动进行管理与执行，并对测试结果进行分析。在测试执行过程中，一般不需要人为干预。自动化测试常用于功能测试、回归测试、性能测试等。

自动化测试具有测试效率高、成本低、可重复进行等优点。但是也存在自动化测试软件本身有问题或测试人员对自动化测试期望过高等局限。

1.3.3 软件测试模型

软件开发过程是一个自顶向下逐步细化的过程，而软件测试的过程是自底向上逐步集成的过程。低一级的测试为上一级的测试准备条件。一般情况下，首先对一个程序模块进行单元测试，消除程序模块内部的逻辑错误和功能性错误，然后对照设计进行集成测试，检查程序模块之间接口或子系统之间接口的错误，随后对照需求进行确认测试，最后参照系统设计进行系统测试，验证系统整体是否满足用户需求。软件测试与软件开发各阶段的关系如图 1-8 所示。

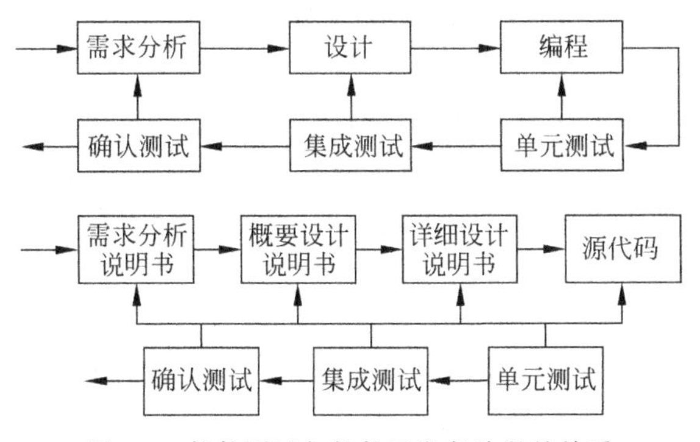

图 1-8 软件测试与软件开发各阶段的关系

软件测试模型通常有 V-model、W-model、H-model、X-model、Pretest-model 等。

1. V-model

在 V-model 中，软件开发过程与软件测试活动几乎同时开始，这样并行的两个活动过程会大大减少缺陷和错误发生的概率。典型的 V-model 如图 1-9 所示。

在 V-model 中，左边是软件开发过程的阶段，右边是与之对应的测试过程的各个阶段，

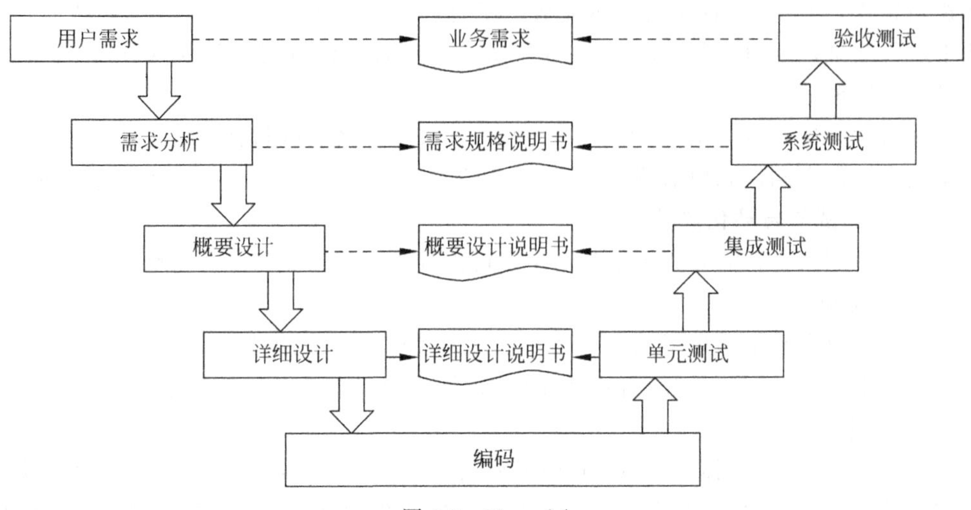

图 1-9 V-model

中间是软件开发各阶段产生的文档，也是测试各阶段的依据。

在用户需求阶段，一般由甲方牵头成立需求编写组，编制业务需求，产出物为“XXX 业务需求”，相应地，这个业务需求会作为验收测试的依据。

在需求分析阶段，一般由甲方业务人员、用户、开发人员共同对业务需求进行细致分析，用技术的语言对用户需求进行描述，产出物为“需求规格说明书”。

在概要设计阶段，项目开发团队进行概要设计，产出物是“概要设计说明书”。

在详细设计阶段，项目开发团队进行详细设计，产出物是“详细设计说明书”。

在编码阶段，程序员根据上述几个阶段的产出物进行编码，源代码为这个阶段的产出物。

在单元测试阶段，对源程序的最小测试单位进行测试，一般是一个函数、一个类或者是一个窗口或菜单。理论上单元测试以白盒测试为主，实际工作中一般由程序员完成，其测试的依据是“详细设计说明书”。

在集成测试阶段，主要测试各模块之间的接口，理论上以黑盒测试为主，核心模块适当采用白盒测试，一般由测试团队完成，其测试的依据是“概要设计说明书”。

在系统测试阶段，对所有功能进行组装测试，包括对系统硬件、运行环境、数据的完整性等进行测试，其目的是检验在真实环境下系统运行的正确性与兼容性问题。测试方法为黑盒测试，一般由测试团队、用户共同进行，测试依据是“需求规格说明书”和“业务需求”。

在验收测试阶段，可以在用户现场进行，是由用户参与的测试过程，也称为用户接受测试，包括 alpha 测试和 beta 测试，其测试依据是“业务需求”。

V-model 中开发阶段和测试阶段边界清晰，对应关系明确，各阶段的测试依据也很清楚，既应用了白盒测试方法，又应用了黑盒测试方法，用户也参与了部分测试。其主要的缺陷在于没有对需求、文档和设计进行测试，没有体现软件测试要尽早开始并不断进行的原则。

2. W-model

W-model 由 V-model 演变而来，相比较 V-model 而言，W-model 更科学，V-model 没有

明确提出早期测试，无法体现“软件测试要尽早开始并不断进行”的原则。W-model 在 V-model 的基础上，增加了软件开发各阶段应同步进行的测试，如图 1-10 所示。

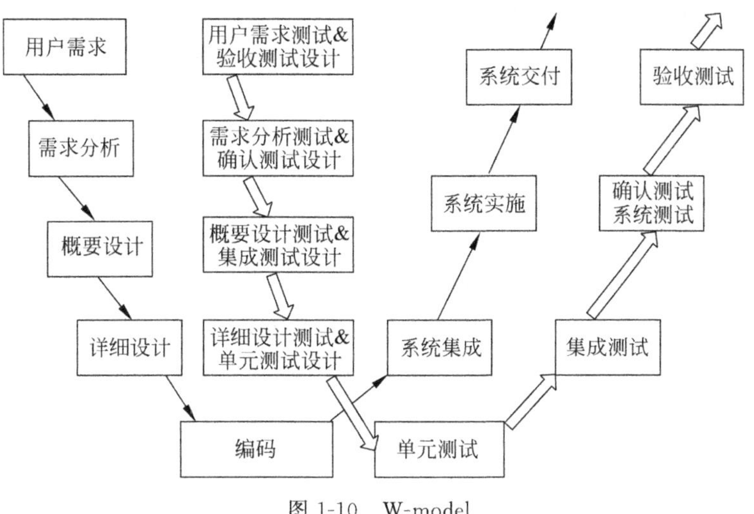

图 1-10 W-model

W-model 又称为双 V 模型，弥补了 V-model 的不足。W-model 不仅体现了对程序的测试，还体现了对需求、文档和设计的测试，能够清晰地看到开发和测试工作同步进行，体现了尽早测试和不断进行测试的原则。

W-model 的局限在于开发也是串行活动，无法支持迭代。

3. H-model

由于 V-model 和 W-model 各自的局限性，都没有体现出测试的完整性，因此提出了 H-model，如图 1-11 所示。H-model 将测试活动独立出来，贯穿整个产品周期，与其他流程并发进行。在某个测试点准备就绪时，就可以从测试准备阶段进行到测试执行阶段。

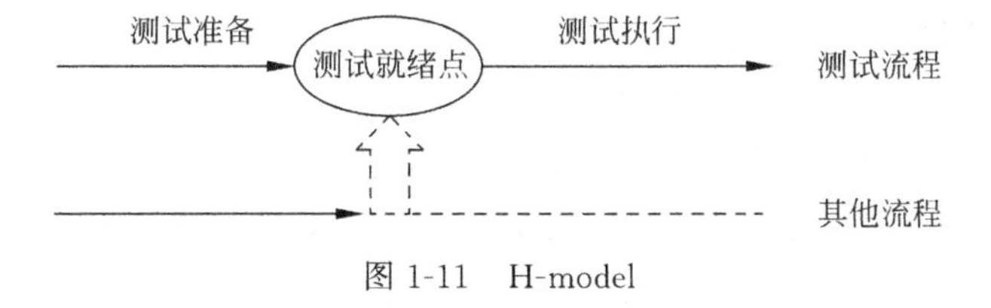

图 1-11 H-model

在 H-model 中，其他流程可以是任意的开发流程，比如设计流程和编码流程；也可以是其他非开发流程，如 SQA 流程，甚至是测试流程本身。只要测试条件具备了，测试准备活动完成了，就可以进行测试执行活动了。

H-model 表明：

(1) 软件测试不仅指测试的执行，还包括很多其他活动。

(2) 软件测试是一个独立的流程，贯穿产品整个生命周期，与其他流程并发地进行。

(3) 软件测试要尽早准备、尽早执行。

(4) 软件测试是根据被测试物的不同而分层进行的，不同层次的测试活动可以按照某个次序进行，但也可能是反复的。

4. X-model

X-model 也是对 V-model 的改进，X-model 的左边描述的是针对单独的程序片段进行的相互分离的编码和测试，然后进行频繁的交接，通过集成，最后成为可执行程序，然后再对可执行程序进行测试，如图 1-12 所示。已经通过集成测试的产品可以进行封装并提交给用户，也可以作为更大规模和范围集成的一部分。多条并行的曲线表示变更可以发生在各个部分。

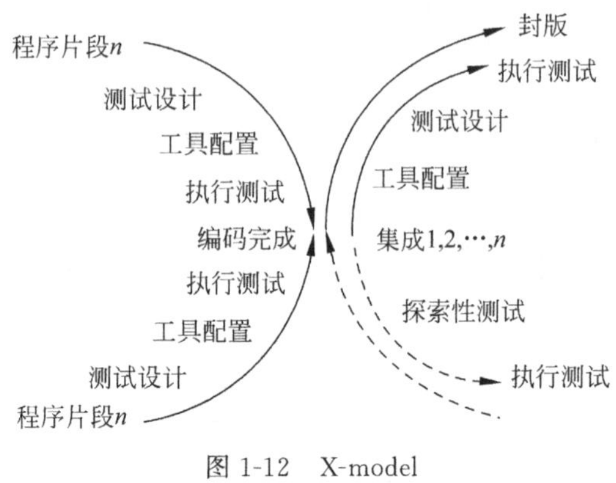

图 1-12　X-model

此外，X-model 还定位了探索性测试，这是不进行事先计划的特殊类型测试，比如“我这样测试一下会有什么结果?”这样的方式往往能帮助有经验的测试人员发现测试计划之外的更多软件错误。但这样可能会对测试造成人力、物力、财力的浪费，对测试人员的熟练度要求比较高。

5. Pretest-model

Pretest-model 是将开发和测试紧密结合的模型，要对每一个交付产品进行测试，包括可行性报告、业务需求说明、系统设计文档等。该模型提供了轻松的方式，可以使项目加快开发进度，如图 1-13 所示。

Pretest-model 将开发与测试紧密结合，从项目开发生命周期的开始到结束，涉及每个关键行为。Pretest-model 主要有以下特点。

(1) 开发和测试相结合。Pretest-model 将开发和测试的生命周期整合在一起，标识了项目生命周期从开始到结束的关键环节，并表示了这些行为在项目周期中的价值所在。如果某些行为没有得到很好的执行，那么项目的成功率就有可能会降低。如果有明确的业务需求，则系统的开发效率将会更高。在没有业务需求或者业务需求不明确的情况下进行开发和测试是不可能的，而且最好在设计和开发之前就正确定义并准确描述业务需求。

(2) 对每一个交付内容进行测试。每个交付的开发结果都必须通过一定的方式进行测试。也就是说，源代码并不是唯一要测试的内容。图 1-13 中椭圆框表示了其他一些需要测试的对象，包括可行性报告、业务需求说明以及系统设计文档等。这与 V-model 中开发和测试的对应关系一样，并且在其基础上有所扩展，变得更为明确。

(3) 在设计阶段进行测试计划和测试设计。设计阶段是做测试计划和测试设计的最好时机。很多组织要么根本不做测试计划和测试设计，要么在即将开始执行测试之前才匆忙地完成测试计划和测试设计。在这种情况下，测试只是验证了程序的正确性，而不是验证整个系统本身应该实现的东西。

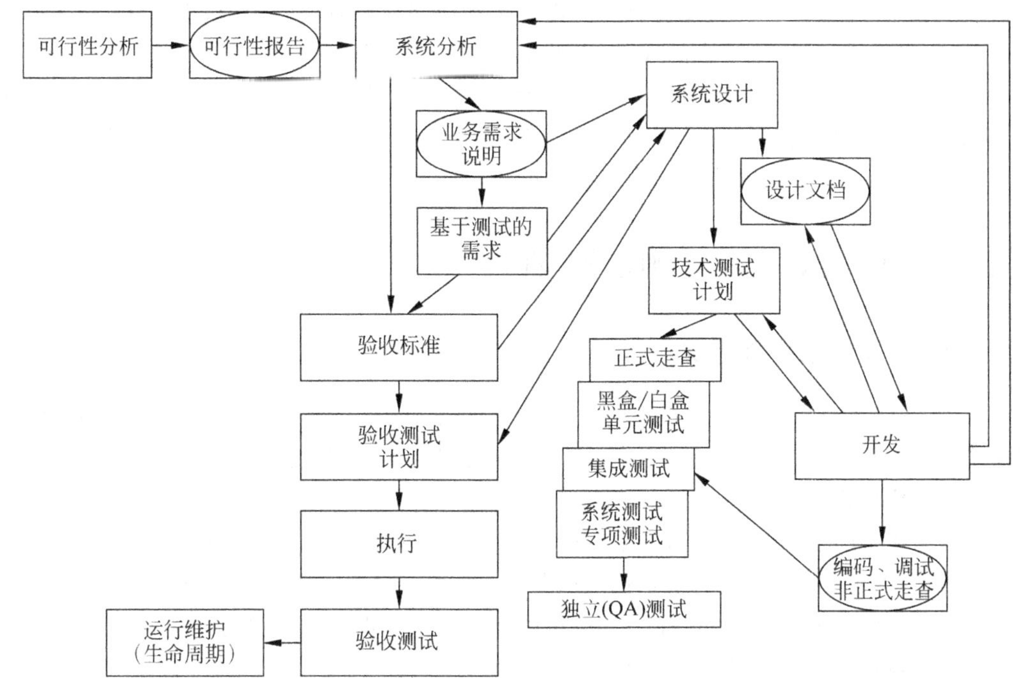

图 1-13 Pretest-model

(4) 测试和开发结合在一起。Pretest-model 将测试和开发结合在一起,并在开发阶段以"编码-测试-编码-测试"的方式来体现。也就是说,程序片段一旦编写完成,就会立即进行测试。一般情况下,先进行的测试是单元测试,因为开发人员认为通过测试来发现错误是最经济的方式。也可以参考 X-model,即一个程序片段也需要集成测试,甚至还需要一些特殊的测试。对于一个特定的程序片段,其测试的顺序可以按照 V-model 的规定,但其中还会交织一些程序片段的开发,而不是按阶段完全地隔离。

1.3.4 软件测试模型使用

软件测试模型对指导测试工作具有重要意义,但是任何模型都不是完美无缺的,要尽可能去应用模型中对项目有实用价值的方面,不应强行为了使用模型而使用模型。

各模型的优点如下。

(1) V-model 强调了在整个软件项目开发过程中要经过若干个测试级别,而且每一个级别都与一个开发级别相对应,但它忽略了测试对象不应该仅包括程序,没有明确指出应该对软件的需求、设计进行测试。

(2) W-model 强调了测试计划等工作的先行,以及要对系统需求和系统设计进行测试,但 W-model 和 V-model 一样也没有专门对软件测试流程进行说明。因为事实上,随着软件质量要求越来越高,软件测试正在成为一个独立于软件开发的部门,就每一个软件测试的细节而言,它都有一个独立的操作流程。比如,第三方测试就包含从测试计划和测试案例的编制,到测试实施以及测试报告撰写的全过程。

(3) H-model 强调测试是独立的,只要测试准备完成,就可以执行测试了。

(4) X-model 和 Pretest-model 又在此基础上增加了许多不确定因素的处理情况,因为在真实项目中，经常会有变更发生，例如，需要重新访问前一阶段的内容，跟踪并纠正以前提交的内容，修复错误，排除多余的成分，以及增加新的功能等。

因此，在实际工作中，要灵活运用各种模型的优点，在 W-model 的框架下，运用 H-model 的思想进行独立的测试，同时将开发与测试紧密结合，寻找恰当的就绪点开始测试并反复迭代测试，最终保障按期完成预定的目标。

1.4 软件测试用例与测试原则

1.4.1 测试用例定义

IEEE STD610—1990 给出的软件测试用例定义：测试用例是一组测试输入、执行条件和预期结果的集合，目的是要满足一个特定目标，比如执行一条特定的程序路径或检验是否符合一个特定的需求。

不难看出，在上述定义中，测试用例设计的核心包括两方面，一个是要测试的内容，就是与需求对应的测试需求；另一个是输入的信息，也就是按照怎样的步骤对系统输入哪些必要的数据，测试用例的设计难点在于如何用少量的测试数据来发现尽可能多的缺陷。

测试用例的重要性主要从技术和管理两方面来体现。

1. 技术层面的重要性

(1) 指导测试的实施。测试用例主要适用于集成测试、系统测试以及回归测试。在开始测试之前设计好测试用例，可以避免测试的盲目性，使得测试工作重点突出，做到有的放矢。作为测试的标准，测试人员必须严格按照测试用例规定的测试步骤逐一进行测试，记录并检查每个测试结果。

(2) 规划测试数据。在测试实践中，测试数据和测试用例通常是分离的，按照测试用例准备配套的一组测试原始数据及标准对测试结果是十分必要的。

(3) 降低工作强度。将测试用例通用化和复用化，便于开展测试，节省时间，提高测试效率。软件版本更新后，只需要修改少量的测试用例就可以开展测试工作，有利于降低工作强度，缩短测试周期。

2. 管理层面的重要性

(1) 有利于团队交流。通过测试用例，让测试团队中不同的测试成员遵循统一的用例规范进行测试，进而降低测试歧义，提高测试效率。

(2) 重复测试。软件版本更新后，通过测试用例可以将不同版本的重复测试记录在案，少量修改或增加测试用例就能区分不同版本之间测试的差异。

(3) 检验测试进度。测试用例可以检验测试人员的进度、工作量以及跟踪、管理测试人员的工作效率。

(4) 质量评估。完成测试后需要对测试结果进行评估，并编制测试报告。判断软件测试是否完成、衡量软件质量等都需要量化的指标(如测试覆盖率、测试合格率、重要测试合格率等)。用软件模块或功能点进行统计过于粗糙，以测试用例作为测试结果度量则更加准确有效。

(5) 分析缺陷的标准。通过收集缺陷、对比测试用例和缺陷数据库，可分析证实是漏测还是缺陷复现。漏测说明测试用例不完善，应该立即补充测试用例，开展进一步测试；如果已有测试用例，则反映实施测试或变更处理存在问题。

1.4.2 测试用例设计

一般来说，设计测试用例要经过几个过程，主要包括测试需求分析、业务流程分析、测试用例设计、测试用例评审、测试用例更新完善。

1. 测试用例设计流程

(1) 测试需求分析。通过分析软件的需求文档，找出被测软件的需求，测试团队经过分析理解，整理成为测试需求。测试需求要包含软件需求，具有可测试性，是在软件需求的基础上进行归纳、分类，以便于测试用例的设计。测试用例中的测试集与测试需求是多对一的关系，即一个或多个测试用例对应一个测试需求。

(2) 业务流程分析。软件测试不单是基于功能进行的黑盒测试，同样要对软件内部的处理逻辑进行测试。为防止遗漏测试点，需要分析软件产品的业务流程。在设计复杂软件的测试用例前，要先画出业务流程图。业务流程图可以帮助理解软件的处理逻辑和数据流向，从而指导测试用例的设计。

(3) 测试用例设计。在完成测试需求和软件流程分析之后，可以着手设计测试用例。测试用例设计的类型包括功能测试、边界值测试、异常测试、性能测试、压力测试等。在测试用例设计中，除正常输入数据外，要尽量考虑边界值、异常值等情况，以便发现更多的隐藏问题。

(4) 测试用例评审。为确认测试过程和测试方法是否正确，是否有遗漏的测试点，在测试用例设计完成之后，要进行测试用例评审。测试用例评审参加人员有测试用例设计人员、测试经理、项目开发经理、开发人员等。测试用例评审后，要对测试用例进行修改完善，并记录修改日志。测试用例设计评审表参见表 1-1。

表 1-1 测试用例设计评审表

序号	评审项目	模块 1	模块 2	模块 3	…	模块 n
1	用例是否按照规定的模板编写，如命名、类型、优先级等					
2	测试步骤应与需求一致					
3	测试步骤和期望结果应完整、一致					
4	测试步骤应仅包含与被测试项相关内容					
5	期望结果应是确定的、唯一的					
6	对于查询和表格，应设计产生数据的用例					
7	测试场景应覆盖最复杂的业务流程					
8	可重用(对被测项的当前和后续版本)					
9	可跟踪性(与软件需求相对应)					
10	测试用例应确保所有需求测试被覆盖					
…	…	…	…	…	…	
评审结果：	评审人：	评审时间：				
说明：每个模块评审结果分为通过、不通过，其中不通过的要说明原因，并附不通过测试用例的编号						

(5) 测试用例更新完善。测试用例在编写完成后要不断完善，软件产品在增加功能或

更新需求后，测试用例必须进行配套修改更新。在测试中发现设计的测试用例考虑不周，需要对测试用例进行修改完善。在软件交付后客户反馈有缺陷，并且缺陷是由于测试用例存在漏洞造成的，也需要对测试用例进行修改完善。测试用例更新完善要在文档中有更改记录。从这个角度来说，测试用例是活的，在软件生命周期中不断更新与完善。

2. 测试用例设计的基本原则

一般情况下，测试用例设计有以下几个基本原则。

(1) 测试用例的代表性。测试用例应能够代表并覆盖各种合理或不合理的、合法的或非法的、边界的或越界的以及极限的输入数据、操作和环境设置等。

(2) 测试结果的可判定性。测试结果的可判定性即测试执行结果的正确性是可判定的，每一个测试用例都应有明确的预期结果，不应存在二义性，否则很难判断系统是否运行正常。

(3) 测试结果可再现性。测试结果可再现，即对同样的测试用例，系统的执行结果应当相同。测试结果的可再现有利于在出现缺陷时能够保证缺陷的重现，为缺陷的快速修复打下基础。

在上述几条原则中，测试用例的代表性是最难实现的，这也是测试用例设计时最需要关注的内容。一般情况下，针对每个核心输入，其数据大致可分为正常数据、边界数据和错误数据。测试数据也是从这三类中产生。

1.4.3 测试用例评价标准

通常地，一个好的测试用例在于它能够发现至今未发现的错误。具体来说，良好的测试用例应满足以下标准。

(1) 有效性。由于软件不可能穷举测试，因此测试用例的设计应按照“程序最有可能会怎样失效，哪些失效最不可容忍”的思路来寻找线索。比如，针对银行等核心业务设计测试用例时，要特别针对客户资金的数据安全性设计测试用例；针对火车订票系统，要重点思考一张票不能被重复预订等。

(2) 经济性。通过测试用例进行测试是一个动态的过程，其执行过程对软硬件环境、数据、操作人员及执行过程的要求应满足经济性原则。

(3) 可仿效性。软件越复杂，需要测试的内容就越多，需要设计的测试用例也就越多，所以测试用例应具有良好的可仿效性，这样可以在一定程度上降低对测试人员的要求，减轻测试工程师测试设计的工作量，加快文档撰写速度。

(4) 可修改性。在软件版本升级后，测试用例需要修正，因此测试用例应具有良好的可修改性，以便经过简单修改就可以入库。

(5) 独立性。测试用例应该与具体的应用程序完全独立，这样就可以不受应用程序的具体变动影响，也有利于测试用例的复用。测试用例还应该独立于测试人员，不同的测试人员执行同一个测试用例，应该得到相同的测试结果。

(6) 可跟踪性。测试用例与用户需求相对应，这样有利于评估测试用例对用户需求的覆盖程度。

1.4.4　软件测试的原则

软件测试经过几十年的发展，业界提出了很多软件测试的基本原则，为测试人员提供了测试指南。软件测试原则有助于测试人员开展高质量的软件测试，及早发现软件缺陷，并跟踪和分析软件中的问题，对存在的问题和不足提出改进，从而持续改进测试进程。

1. 测试显示软件缺陷的存在

测试的目的不是为了证明软件的正确性，而是为了证明软件存在缺陷。测试的目的是证伪而不是证真。测试可以显示软件缺陷的存在，但是并不能证明软件不存在缺陷。测试可以减少软件缺陷存在的可能性，即使测试没有发现任何缺陷，也不能说明软件或系统完全正确，或者不存在缺陷。

2. 所有测试都要追溯到用户需求

软件是帮助用户完成特定的任务，并满足用户的需求。这里的用户可以是测试人员，也可能是最终软件产品的使用者。比如，可以认为测试人员是系统需求和设计的客户。软件测试的最重要目的是发现缺陷，因此测试人员要站在用户的角度看问题，所有的测试都要追溯到用户的需求。

3. 软件测试要尽早开始并不断进行

根据统计数据，在软件开发生命周期之初产生错误的概率占软件过程中所有错误的50%～60%。此外，IBM的一份研究结果表明，软件缺陷存在放大趋势，如需求阶段的一个错误可能会导致 n 个设计错误，越是测试后期，为修复缺陷付出的代价越大。因此，软件测试要尽早开始并不断进行。

4. 穷举测试的不可能性

穷举测试是不可能的。针对软件的某个模块或功能点进测试，考虑到所有可能的输入以及它们的组合，如果再考虑各种前置条件，那么所有的情况将是一个天文数字，不可能做到所有情况完全测试到。在实际测试工作中，测试人员只能进行抽样测试。因此，必须根据测试风险和优先级，控制测试工作量，在测试成本、收益和风险之间找到平衡点。总体来说，即使最简单的程序也不可能进行穷举测试，主要有以下几个原因。

(1) 输入量太大。

(2) 输出结果太多。

(3) 软件执行路径太多。

(4) 软件说明书是主观的，每个人的理解可能不同。

5. 软件缺陷的集群性

帕累托法则表明“80%的缺陷集中在20%的程序模块中”，实际经验也证明了这一点。通常情况下，大多数软件缺陷只是存在于测试对象中的极小部分。缺陷并不是平均而是集群分布的。因此，一个地方发现了很多缺陷，那么通常在这个模块会发现更多的缺陷。在测试过程中要充分注意缺陷的集群性现象，对发现缺陷较多的程序模块，应进行反复深入的测试。

6. 杀虫剂悖论

杀虫剂用得多了，害虫就会产生免疫力，杀虫剂的作用就越来越小了。在软件测试中，同样的测试用例如果被反复使用，发现缺陷的能力会越来越差。产生这种现象的主要原因是测试人员没有及时更新测试用例，同时对测试用例及测试对象过于熟悉，容易形成思维定式。

为克服这种现象，测试用例要经常修改和评审，不断增加新的测试用例来测试软件的不同部分，以保证测试用例是最新的，即包含程序最后一次代码或说明文档更新的信息。

7. 尽早定义软件的质量标准

只有定义了软件的质量标准，才能根据测试的结果，对产品的质量进行分析和评估。同样地，测试用例应该确定期望的输出结果。如果无法确定测试期望的结果，则无法进行测试。必须预先精确地确定输入数据对应的期望输出结果。

8. 测试规模应从小到大

软件测试应制订计划，有步骤地进行。一般先从小的颗粒度开始，先做单元测试，再做集成测试，然后做系统测试，最后做验收测试。

9. 测试贯穿于整个生命周期

由于软件的复杂性，在软件生命周期的各个阶段都有可能会产生缺陷，测试计划和测试设计必须在编码之前进行，同时为了保障软件的最终质量，必须在开发过程的每个阶段都保证产品的质量。因此，不应当把软件测试当作软件开发完成后的一个独立阶段来看待，而应当将测试贯穿于软件开发的整个生命周期。

软件项目一启动，软件测试就应该介入，而不是等待软件开发完成。在项目启动后，软件测试人员在每个阶段都要参加相应地活动。或者说，在每个开发阶段，测试都应该对本阶段的输出进行测试和验证。比如在需求分析阶段，测试人员要参与需求文档的评审。

10. 软件测试是有风险的行为

如前所述，测试人员不可能做到完全测试，但是不完全测试又会漏掉软件中的一些缺陷，使软件存在一定的风险。这样就要求测试人员可以将海量的测试减少到可以控制的范围，针对风险做出合理的选择，并根据风险等级决定哪些缺陷需要修复，哪些不需要修复。

11. 第三方或独立测试团队更客观有效

通常，人们潜意识都不希望找到自己的错误。基于此，人们难于发现自己的错误。因此，由严格的第三方或独立的测试机构进行软件测试将更加客观、公正，软件测试也会得到更好的效果。

软件开发者尽量避免测试自己的产品，应由第三方来进行测试，当然，开发者在交付之前要进行自测。测试是带有破坏性的活动，开发人员的心理状态会影响测试的效果。同时对需求规格说明书理解方面的错误，开发人员自己很难发现。

1.5 测试环境

1.5.1 测试环境定义

简单而言，测试环境就是软件运行的平台，即开展软件测试所必需的工作环境和前提条件，包括硬件、软件、网络和数据。

(1) 硬件包括各种类型的计算机以及终端，如计算机、服务器等。机器的类型、配置、型号不同，执行程序的速度也不同。

(2) 软件包括运行被测试软件的操作系统、数据库、中间件等,需要充分考虑各类软件之间的兼容性问题。

(3) 网络主要指针对不同架构的网络结构,如C/S架构或B/S架构。

(4) 数据指测试用例执行所需要的各种初始数据。

1.5.2　良好的测试环境要素

良好的测试环境,应具备以下几个要素。

(1) 良好的测试模型。良好的测试模型有利于高效发现缺陷,它不仅仅包含一系列测试方法。更重要的是,它是在长期实践中积累下来的一些历史数据,包括有关某类软件缺陷的分布规律、有关项目小组历次测试的过程数据等。

(2) 多样化的系统配置。测试环境很大程度上应该是用户的真实使用环境,或者至少是搭建的模拟使用环境能尽量逼近软件的真实运行环境。

(3) 熟练使用工具的测试人员。在系统测试尤其是性能测试环节,通常需要有自动化测试工具的支持。只有能熟练使用各种测试工具的测试人员,才能充分发挥自动化测试工具的巨大优势。

1.5.3　测试环境规划

在了解了测试环境的定义和要素后,在搭建测试环境之前需要对测试环境进行规划。

(1) 测试环境所需要的计算机数量,以及计算机的配置要求,包括但不限于CPU的速度、内存大小、硬盘容量、外设(如打印机型号)等。

(2) 部署测试应用服务器需要的操作系统、数据库、中间件、Web服务、其他必需的组件及各种补丁程序等。

(3) 保存各种测试文档、测试结果和数据的服务器所需要的操作系统、数据库、中间件、Web服务、其他必需的组件及各种补丁程序等。

(4) 执行测试任务的计算机所必需的操作系统、数据库、中间件、Web服务、其他必需的组件及各种补丁程序等。

(5) 测试中所需要的网络环境,比如是否需要接入Internet,网络的稳定性要求、网速要求,相应的交换机、路由器等设备。

(6) 执行测试需要使用的文档编辑工具、测试管理系统、性能测试工具、缺陷跟踪管理系统等软件以及相应的补丁程序等。

(7) 执行测试用例所需要的各种初始化数据,如登录被测试应用所需要的用户名、权限或者其他需要的业务数据等。

1.6　软件测试人员

1.6.1　软件测试人员角色

一般而言,在软件工程中,开发人员负责代码编写,测试人员负责代码测试。但实际上,这两类人员是既有区别又相互补充的关系。也就是说,同一个人,在某个阶段可能是开发人员，在另一个阶段可能是测试人员。如果某个人的主要工作是测试，那么这个人就承担了测试人员的角色。测试人员的角色主要有以下几个。

(1) 测试经理：主要负责测试队伍的内部管理以及与外部人员，包括客户交流工作，涉及进度管理、风险管理、资金管理、人力资源管理、交流管理等，还包括测试计划的制定、测试报告总结等，测试经理应当具备项目经理的知识和技能。

(2) 测试设计师：主要负责根据软件开发各阶段产生的设计文档设计各阶段的测试用例。

(3) 测试文档审核师：主要负责前置测试，包括对各阶段的分析与设计文档进行审核，如需求规格说明书、概要设计、详细设计等。

(4) 测试工程师：主要负责对测试设计师设计的测试用例执行测试，完成测试工作。

1.6.2 软件测试人员要求

软件测试人员除了应具备计算机方面的专业知识外，还需要了解被测试软件涉及的相关专业知识，一般要深入了解业务相关的专业知识，如金融类软件的测试人员要了解金融方面的知识，通信类软件的测试人员要了解通信相关的业务知识。通常情况下，软件测试人员的基本素质要求如下。

(1) 具备计算机软件测试的基本理论知识。

(2) 熟悉开发工具和开发平台。

(3) 掌握软件测试工具的使用。

(4) 善于学习、总结与归纳。

(5) 耐心、细致的工作态度。

1.7 软件测试认证

软件测试作为软件质量保证的重要手段之一，越来越受到软件开发企业的重视，软件测试相关的认证考试也是从事软件测试工作能力的一种证明。

1.7.1 软件测评师认证

软件测评师认证考试是全国计算机技术与软件专业技术资格考试(以下简称“计算机软件资格考试”)的中级水平考试。软件测评师认证考试采用笔试形式，考试实行全国统一大纲、统一试题、统一时间、统一标准、统一证书的考试办法。

软件测评师认证考试主要涉及两大部分，分别是基础知识和应用技术。基础知识部分包括计算机系统基础知识、标准化基础知识、信息安全基础、信息化基础，以及软件工程中的开发过程、质量管理、过程管理、配置管理、风险管理等，还包括软件测试的基本概念、软件测试模型、软件测试分类、软件测试标准等内容。

应用技术主要涉及软件生命周期测试策略、开发与运行阶段测试、测试用例设计、软件测试技术与应用的自动化测试、面向对象测试、压力测试，以及安全性、兼容性、易用性测试，文档测试等内容。还包括测试管理等。

1.7.2　国际软件测试资质认证

国际软件测试资质认证委员会（International Software Testing Qualifications Board，ISTQB）是国际唯一全面权威的软件测试资质认证机构，主要负责制定和推广国际通用资质认证框架，即"国际软件测试资质认证委员会推广的软件测试工程师认证"（ISTQB Certified Tester）项目。

ISTQB认证项目内容主要包括软件测试基础、测试与软件开发生命周期、静态测试技术、测试设计技术、单元测试、集成测试、系统测试、软件测试管理、功能（黑盒）测试工具、性能测试工具、白盒测试工具、实际案例分析等。

ISTQB通过定义和维护一个基于最佳实践、可供测试工程师认证的知识体系，将国际软件测试社区联系起来，鼓励软件测试学术研究，不断提高软件测试的专业性。随着软件测试行业的飞速发展，获得ISTQB认证已成为从事测试行业的"上岗证"。

小结

本章首先介绍软件测试的概念，软件缺陷和软件质量，以及软件测试的发展历程；然后介绍软件测试的分类（静态测试、动态测试、黑盒测试、白盒测试、灰盒测试、人工测试、自动化测试等），软件测试模型（V-model、W-model、H-model、X-model、Pretest-model）；最后介绍测试用例设计、测试用例评价标准，软件测试的原则，测试环境、测试人员以及测试认证。

习题

1. 判断题

（1）软件测试的目的是验证软件的正确性。（　　）

（2）软件开发过程中的文档是不需要进行测试的。（　　）

（3）测试用例设计只需要考虑程序的正常输入。（　　）

（4）软件测试必须要等到代码编写完成后才能进行。（　　）

（5）软件测试是软件质量保证的重要手段之一。（　　）

（6）对于一个很简单的程序，可以通过穷举法对所有情况进行测试。（　　）

（7）对一个系统进行测试，其静态测试和动态测试是完全独立进行的。（　　）

（8）软件测试应尽早开始并不断进行。（　　）

2. 简答题

（1）简述软件测试的目的。

（2）软件测试的原则有哪些？

（3）常用的软件测试模型有哪些？在实际工作中，如何选择和使用软件测试模型？

（4）软件测试方法的分类？

（5）简述测试用例设计原则。

（6）请列举软件使用过程中遇到的缺陷。

（7）简述软件开发与软件测试的关系。

第2章

静态测试

学习目标：

- 了解静态测试的概念。
- 了解静态测试方法。
- 熟悉代码走读的内容。
- 理解软件坏味与软件重构。
- 了解软件代码质量管理平台。

本章介绍静态测试基本概念、静态测试方法、软件坏味与软件重构的概念以及代码质量管理平台等。

2.1 静态测试技术概述

静态测试是不运行被测试程序的一种测试方法。相比动态测试，静态测试更容易发现需求缺陷、设计缺陷、错误的接口标准等。

2.1.1 静态测试定义

静态测试是指不运行被测试程序，通过分析和查看的方式发现软件中的缺陷。分析和查看的对象包括需求文档、源代码、设计文档，主要查找与软件相关文档中的二义性和错误，例如不匹配的参数、不适当的循环嵌套、未使用过的变量、空指针的引用和可疑计算等。静态测试的结果可以用于进一步检查错误，并为测试用例的选取提供指导。

静态测试最好由未参加代码编写的个人或小组来完成，静态测试要素如图 2-1 所示。

2.1.2 静态测试方法

1. 走查

走查是一个非正式的过程，检查与所有源代码相关的文档。首先要做一个计划，并得到走查小组中所有成员的同意。被查文档的每一个部分，都要根据事先明确的目标进行检查。

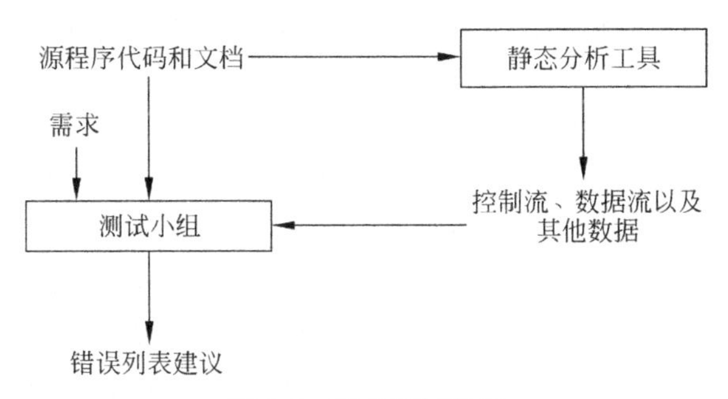

图 2-1　静态测试要素

例如，在需求走查中，走查小组必须检查需求文档，确保需求满足用户的要求，且没有二义性和不一致的部分。根据走查情况生成详细的走查报告，列出涉及需求文档的相关信息。对于源代码的走查也同样适用。

2. 评审

评审比走查更为正式，是一种比采用动态测试更低成本提高代码质量的方法，能够快速找到缺陷，有效提高生产效率和质量。

评审是对所有人工静态分析技术和具体文档检查的统称，一般通过深入查阅文档和理解被检查文档来完成。评审是测试软件产品(包括源代码)的一种方式，可以在动态测试之前进行。在软件开发早期发现的缺陷，其修复代价比在运行时发现缺陷的修复代价要低很多。

评审的对象有很多，任何软件开发阶段的产品都可以被评审，包括需求规格说明书、设计说明书、源代码、测试计划、测试设计、测试用例、用户使用说明书等。

据 IBM 的数据分析，进行一小时的评审可以节约 20 小时的测试工作，如果在产品发布阶段遗留了本该在审查阶段发现的缺陷，则需要返工的时间为 82 小时。其他的统计数据也表明，通过审查发现缺陷的效率是测试的 2～4 倍。

一般地，通过系统使用并有效开展评审，能够发现 70%以上的文档缺陷，并在下一道工序前发现和修复。

评审通常由一个评审小组来完成，评审小组按照评审计划开展工作。评审计划包括：评审的目的，被评审的产品，评审小组组成、角色、分工、职责，评审进度安排，数据采集的表格，记录发现缺陷，编码规则违背情况等。

3. 静态代码分析工具

静态代码分析主要以图形的方式表现程序的内部结构，如函数的调用关系图、内部控制流图。静态代码分析工具能够提供控制流和数据流信息，控制流图(Control Flow Graph，CFG)有助于审查小组判断不同条件下控制流的流向。CFG 附带上数据流信息就构成了数据流图。

2.2　代码走读

2.2.1　代码走读概述

一般地，代码走读的基本思想是开发人员编写完自己的代码之后，由他人来复查代码，从而有效发现代码中存在的缺陷,支撑代码走读的基本理论是软件的缺陷发现得越早,缺陷修复的成本越低。

通常情况下,代码走读是开发人员之间随机的互相阅读代码的行为,也可以是代码审查小组进行集中走读。代码走读主要检查编码规范、常规缺陷、程序语言级别的缺陷、业务逻辑方面的缺陷以及设计逻辑和思路的审查等,甚至还要考虑代码的执行效率。

代码走读的原则是正确性、可复用性、可扩展性、可维护性、可读性等。

比较正式的代码走读一般以小组形式进行。当然,也可以开展小规模的非正式走读,甚至程序员自己或相互之间的代码走读。在后续的描述中,代码走读和代码评审并没有严格的区分。

2.2.2 代码走读流程

代码走读一般会组成一个代码走读小组,小组通常由 3～5 人组成,其中一人发挥协调作用,承担小组长的职责。小组长一般要熟悉程序编写,但不是被走读程序的编码人员,也不需要对程序的细节有足够的了解。小组长的职责包括以下几点。

(1) 为代码走读分发材料,安排走读会议议程、场地。

(2) 在代码走读中起主导作用,控制代码走读的时间和进度。

(3) 记录发现的所有错误。

(4) 确保所有错误随后得到改正。

代码走读小组的第二个角色是代码的作者。小组中其他成员通常是程序的设计人员、测试人员,测试人员应该具有较高的测试造诣并熟悉大部分的常见编码错误。

代码走读的一般步骤如下。

(1) 代码走读小组长召集会议,由代码作者讲解自己编写的代码和相关业务逻辑实现,从用户层到数据层。

(2) 代码走读小组成员可以随时提出自己的疑问,积极发现隐藏的缺陷,并对发现的缺陷进行记录。

(3) 代码讲解完毕后,代码走读小组成员对代码再进行一次审核。审核代码需要认真细致。

(4) 代码走读小组长根据走读结果编制代码走读报告,走读报告要记录发现的问题及修改建议,走读报告要发给相关人员。

(5) 代码作者根据代码走读报告给出的修改意见,修改代码,对不清晰的地方,要与代码走读小组进行沟通。

(6) 代码作者将缺陷修复完毕后反馈给代码走读小组。

(7) 代码走读小组长或成员将代码走读中发现的有价值的问题更新到代码走读规范文档,完善代码走读规范。

2.2.3 代码走读规范

一般而言,代码走读是需要按照一定的标准规范进行的,不同的软件开发企业有自己的编码规范和标准,但遵循的基本原则相似。通常情况下,代码走读的标准有以下几方面。下面以 Java 编程常见的标准规范举例说明。

1. 排版规范

从程序排版的角度来说，为统一风格，增强程序的可读性，在程序排版方面要遵循一定的规范。

(1) 程序块要采用缩进风格编写，一般缩进的空格数为 4 个，这样会使得代码的可读性更好。

(2) 对于较长的语句、表达式或参数要分成多行书写，长表达式要在低优先级操作符处划分新行，操作符放在新行的开头，划分的新行要适当缩进，使得排版整齐。

(3) if、for、do、while、case、switch、default 等语句自占一行，且 if、for、do、while 等语句的执行语句无论多少都要加括号{ }。

(4) 相对独立的程序块之间、变量说明之后必须加空行。比如：

```
if(!valid_ni(ni))
{
    ...  // program code
}
//此处应空出一行
repssn_ind= ssn_data[index].repssn_index;
repssn_ni  = ssn_data[index].ni;
```

(5) 不允许把多个短语句写在一行中，即一行只写一条语句。

```
rect.length = 0; rect.width = 0;    //这种写法是不规范的
rect.length = 0;
rect.width = 0;
```

2. 注释规范

一般情况下，源程序有效注释量以 20%～30%为宜。注释的原则是有助于对程序的阅读理解，注释不宜太多也不能太少，注释语言必须准确、易懂、简洁。

(1) 文件注释主要包括版权说明、描述信息、生成日期、修改历史等内容，要写在文件头部，包名之前的位置。

(2) 类和接口的注释一般用一句话描述类和接口的功能，可简单可详细，通常放在 package 关键字之后，class 或者 interface 关键字之前。

(3) 在书写注释过程中，要考虑程序易读及外观排版的因素，若使用的语言是中、英兼有，会影响程序易读性和外观排版，给后续维护人员带来很多烦恼，建议多使用中文。

3. 命名规范

对于程序中的变量、包名、类名、方法、接口等命名要清晰、明了，有明确含义，同时使用完整的单词或大家基本可以理解的缩写，避免使人产生误解。

(1) 包名采用域后缀倒置加上自定义的包名，采用小写字母。在部门内部应该规划好包名的范围，防止产生冲突。部门内部产品使用部门的名称加上模块名称。产品线的产品使用产品的名称加上模块的名称。

(2) 类名和接口名，是个名词，使用类意义完整的英文描述，每个英文单词的首字母使用大写、其余字母使用小写的大小写混合法。

(3) 方法名是一个动名词，使用意义完整的英文描述：第一个单词的字母使用小写、剩余单词首字母大写、其余字母小写的大小写混合法。

（4）对于变量命名，禁止取单个字符（如 i、j、k 等），建议除了要有具体含义外，还能表明其变量类型、数据类型等，但 i、j、k 允许作为局部循环变量。

4. 编码规范

（1）明确方法功能，精确（而不是近似）地实现方法设计。一个函数仅完成一件功能，即使简单功能也应该编写方法实现。明确类的功能，精确（而不是近似）地实现类的设计。一个类仅实现一组相近的功能。

（2）数据库操作、I/O 操作等需要使用结束 close()的对象必须在 try-catch-finally 的 finally 中 close()。

（3）注意运算符的优先级，并用括号明确表达式的操作顺序，避免使用默认优先级。

（4）调试代码时，不要使用 System. out 和 System. err 进行打印，尽量统一使用日志组件。

2.2.4 代码走读注意事项

1. 代码走读要经常进行

一般而言，积累的代码越多，开展代码走读越困难，甚至程序员都要花很长的时间回忆自己写的代码，并且随着代码量的增加，代码走读发现的问题可能会越来越多，说服代码作者接受修改建议也不容易。

2. 代码走读不要太正式

代码走读理论上以小组评议的方式进行，但不要太正式。只有不太正式的代码走读才能够让代码作者和走读成员更加放松，在这样的氛围中能够很好地达成共识，进而互相信任，充分讨论后达成一致的意见和建议，代码走读才更有意义。

3. 代码走读时间不要太长

代码走读的会议时间要尽量短，每次安排走读的代码行数不宜过多，以 300～500 行代码为宜，时间太长的会议容易引起疲劳，特别是很多代码相近时。

4. 代码走读人员尽量轮换

即使是同一个项目，在开展代码走读活动时，也要尽量使不同的人员参与进来，“三人行必有我师”，不同的人有不同的思想，从不同的角度阅读和理解代码有可能会带来更好的效果。

2.2.5 代码走读工具 Jupiter

1. Jupiter 简介

Jupiter 是 Eclipse 下的一个代码走读插件，其目的旨在为 Eclipse 用户进行手工代码复查提供一种简单而快捷的方式，Jupiter 具有以下特点。

（1）Jupiter 是开源的。

（2）IDE 集成，Jupiter 是基于 Eclipse 插件体系架构的。

（3）跨平台的，Jupiter 可用于所有支持 Eclipse 的平台。

（4）XML 数据存储，Jupiter 存储采用 XML 格式，简化数据存储和再利用。

（5）排序和搜索，Jupiter 提供排序和搜索功能，方便用户进行审查。

(6) 支持代码行级别的评审标注功能，能够在复查意见(review issue)和源代码之间来回跳转。

(7) 支持多种配置库，包括 SVN、CVS、ClearCase 等。

2. Jupiter 安装

Jupiter 作为 Eclipse 的插件，特别适合在 Eclipse 集成环境中开展代码走读工作，安装起来非常方便，只需复制 edu.hawaii.ics.csdl.jupiter_4.0.0.jar 至 $ECLIPSE_HOME/dropins 目录下，重启 Eclipse 即可，如果看到 Eclipse 的工具栏上出现了 Jupiter 的图标 ，则表示安装成功，如图 2-2 所示。

图 2-2 Jupiter 插件安装成功示意

3. Jupiter 使用

Jupiter 代码走读工具通过个人评审、团队复查、代码修复三个阶段，完成代码走读。

1) 准备工作

(1) 在 Eclipse 中打开要评审的项目的属性选项卡，选中 Review 选项。单击 New 按钮，新建一个 Review，输入 Review ID 和 Description，如图 2-3 所示。

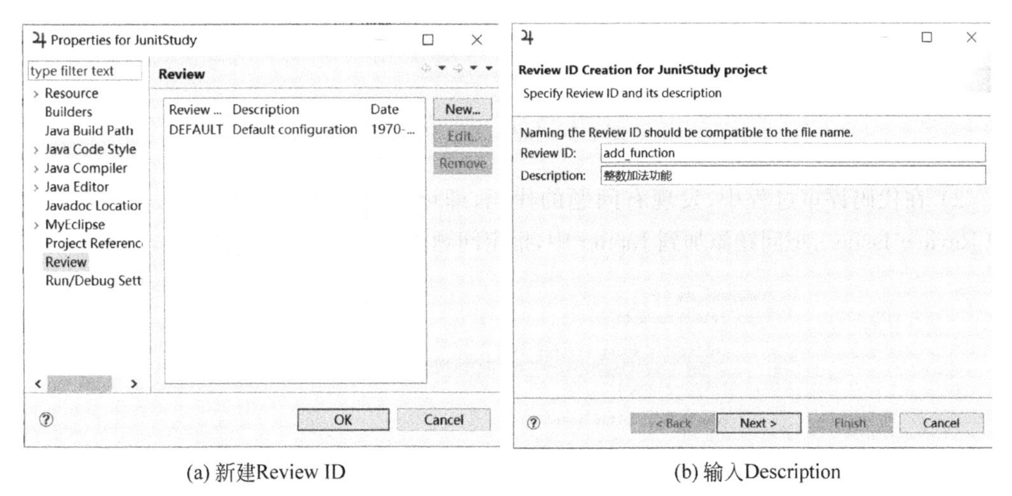

(a) 新建Review ID (b) 输入Description

图 2-3 新建代码走读

(2) 单击 Next 按钮，添加要评审的 Java 文件，添加此次评审的参与人员。可以添加多个走读代码源程序和参加代码走读的人员，如图 2-4 所示。

(3) 如图 2-4(b)所示，单击 Finish 按钮，被评审人提供待审代码的工作就完成了。Jupiter 将在项目根目录下生成.jupiter 文件，被评审人将此文件提交至 SVN 服务器，就可

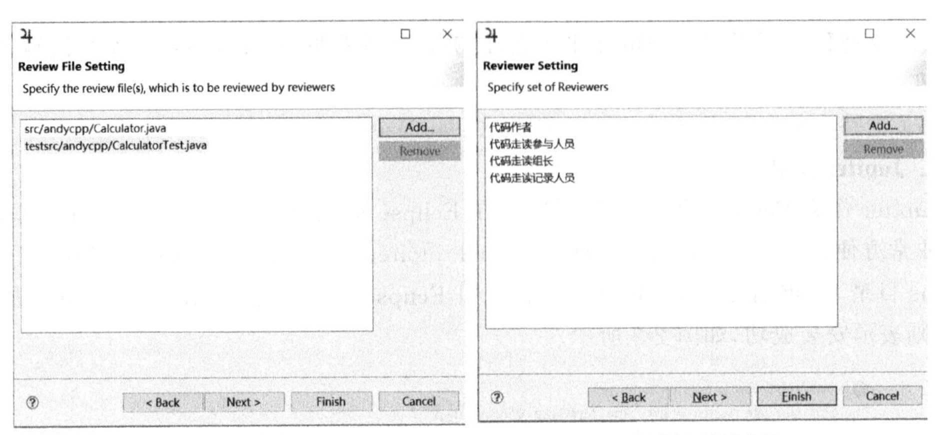

(a) 添加走读代码　　　　　　　　(b) 添加走读人员

图 2-4　添加代码走读信息

以通知其他评审人员进行代码评审了。

2）代码走读个人评审

（1）在工具栏上选择 Review 选项的 1 Individual Phase，如图 2-5 所示。

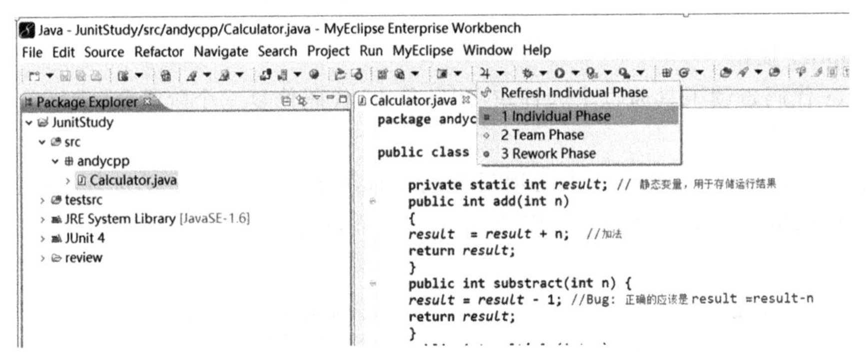

图 2-5　Individual Phase

（2）在代码评审过程中，发现有问题的代码，即可先选中有问题的代码，然后右击，单击 Add Review Issue...把问题添加到 Jupiter 中，指定问题类型、严重性和描述信息，如图 2-6 所示。

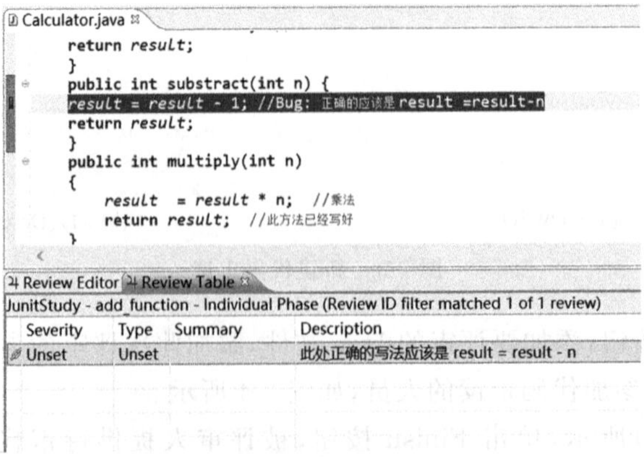

图 2-6　代码走读问题描述

（3）完成个人的代码审查后，把 Jupiter 评审数据目录下的文件提交至 SVN，然后就可以通知代码作者修改代码了。

3）代码走读团队复查

代码走读团队可以利用会议形式共同开展个人评审内容讨论。

（1）在工具栏上选择 Review 选项的 2 Team Phase，如图 2-7 所示。

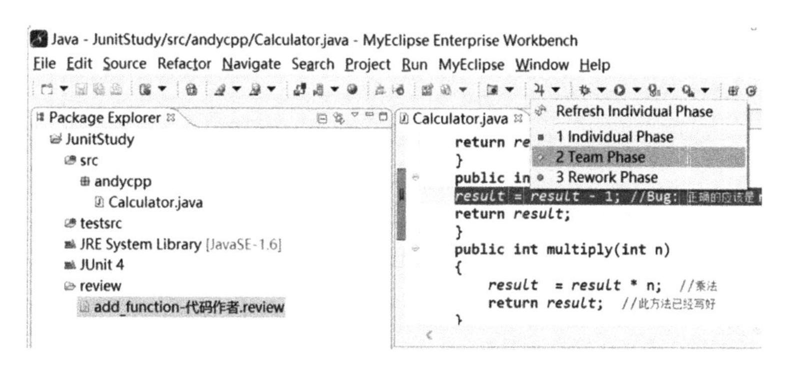

图 2-7 代码走读团队复查

（2）弹出对话框如图 2-8 所示，Reviewer ID 表示团队评审的“主持人”，一般都是本次评审的发起人和代码的原作者，单击 Finish 按钮，之前个人评审所有的问题会以列表的形式展现出来，如图 2-9 所示。

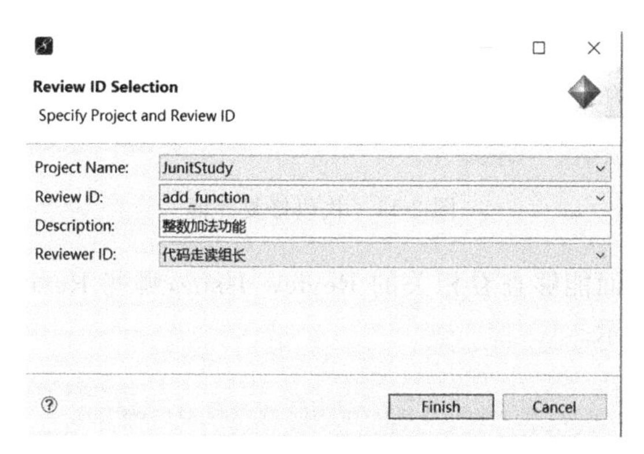

图 2-8 选择代码走读 ID

Review Table

JunitStudy - add_function - Team Phase (Review ID filter matched 2 of 2 reviews)

Severity	Summary	File	Line	Resolution	Reviewer
Unset		src/andycpp/Calculator.java	12	Unset	代码走读组长
Unset		src/andycpp/Calculator.java	22	Unset	代码走读组长

图 2-9 代码走读问题列表

（3）单击 Review Table 的某一行，相应的 Review Issue 信息就会显示在右边的 Review Editor 中，如图 2-10 所示。Assigned To 默认指的是 Review ID 的创建者，表示此问题交给谁来修复，也可以根据实际情况进行修改。团队复查的一个关键步骤是设置 Review Issue 的 Resolution 选项，该项指示团队就当前的 Review Issue 达成一致意见。Annotation 选项允许添加本阶段团队讨论的有关该 Review Issue 的补充信息。所有的问题讨论出结果后，把 Jupiter 评审数据文件传入配置库，团队复查结束。

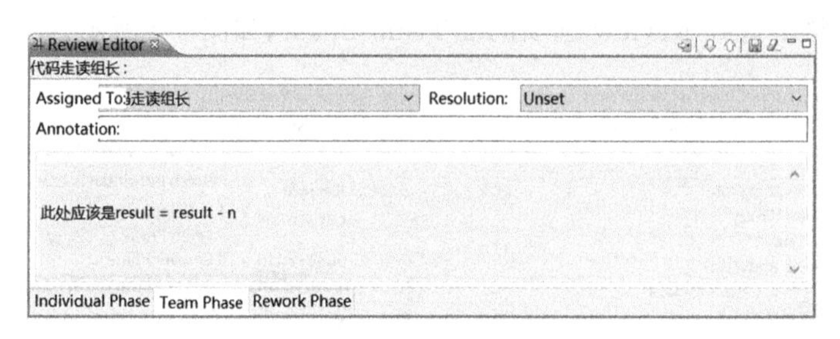

图 2-10　代码走读团队评审界面

4）代码修复

（1）在工具栏上选择 Review 选项的 3 Rework Phase，如图 2-11 所示。

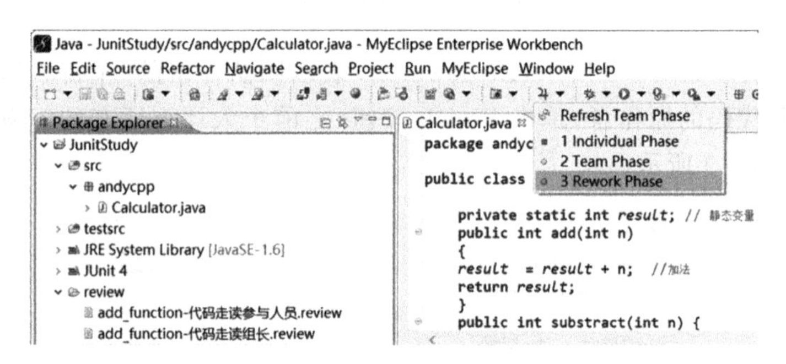

图 2-11　代码修复界面

（2）在代码修复界面能够查看相关的 Review Issue，哪些 Review Issue 指出的问题还没有修改，如图 2-12 所示。

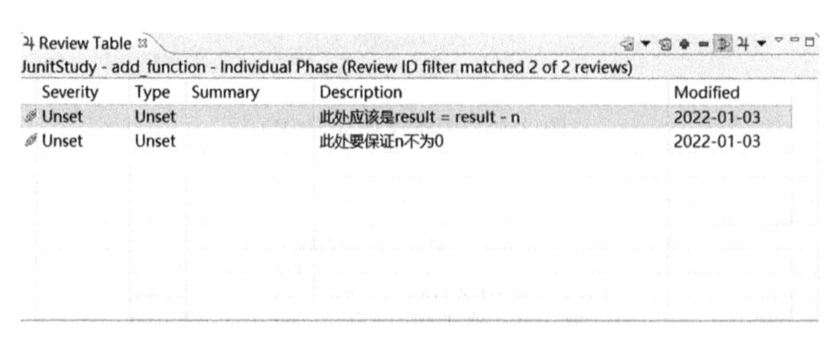

图 2-12　需要修复的代码问题列表

（3）图 2-12 中的问题列表，来源于团队评审的 Assigned to 选项指定的问题修复者。单击 Review Table 的某一行，相应的 Review Issue 信息就会显示在右边的 Review Editor 中，如图 2-13 所示。

（4）修复完毕之后，将 Status 选项置为 Resolved，表示已经解决，也可以在 Revision 中添加注释，如图 2-14 所示。一旦操作完毕，提交“. review”文件。各自的 Rework 完成后，各

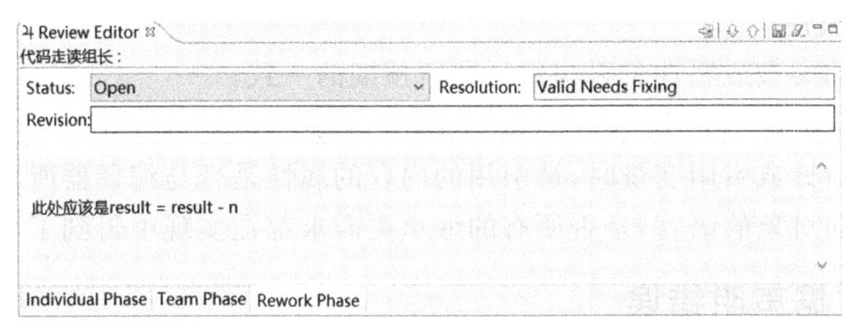

图 2-13　代码问题详细内容

位评审者取出最新的 Jupiter 数据，关闭 Review Table 的过滤器，就能查看到本次评审中发现的各种问题，对各种问题进行验证，验证通过后可以把 Status 置为 Closed，验证未通过就置为 Re-Opened。如此，便完成了一次代码评审。

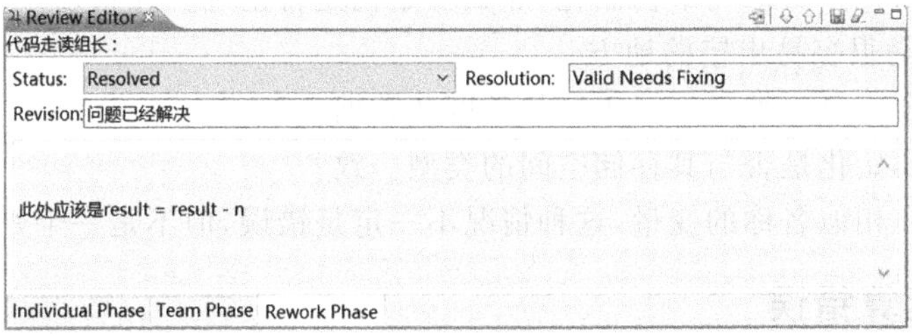

图 2-14　代码走读完成

2.3　代码走读对照表

代码走读过程中，一个重要的工作是准备一份错误对照列表，来对比检查程序是否存在常见的错误。有些错误列表更多关注编程风格而不是错误，例如“注释是否准确且有意义？”“if-else 代码段和 do-while 代码段是否缩进对齐？”或者检查的内容太模糊而不好界定，如“代码是否满足设计需求？”这样的代码走读对照表对于代码走读来说发现问题的意义不大。

通常情况下，代码走读对照表要尽量独立于编程语言，也就是说，错误可能会出现在用任意语言编写的程序中。

2.3.1　数据引用错误

(1) 重点检查程序中是否有引用的变量未赋值或未初始化，这种是最常见的编程错误，在各种环境中都有可能发生。在引用每个数据项(如变量、数据元素等)时，应试图非正式地证明该数据项在当前位置具有正确的值。

(2) 对于所有的数组引用，是否每一个下标值都在相应维规定的界限之内？

(3) 对于所有的数组引用，是否每一个下标值都是整数？虽然在某些编程语言中这不是错误，但这样做是危险的。

(4) 对于所有的通过指针或变量的引用，当前引用的内存单元是否分配？当指针的生命期大于所引用内存单元的生命期时，就会发生错误。

(5) 如果一个内存区域具有不同属性的别名，当通过别名引用时，内存区域中的数据值是否具有正确的属性？

(6) 变量值的类型或属性是否与编译器所预期的一致？

(7) 当内存分配的单元小于内存可寻址的单元大小时，是否存在直接或间接寻址错误？

(8) 当使用指针或引用变量时，被引用的内存的属性是否与编译器所预期的一致？

(9) 对于面向对象的语言，是否所有的继承类需求都在实现中得到了满足？

2.3.2 数据声明错误

(1) 是否所有的变量都进行了明确的声明？虽然没有明确声明不一定是错误，但是却可能会引起不必要的麻烦。

(2) 如果变量所有的属性在声明中没有明确，那么默认的属性能否被正确理解？比如，在 Java 语言中，程序接收到的没有正确声明的默认属性往往会导致意外情况发生。

(3) 如果变量在声明语句中初始化，那么初始化是否正确？在很多编程语言中，数组和字符串的初始化是很容易出错的地方。

(4) 是否每个变量都被赋予了正确的长度和数据类型？

(5) 变量的初始化是否与其存储空间的类型一致？

(6) 是否存在相似名称的变量，这种情况不一定是错误，但不是一个好习惯。

2.3.3 运算错误

(1) 是否存在不一致的数据类型的变量之间的运算？

(2) 是否有混合模式的运算，比如，将浮点变量与一个整型变量做加法运算，这种情况不一定是错误，但是应该谨慎使用，确保程序语言的转换规则能够被正确理解。例如下面的程序片段可能会发生误差。

```
int x = 1;
int y = 2;
int z = 0;
z = x/y;
System.out.println("z = " + z));
```

输出结果是 z = 0。

(3) 是否存在相同的数据类型，但是不同字长变量之间的运算？

(4) 赋值语句的目标变量的数据类型是否小于右边表达式的数据类型或结果？

(5) 在表达式的运算中是否存在表达式向上或向下溢出的情况？也就是说，最终的结果看起来是个有效值，但中间结果对于编程语言的数据类型可能过大或过小。

(6) 除法运算的除数是否可能为 0？

(7) 对于包含一个以上操作符的表达式，赋值顺序和操作符的优先顺序是否正确？

(8) 整数的运算是否有使用不当的地方，尤其是除法。举例来说，如果 j 是一个整型变量，表达式 j/2 * 2==j 是否成立，取决于变量 j 是奇数还是偶数，或者先运算除法，还是先运算乘法。

2.3.4 比较错误

(1) 是否有将不同数据类型的变量进行比较运算，例如，将字符串与地址、日期或数字进行比较?

(2) 是否有混合模式的比较运算,或不同长度的变量之间进行比较预算?

(3) 比较运算符的使用是否正确,例如,对需求中"至多""至少""不大于""不小于"等描述在程序中比较运算符的正确使用,如果不正确,会引起边界值方面的错误。

(4) 每个布尔表达式所描述的内容是否正确?

(5) 布尔运算符的操作数是否是布尔类型?比较运算符和布尔运算符是否错误的混在一起?这类错误比较常见,例如,要判断 i 是否在 2～10 之间,表达式 2<i<10 是不正确的,应该是(2<i)&&(i<10)。

(6) 对于包含一个以上布尔运算符的表达式,要明确赋值顺序以及运算符的优先级。例如(if(a==2) && (b==2)||(c==3))的表达式,程序能否正确理解是"与"运算符优先还是"或"运算符优先?

(7) 编译器计算布尔表达式的方式是否会对程序产生影响?例如,语句 if ((x==0 && (x/y)>z))对于有的编译器来说是可以接受的,因为其认为一旦"与"运算符的一侧为 FALSE 时,另一侧就不用计算,但是对于其他的编译器来说,有可能会造成除数为 0 的错误。

2.3.5 控制流程错误

(1) 是否所有的循环最终都终止了?应该设计一个非正式的证据或论据来证明每个循环都会终止。

(2) 程序、模块或子程序是否最终都终止了?

(3) 由于设计情况没有满足循环的入口条件,循环体是否有可能从未执行过?如果确实发生这种情况,这里是否是一处疏漏?

(4) 是否存在"仅差一个"的错误,使得迭代数量恰恰多一次或少一次?这种错误经常发生在从 0 开始的循环中。举例来说,如果写一段 Java 代码执行 10 次循环,这样的写法明显是错误的,因为它执行了 11 次。

```
for (int i = 0; i <= 10; i++){
System.out.println(i);
}
```

正确的写法应该是这样的:

```
for (int i = 0; i <= 9; i++){
System.out.println(i);
}
```

(5) 是否存在不能穷尽的判断?举例来说,如果一个输入参数的预期值是 1、2 或 3,当参数不为 1 或 2 时,在逻辑上是否假设了参数必定为 3,如果是这样,这种假设是否有效?

2.3.6 接口错误

(1) 被调用模块接收的形参数量是否等于调用模块发送的实参数量,顺序是否一致?

(2) 实参的属性是否与形参的属性相匹配?

(3) 实参的量的单位是否与形参的量的单位一致？举例来说，是否存在形参以线速度为单位，而实参以角速度为单位的情况。

(4) 如果存在全局变量，在所有引用的模块中，它们的定义和属性是否相同？

2.3.7 输入/输出错误

(1) 是否对文件明确地声明过，并且属性正确？

(2) 打开文件的语句中各项属性的设置是否正确？举例来说，被打开的文件引用的地址是否正确无误？

(3) 是否所有的文件在使用之前都打开了？

(4) 是否所有的文件在使用之后都关闭了？

(5) 是否有判断文件结束的条件，并进行了正确处理？

(6) 对输入/输出出错情况的处理是否正确？

(7) 程序是否正确处理了类似“File Not Found”这样的错误？

2.4 代码坏味与软件重构

2.4.1 代码坏味

代码坏味的概念来源于生活，当我们买的水果放置时间久了，就会发出一种难闻的味道，这时就应该把坏了的水果扔掉。代码同样也有坏味道。当然，确定代码是不是有“坏味道”，会因为开发语言、开发方法及开发人员的不同而不同。在工作当中，很多时候都是在维护之前的项目或者在此基础上增加一些新功能，为了让代码易于理解和易于维护，要时刻注意代码中的“坏味道”，当发现代码有“坏味道”了，要及时重构代码，使代码重新变得整洁。

代码坏味并不等同于代码有错误。在编译正确并实现了所有预定功能的程序中，坏味仍然存在。程序中存在的代码坏味会降低程序的整体设计质量，包括可理解性和可扩展性等，同时也使程序更容易出错。

代码坏味破坏了程序的设计结构，特别是面向对象程序中基于对象编程的设计结构。完成同样的功能，设计较差的程序往往需要更多代码，这通常是由于代码在不同的地方使用完全相同的语句做同样的事情。重复代码坏味对程序的设计质量影响很严重。

2.4.2 常见代码坏味

程序员在编程时，经常会有一些创意或者自己的编程风格，代码坏味也有很多表现，下面仅列举一些常见的代码坏味情形。

1. 重复代码

程序员在编写代码时发现，之前有相同或相似的代码可以直接使用，就进行复制和粘贴，这样当软件出现问题或功能需要调整时，必须对多处相同或相似的代码一一进行修改，很容易造成遗漏或冲突。这种情况下应该对重复的代码进行合并，放在单独的类或方法中，使软件更加精简。

1）同一个类的两个方法含有相同的表达式

重复代码是坏味道中出现频率最高的情形。如果在一个以上的地方看到相同的代码，那么应该想办法将它们合并，代码会变得更好。最单纯的重复代码就是"同一个类的两个方法含有相同的表达式"，这时可以采用抽取方法提炼出重复的代码，然后让这两个地点都调用被提炼出的那一段代码。具体参见以下示例。

```
class A {
    public void method1() {
        doSomething1
        doSomething2
        doSomething3
    }
    public void method2() {
        doSomething1
        doSomething2
        doSomething4
    }
}
```

这种情况可以通过提取公共方法的方式，抽出重复的代码逻辑，组成一个公用的方法，这个公用的方法命名为 commonMethod()，优化后的代码如下。

```
class A {
    public void method1() {
        commonMethod();
        doSomething3
    }
    public void method2() {
        commonMethod();
        doSomething4
    }
    public void commonMethod(){
       doSomething1
       doSomething2
    }
}
```

2）两个互为兄弟的子类内含有相同的表达式

另一种常见情况就是"两个互为兄弟的子类内含有相同的表达式"，这时需要对两个类抽取方法，然后将提炼出的代码推入到超类中。如果代码之间只是类似而并非完全相同，那么就需要通过抽取方法将相似部分和差异部分分开，构成单独一个方法。如果有些函数以不同的算法做相同的事，可以使用比较清晰的一个替换掉其余的。优化前和优化后的示例如下。

优化前的代码：

```
class A extend C {
    public void method1() {
        doSomething1
```

```
        doSomething2
        doSomething3
    }
}
class B extend C {
    public void method1() {
        doSomething1
        doSomething2
        doSomething4
    }
}
```

优化后的代码:

```
class C {
    public void commonMethod(){
     doSomething1
     doSomething2
   }
}
class A extend C {
    public void method1() {
        commonMethod();
        doSomething3
    }
}
class B extend C {
    public void method1() {
        commonMethod();
        doSomething4
    }
}
```

2. 过长的函数

长函数是指一个函数方法几百行甚至上千行,可读性大大降低,不便于理解。对于这种情况,应该积极地分解函数,将过长的函数变为多个短小的函数。一般会遵循这样的原则:当需要用大量的注释说明程序在做什么时,把需要说明的东西写入一个独立函数中,并以其用途命名。

可以对一组甚至一行代码做这件事,哪怕替换后的函数调用动作比函数自身还长,只要函数名称能够解释其用途,也应该这样做。关键不在于函数的长度,而在于函数"做什么"和"如何做"之间的语义距离。举例如下。

```
public class Test {
    private String name;
    private Vector<Order> orders = new Vector<Order>();
    public void printOwing() {
        //print banner
        System.out.println("****************");
        System.out.println("***** customer Owes *****");
        System.out.println("****************");
```

```
        //calculate totalAmount
        Enumeration env = orders.elements();
        double totalAmount = 0.0;
        while (env.hasMoreElements()) {
            Order order = (Order) env.nextElement();
            totalAmount += order.getAmout();
        }
        //print details
        System.out.println("name: " + name);
        System.out.println("amount: " + totalAmount);
        ......
    }
}
```

可以将“print banner”“calculate totalAmount”两个功能单一的部分抽取出来，构成独立函数解决长函数的问题。

```
public class Test {
    private String name;
    private Vector<Order> orders = new Vector<Order>();
    public void printOwing() {
        //print banner
        printBanner();
        //calculate totalAmount
        double totalAmount = getTotalAmount();
        //print details
        printDetail(totalAmount);
    }
    void printBanner(){
        System.out.println("****************");
        System.out.println("***** customer Owes *****");
        System.out.println("****************");
    }
    double getTotalAmount(){
        Enumeration env = orders.elements();
        double totalAmount = 0.0;
        while (env.hasMoreElements()) {
            Order order = (Order) env.nextElement();
            totalAmount += order.getAmout();
        }
        return totalAmount;
    }
    void printDetail(double totalAmount){
        System.out.println("name: " + name);
        System.out.println("amount: " + totalAmount);
    }
}
```

3. 过大的类

如果想利用单个类做太多的事情，类内往往会出现太多实例变量，结果就是重复的代码越来越多。避免这种情况的方法是将几个变量一起提取至新类内，提取时应该选择类内彼此相关的变量,将它们放在一起。通常如果类内的多个变量有着相同的前缀或后缀,就有可能把它们提取到某个组件内。

同理,类内如果有太多代码,也是重复代码的根源所在。最简单的方法就是在类的内部进行优化整合。如果有5个"百行函数",它们之中很多代码都相同,只要有可能,就要尽量在类的内部整合成5个"十行函数"和10个"双行函数"。

例如,一个电商平台,如果将订单相关的功能、商品库存相关的功能、积分相关的功能都放到一个类里面,这个类的可读性、可维护性将无从谈起。

```
Class A{
  public void printOrder(){
   System.out.println("订单");
  }
  public void printGoods(){
   System.out.println("商品");
  }
  public void printPoints(){
   System.out.println("积分");
  }
}
```

将类中的功能按照单一职责,使用提取类的方法把代码划分开,让特定代码完成特定功能,代码将变得清晰,易于理解,更便于维护,改造后的代码如下。

```
Class Order{
  public void printOrder(){
   System.out.println("订单");
  }
}
Class Goods{
   public void printGoods(){
   System.out.println("商品");
  }
}
 Class Points{
  public void printPoints(){
   System.out.println("积分");
  }
 }
```

4. 过长的参数列表

如果一个方法中参数数量过多,会使程序的可读性很差。如果有多个重载方法,参数很多,有时你都不知道该调哪个。并且,如果参数很多,做新老接口兼容处理也比较麻烦。例如下面的代码片段,就不是一个很好的代码。

```
public void getUserInfo(String name,String age,String sex,String mobile){
  // do something ...
}
```

当遇到这种情况时,可以将这些过多的参数封装成结构或者类,就可以解决参数过多的问题。

```
public void getUserInfo(UserInfoParamDTO userInfoParamDTO){
  // do something ...
}
class UserInfoParamDTO{
  private String name;
  private String age;
  private String sex;
  private String mobile;
}
```

5. 数据泥团

在编程过程中，经常会出现这样的情形，在很多地方出现相同的三四项数据，比如两个类中相同的字段、地址中的省市县、个人信息中的名和姓等。如果一些数据项总是一起出现，并且一起出现更有意义，就可以按数据的业务含义来封装成数据对象，示例如下。

```
public class User {
    private String firstName;
    private String lastName;
    private String province;
    private String city;
    private String area;
    private String street;
}
```

如果修改成这样，在将来维护代码时就会方便很多。

```
public class User {
    private UserName username;
    private Adress adress;
}
class UserName{
    private String firstName;
    private String lastName;
}
class Address{
    private String province;
    private String city;
    private String area;
    private String street;
}
```

6. 神秘命名

在编程过程中，对变量、方法、类如何命名是一个难题，如何使它们能够清晰地表明自己的功能和用法是命名的关键。很多程序员在编程中图省事，简单地命名软件中的元素，造成代码的可读性和可理解性差。随着时间的推移，当程序员重新阅读自己的代码时，根本想不起来写代码时的思路，尤其是代码缺少必要的注释，维护人员面对一系列神秘的命名，无从考证编程者的思路，很难对代码进行修改和维护。比如，如下代码段中的 test 显然不是一个好的命名。

```
boolean test = checkParamResult(req);
```

如果将名字由 test 修改为 isParamPass,代码就清晰合理了。

```
boolean isParamPass = checkParamResult(req);
```

7. 神奇魔法数

在阅读程序时,经常会看到这样的代码,让人难以理解。

```
if(userType == 1){
   //doSth1
}else if( userType == 2){
   //doSth2
}
```

这里的 1 和 2 都表示什么意思呢?需要我们去猜测才能够知晓一二。对于这样的代码坏味,可以新建一个常量类,把一些常量放进去统一管理,并且写好注释。或者也可以建一个枚举类,把相关的魔法数放到一起管理。

8. 重复的 Switch

这里的 Switch 语句,不仅包括 Switch 相关的语句,也包括多层 if-else 的语句。很多时候,Switch 语句的问题就是重复,如果给它添加一个新的 case 语句,就必须找到所有的 Switch 语句进行修改。随着开发规模的扩大,软件内部会出现多处重复的代码,造成系统冗余。从面向对象的角度而言,任何 Switch 语句都可以用多态取代条件表达式的方法进行优化。

9. 纯数据类

纯数据类是指拥有一些字段以及用于访问(读写)这些字段的函数。这样的类很简单,只有公共成员变量,这仅仅是一种数据容器,类本身没有什么实质性的操作,一般会有其他的类来调用。对于这些类中的 public 字段,可以采用封装的方式进行重构。

10. 临时字段

有些类中内部的某个字段仅仅是为了某种特定情况而设置的,这种情况会使阅读代码的人难以理解,通常情况下,在设计字段时,一个对象应该在任何时候都是需要它所有的字段的。有些程序员习惯设置一些预留字段,这种情况下,如果预留字段永远不会被使用,后续程序的维护人员阅读和理解程序将变得很难。

11. 发散式变化

软件能够容易被修改是一种常识,毕竟软件的升级维护和功能增加是常有的事儿。一旦需要修改,程序员最希望的就是找到需要修改的点直接进行修改,否则就说明代码存在坏味。

程序员在编码过程中,经常无意识地使类承担过多的责任,比如将修改数据库、计算利息等放在同一个类中。当需要修改数据库或变更利息计算公式时,都需要对这个类进行修改,增加了类的不稳定性,并且每次修改后都需要进行测试,容易增加类内部的矛盾。

解决的方案是将每一个功能相对独立的代码抽取出来放到单独的类中,保证每次业务逻辑的变化只需要修改单一类中相应的部分,并且这个类内所有方法都与这个变化相关。针对上面的例子,将数据库修改和利息计算方法独立到各自的模块中,将大大有利于程序的修改,使程序具有更好的可维护性。

12. 霰弹式修改

霰弹式修改与发散式变化类似,如果需要修改程序的某处功能时,需要在许多不同的类中进行,因为需要修改的代码过于分散,这种情况下很难找到所有需要修改的地方,甚至很容易错过某个重要的修改,给软件留下隐患。

13. 依恋情结

编程中的模块化,是指力求将代码分出区域,实现最大化的区域内部交互,降低区域之间的交互,也就是常说的模块内高内聚、模块间低耦合,这样能够使程序的逻辑结构更为清晰,代码维护更加方便。但是有时会出现一个函数跟另外一个模块中的函数存在大量的数据交互情况,且远远多于模块内部的数据交换,这样会导致模块之间的耦合度过高,增加软件维护的难度。

对于这种情况的处理,一般原则是将函数或模块与交互最多的数据放在一起,形成一个独立的函数。

14. 中间人

面向对象的一个基本特征是封装,也就是对外部世界隐藏其内部细节。封装往往伴随着委托,如果委托过多,就会造成逻辑过于复杂,关系链就会拉长。比如下面的代码段,A可以直接通过C去获取C,而不需要通过B来获取。

```
A.B.getC(){
   return C.getC();
}
```

15. 过多的注释

理论上来说,程序中的注释必不可少,很多时候提倡适当书写注释,以便后续的程序修改者维护代码时更加容易。但过多的注释不可取,并且避免用注释解释代码,因为代码写得不理想用注释进行说明这种方式并不可取。

当程序的实现并没有十足的把握时,可以适当用注释进行说明,这样有助于将来程序的修改者进行程序维护。

2.4.3 软件重构

1. 软件重构概述

重构是对软件内部结构的一种调整,目的是在不改变软件功能的前提下,增加软件的可读性,让软件更好理解,降低软件的修改成本。更直观的理解,重构就是把部分代码从一个地方移动到另一个地方,使得代码保持简短易读。

从另一个角度来说,重构总是与代码坏味相对应的,也就是说,执行某种重构操作,在很大程度上意味着代码坏味的存在。

2. 为什么要重构

软件重构是一种调整软件结构,使软件代码易读并更好理解的行为。通过软件重构,可以达到以下效果。

1) 重构可以改进软件设计

如果没有重构,程序内部设计会逐渐腐败变质。在程序员短期内修改程序代码时,往往没有完全理解架构的整体设计，久而久之，代码就会逐渐失去原有的架构，程序员越来越难以通过阅读源代码理解原来的设计。就像我们日常收拾房间一样，每天打扫收拾一下，那么每天只需要花几分钟的时间就能保持房间干净整洁，如果一个月没有打扫，可以想象需要花多久才能收拾完房间。

完成同样的工作，良好的设计需要较少的代码就能够实现，而设计欠佳的程序往往需要更多的代码，这是因为代码在不同的地方使用完全相同的语句做同样的事情，因此通过消除重复代码是重构改进软件设计的一个重要方向。

2）重构可以使软件更容易理解

程序设计最核心的工作是让计算机按照人们的想法去实现相应的功能，或者说，编程的核心就在于准确地说出我们要做什么，由计算机去实现。但事情往往是这样的，程序的源代码除了计算机外，还有其他的读者，几个月后可能会有另外的程序员尝试读懂代码并进行修改或完善，或者当初的程序员离职了，需要新程序员维护原来的代码，甚至是很久之前的遗留代码需要进行升级维护。

然而编程时往往忽略了这些后续的读者，但其实他们才是最重要的。试想一下，如果前人写的程序别人完全看不懂，那么后续的维护人员岂不是一头雾水？所以，在重构上花一点时间，让自己的代码更好地表达自己的意图，更清晰地说明程序需要完成的功能，对于后续的软件运维是非常重要的。

3）重构能帮助找到缺陷

通过重构，可以更加深入地理解程序的架构，对代码的所作所为有更加清晰的认识，也能够对业务需求进行更深一步的理解和把握，可以把对业务功能的最新理解反映到代码中。在搞清楚程序结构的同时，能够更好地找到程序中的缺陷。比如，在梳理代码的过程中，可能对程序中的某些输入域的边界进行重新思考，进而避免一些可能出现的不合理的边界值判断。

4）重构可以提高编程速度

直觉来说，重构会花费大量的时间移动代码、优化设计、提高程序的可读性，那么重构可以提高编程速度从何谈起呢？

通常而言，一个软件使用的时间越久远，积累的功能越丰富，添加一个新功能所需要的时间就越多。程序员需要花费越来越多的时间考虑如何将新功能塞进现有的代码库中，不断出现的缺陷修复起来也越来越慢，代码库看起来就像补丁摞补丁，这样的负担不断拖慢新增功能的速度，到最后程序员恨不得从头重写整个系统。不同设计对新增功能的影响如图 2-15 所示，重构使得软件快速增加功能成为了可能。

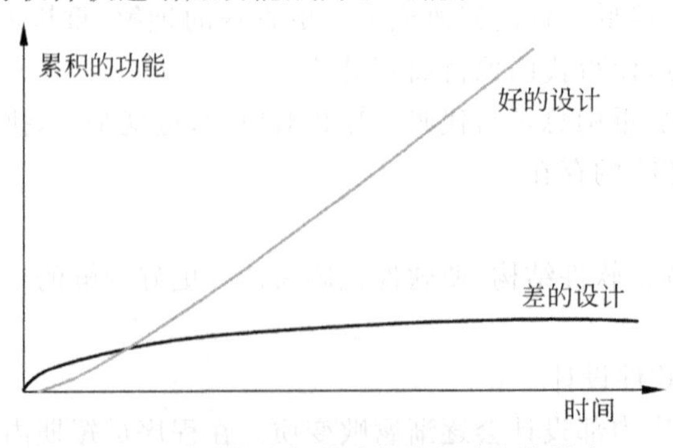

图 2-15　重构对新增功能编程速度的影响

3. 重构的合适时机

软件重构能够在改善软件设计、提高软件可读性、减少缺陷等方面提高软件质量，那么什么时候适合软件重构呢？

1）软件增加新功能时

重构的最佳时机是增加新功能之前。在动手增加新功能之前，对现有代码库进行梳理，经常会发现已有函数与要增加的新功能很相似，可提供大部分新功能需要的内容，但是有一些变量或参数需要更新。如果不重构，就需要把整个函数复制过来，修改相应的参数或变量，但是这样就会造成代码重复——如果将来需要修改，就必须修改这两个地方的代码。并且，如果将来需要类似又略有不同的功能，还需要再复制粘贴一次。

这种情况下，通过重构，将实现类似功能的函数独立出来，在需要这个函数功能时进行调用。当函数功能需要更新时，只需要修改这个函数就可以了，这样就使代码非常清晰，避免很多重复代码的问题。

这种情况下的重构过程一般是创造一个新的函数，将需要提炼的源代码功能复制到新函数中，检查新函数的功能是否满足程序模块调用的要求，编译新函数，在源函数中将被提炼的代码替换为对新函数的调用，测试通过后就可以了。

2）修复缺陷时

当遇到程序的缺陷需要修复从而寻找问题的原因时，就会发现发生缺陷的代码在很多地方重复出现了，如果将这些存在于很多地方的有缺陷的代码进行合并，缺陷修复起来就会容易得多。或者将数据更新逻辑与数据查询逻辑分离开，会更容易避免造成逻辑不清晰的问题。通过重构来改进这种状况，在同样的场合出现同样缺陷的概率就会降低。

3）代码走读时

代码走读可以发现程序中的一些缺陷，是一种有效的静态测试方法，能够改善开发状况。代码走读也有助于在团队中传播开发知识，有助于让有经验的开发者把知识传递给经验欠缺的人，并帮助更多人理解大型软件系统中的更多部分，代码走读对于编写清晰的代码也很重要，能够让更多人对代码提出有用的建议。

通过重构可以帮助走读代码，在走读别人的代码之前可以先阅读代码，在一定程度上理解代码，并尝试通过重构解决存在的问题，通过这种方式，能够预见性地看到建议被采纳后的代码是什么样子的，这样可以使得代码走读的效果更加明显，效率也会更高。

当然，在代码走读时进行重构，最好是代码的作者参与进来，这样作者能够提供代码上下文的信息，并认可走读者进行重构的意图，这样的效果会更加有效。

4. 重构的方法

重构作为提高软件质量的一种方法，是解决代码坏味的重要手段。具体采用何种重构方法，要视代码坏味的具体情况，下面介绍几种常用的重构方法。

1）提炼函数

对于重复代码这样的代码坏味，可以采用提炼函数的方法进行重构。

（1）创造一个函数，根据代码实现的功能给函数起一个有意义的名字，一般以这段代码“做什么”命名比较科学。

（2）将重复的代码从原来的代码位置中提取出来，复制到新创造的函数中。

（3）检查提取出来的代码，看看是否引用了作用域限于源函数且在提取出的新函数中访问不到的变量。如果是这样，以参数形式将它们传递给新函数。

(4) 所有变量都处理完毕之后，进行编译。

(5) 在源函数中，将被提炼的代码段替换为对目标函数的调用。

(6) 测试。

2) 改变函数声明

函数是程序组成的主要形式，如果函数声明不能够很好地体现函数的用途，那么函数的名字就不是一个好名字。最好能够通过函数的名字一眼看出来函数的用途，函数的参数也是这样，最好是让人能够一眼就看出参数的意义。

(1) 修改函数声明，尽量使用能够说明函数用途的名字。

(2) 找出所有使用旧函数名称的地方，将它们修改为新的函数声明。

(3) 测试。

3) 提炼变量

对于非常复杂的难以阅读的表达式，通过提炼变量的重构方法可以很好地解决问题。在给代码中的一个表达式命名时，要考虑引用这个变量名的上下文，如果仅仅在函数内部引用，提炼变量就变得非常简单。如果引用的范围比较广，就要以函数的形式来定义。

(1) 确认要提炼的表达式没有副作用。

(2) 声明一个不可修改的变量，把需要提炼的表达式复制一份，将表达式的结果赋值给这个变量。

(3) 使用新变量替换原来的表达式。

(4) 测试。如果该表达式被使用多次，需要逐一替换，并逐一测试。

4) 封装变量

相较于改变函数声明的重构来说，对变量的重构会有一定的难度。一般而言，要迁移被广泛使用的数据，最好的方法是以函数的形式封装对该数据的访问，这样将重新组织数据的问题转化为重新组织函数的任务。数据的作用域越大，封装的必要性就越大。面向对象的方法特别强调对象的数据应该保持私有，也是这个原理。

(1) 创建封装函数，在函数中访问和更新变量的值。

(2) 执行静态检查。

(3) 逐一修改使用该变量的代码，将其修改为调用合适的封装函数，每次替换后，进行测试。

(4) 限制变量的可见性。

(5) 测试。

5) 变量改名

好的命名是程序保持整洁的关键因素，给变量起一个好的名字，可以很好地解释程序在干什么，这是非常好的习惯。对于使用范围非常广泛的名字，其命名的好坏更加重要。

(1) 如果变量使用的范围很广，可以使用封装变量的方法进行重构。

(2) 找到所有使用该变量的代码，逐一进行修改。

(3) 测试。

6) 引入参数对象

针对过长的参数列表和数据泥团两种代码坏味，可以通过引入参数对象的方法进行重构。将这些参数或数据组织成一个新的数据结构,通过新的数据结构来访问数据元素,将会有效提升代码质量。

(1) 创建一个数据结构。

(2) 测试。

(3) 改变原有函数或类的声明,增加一个参数,类型是新建的数据结构。

(4) 测试。

(5) 调整所有的调用者,传入新的数据结构的适当实例。每修改一处,都要进行测试。

(6) 用新数据结构中的每项元素,逐一取代参数列表中与之对应的参数项,然后删除原来的参数并进行测试。

2.4.4 自动化重构

重构对于程序的整洁规范有非常重要的作用,为程序的维护升级提供很好的便利。但是通过手工进行重构的工作量会非常大,还有可能出现这样或那样的错误。现在很多集成开发环境都提供可自动重构的机制。

在 IntelliJ IDEA 或者 Eclipse 这样的集成开发环境中,提供了基本的自动化重构方法。比如,给一个 Java 程序的类改名,在 Eclipse 集成开发环境中,可以右击类名,选择 Refactor→Rename..,然后对类重新命名,这时,Eclipse 会自动检索整个工程中涉及这个类的所有调用,并对调用的类名进行修改,当然也包括文件本身的名字。

另外,Eclipse 提供可与重构相关的快捷键,也可以在菜单 Refactor 中选择相应的功能进行重构操作,如图 2-16 所示。

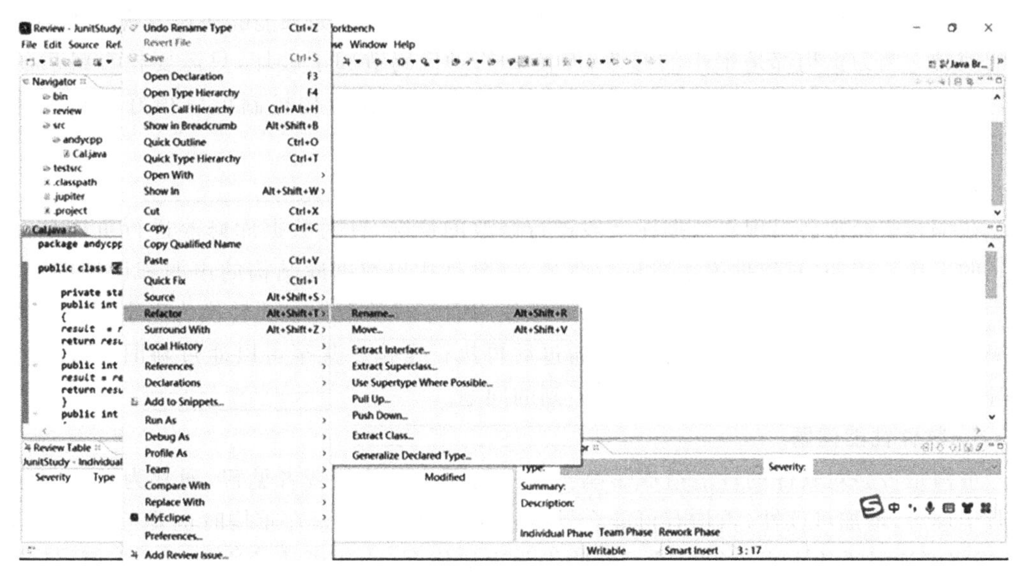

图 2-16 Eclipse 自动化重构示例

当然,自动化重构不仅仅是文本替换、函数改名这么简单,重构工具还需要理解代码树才能够更可靠地保持代码行为,这也是 IDE 集成开发环境相比较文本编辑器的优势所在。

自动化重构工具除了要理解代码树,还要知道如何将修改后的代码写回到编辑器视图。

随着技术的发展,语言服务器(language server)成为一种正在被关注的新技术,它用软件生成代码树,并能够给文本编辑器提供API,为代码分析和重构提供更为便利的条件。

2.4.5 重构的挑战

重构对于提升软件质量和可维护性的作用毋庸置疑,但是重构确实是一项极具挑战性的工作。

1. 重构时机的选择

尽管重构的目的是加快软件增加新功能的速度,但是在很多时候,软件质量与项目的工程进度是有矛盾的,特别是需要赶工时。在这种情况下,就需要平衡重构工作如何开展。通常而言,如果通过重构能够让程序的功能实现更加容易,那么重构是有意义的。如果某一个代码模块还不清楚如何重构,可以先放一放。

如何科学研判何时重构、是否需要重构,这需要开发团队多年经验的积累。

2. 代码所有权

有些重构不仅会影响一个模块的内部,对于调用该模块的系统的其他部分同样会带来影响。比如,改变函数声明,在重构时需要修改函数本身和调用者,如果调用者一方由另一个开发团队在维护,重构人员就没有权限对调用者的代码库进行更新。在这种情况下,就需要对不同模块进行分析,确认重构的必要性,与另一个开发团队进行深入沟通,达成共识,共同维护代码结构的科学性。

3. 重构测试

对于重构而言,基本的原则是只要不改变程序的可观察行为,一般不会对程序造成破坏,但是仍然有可能会出现错误,尤其是在测试不够充分时。如果能够快速发现也不会造成大的问题。因为重构都是很小的修改,即使真的对代码造成了破坏,只需要检查最后的修改,实在不行,回滚到最近的版本就可以了。当然,自动化重构机制可以很好地解决这个问题。

4. 数据库修改

在编程中经常会出现对数据库字段进行修改的情况,针对数据库修改进行重构是经常遇到的工作。比如,对数据库字段进行改名,一般是找出数据库结构的声明和调用的地方,然后完成所有的修改。问题的难点在于原来使用旧字段的数据也要转换为新字段。可以通过编写数据转换逻辑的迁移代码,测试通过后再执行重构。甚至可以通过新旧字段并行一段时间的方式进行测试,以免出现意想不到的问题。

5. 软件性能问题

重构是否会对软件的性能造成影响?这个问题仁者见仁智者见智,通常为了让程序更加易于理解,增加可读性,重构有可能会导致程序的运行变慢。在重构时也要考虑系统的性能,或者说通过重构也会使得系统的性能优化更加便利,比如模块的边界更清晰了,模块间的耦合度降低了,更容易找到影响系统性能的问题所在,这样就可以针对有性能问题的模块进行性能优化了。特别是在数据库访问模块,性能问题比较常见,如果将数据查询和数据修改模块分别开来,更加有助于分析判断到底是哪个模块出现了性能问题。

6. 遗留系统

遗留系统对于重构来说,简直是一场噩梦。可以想见,如果程序员对20世纪90年代的代码进行维护是一件多么痛苦的事情。遗留系统往往都很复杂，文档不足，甚至注释也不完善。重构可以帮助理解遗留系统，对引起误解的函数进行改名，更好反映代码的用途。对糟糕的程序结构进行梳理，使得遗留系统结构变得更加科学合理，但这必将是一项十分复杂而又繁重的任务。

7. 开发团队重构技能

重构的重要性体现在软件生命周期的全过程，重构不仅仅是某一个人或项目负责人的责任，也是整个项目团队的共同任务。一个开发团队想对软件重构，需要团队的每个成员都要掌握重构的技能，能够在需要时开展重构，而不会干扰其他人的工作。这也是提倡持续集成的原因，每个团队成员的重构能够快速分享给其他同事，而不会发生这边需要调用一个接口，那边却把这个接口删掉的情况。这也是持续集成、重构协同的重要性所在。

2.5 代码质量管理平台 SonarQube

2.5.1 SonarQube 简介

SonarQube 是一个用于代码质量管理的开源平台，用于管理源代码的质量。通过插件机制，SonarQube 可以集成不同的测试工具、代码分析工具以及持续集成工具，如 pmd-cpd、checkstyle、findbugs、Jenkins 等。通过不同的插件对这些结果进行再加工处理，通过量化的方式度量代码质量的变化，可以方便地对不同规模和种类的工程进行代码质量管理。

SonarQube 支持对 25 种以上的编程语言进行源代码静态分析功能。对于特定的编程语言，SonarQube 还提供了对编译后代码的静态分析功能，如 Java 语言中的 CLASS 文件和 JAR 文件，以及 C# 语言中的 DLL 文件等。SonarQube 还支持 Java 和 C# 的动态代码分析功能，如单元测试等。

SonarQube 平台架构如图 2-17 所示。

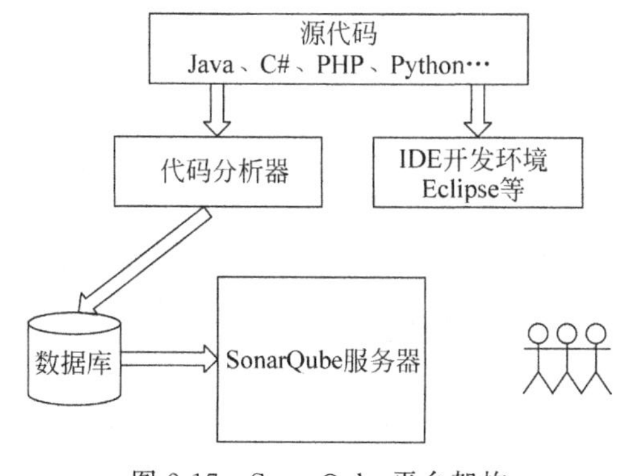

图 2-17 SonarQube 平台架构

2.5.2 SonarQube 安装

本节对于 SonarQube 的安装以 Windows 操作系统为例进行阐述，Linux 操作系统可以根据需要修改相应的环境变量。

1. JDK

根据操作系统中 JDK 的安装目录，配置 path 环境变量，如图 2-18 所示。

编辑环境变量

%USERPROFILE%\AppData\Local\Microsoft\WindowsApps
C:\Program Files (x86)\SSH Communications Security\SSH Secure Shell
C:\Program Files\Java\jdk-17.0.1\bin
C:\Program Files (x86)\MySQL\MySQL Server 5.7\bin
E:\tools\jupiter静态测试\sonar\sonar-scanner-cli-4.6.2.2472-windows...

图 2-18　配置环境变量

2. 下载 SonarQube

从官网下载 SonarQube 软件，当前社区版的版本号为 9.2.4。下载解压后目录结构如图 2-19 所示。其中，bin 目录中是 SonarQube 软件的服务程序，conf 目录为配置文件。

图 2-19　SonarQube9.2.4 目录结构

3. 数据库配置

由于 SonarQube7.9 版本之后，不再提供对 MySQL 数据库的支持，所以这里以 PostgreSQL 为例进行安装配置，其他数据库如 Oracle 请参照说明文档进行配置。

1）创建 sonar 用户及数据库

（1）在 PostgreSQL 数据库中创建 sonar 用户，设置 sonar 用户密码及数据库权限。

（2）创建用于保存 SonarQube 软件数据的数据库，数据库名称可以设置为 sonar，数据库的所有者为 sonar 用户。

2）配置 SonarQube 数据库连接信息

SonarQube 软件中数据库的连接配置信息文件为\conf\sonar.properties，主要的配置信息如下。

```
sonar.jdbc.username = sonar
sonar.jdbc.password = sonar
sonar.jdbc.url = jdbc: postgresql://localhost/sonar?currentSchema = public
```

其中，连接数据库的用户名和密码根据实际需要进行配置，sonar.jdbc.url 中的“sonar?sonar?currentSchema=public”部分为数据库连接串，根据实际情况进行配置。

4. 启动 SonarQube

双击\sonarqube-9.2.4.50792\sonarqube-9.2.4.50792\bin\windows-x86-64\StartSonar.bat 启动服务，如图 2-20 所示。

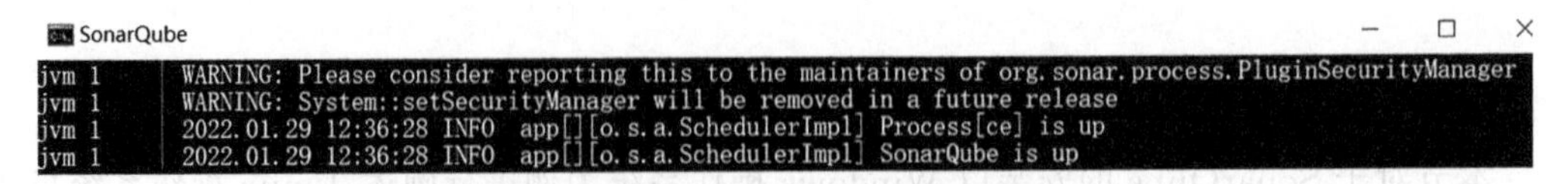

图 2-20　SonarQube9.2.4 启动服务

通过浏览器访问 http://localhost:9000,出现如图 2-21 所示的登录界面。如果需要修改服务端口,可在 conf\sonar.properties 文件中进行修改。默认账号密码都是 admin,进入 Administration→Marketplace→Plugins 搜索 Chinese Pack 安装简体中文汉化包,安装完成后需要重启服务。插件安装目录为\extensions\plugins。

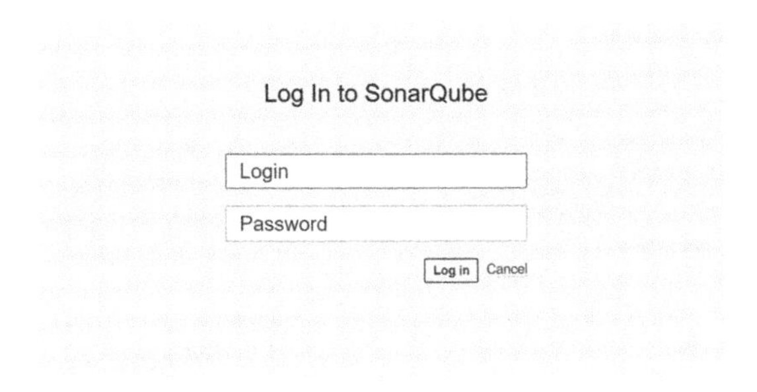

图 2-21 SonarQube9.2.4 登录界面

SonarQube 启动过程中,会在数据库中进行配置,自动创建表,如图 2-22 所示。

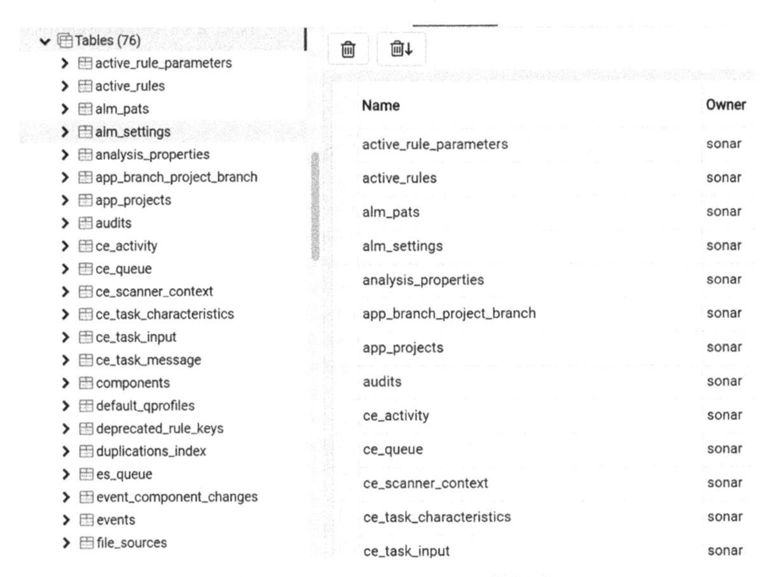

图 2-22 SonarQube9.2.4 数据表

2.5.3 SonarQube 基本应用

SonarQube 作为软件代码质量管理平台,具有代码分析、漏洞分析、缺陷检查、坏味检测、重复代码检测等常见的功能。支持多种编程语言,如 Java、C#、Python 等。

1. 代码检查规则配置

在开展代码检查前,先进行规则配置,即设置代码坏味、缺陷、语法错误的检查规则,如图 2-23 所示。

2. 安装 Sonar-scanner

以 sonar-scanner-4.6.2.2472-windows 版本为例,介绍 Sonar-scanner 的安装使用。下载后解压文件,Sonar-scanner 目录包括 bin、conf、jre、lib 等子目录,如图 2-24 所示。

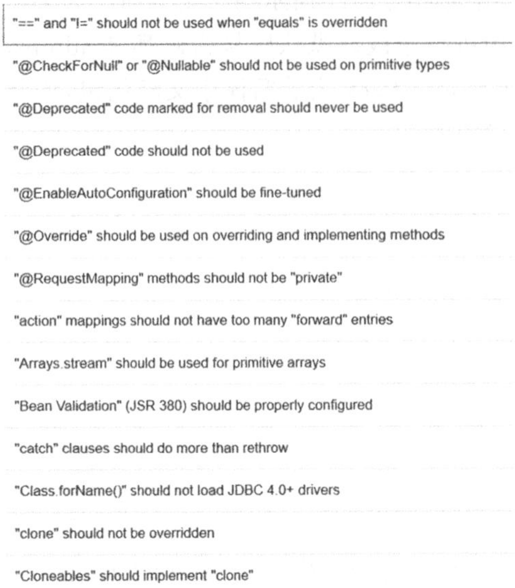

"==" and "!=" should not be used when "equals" is overridden
"@CheckForNull" or "@Nullable" should not be used on primitive types
"@Deprecated" code marked for removal should never be used
"@Deprecated" code should not be used
"@EnableAutoConfiguration" should be fine-tuned
"@Override" should be used on overriding and implementing methods
"@RequestMapping" methods should not be "private"
"action" mappings should not have too many "forward" entries
"Arrays.stream" should be used for primitive arrays
"Bean Validation" (JSR 380) should be properly configured
"catch" clauses should do more than rethrow
"Class.forName()" should not load JDBC 4.0+ drivers
"clone" should not be overridden
"Cloneables" should implement "clone"

图 2-23 代码检查规则配置清单

名称	修改日期	类型
bin	2021-05-07 12:16	文件夹
conf	2021-05-07 12:15	文件夹
jre	2021-05-07 12:16	文件夹
lib	2021-05-07 12:16	文件夹

图 2-24 Sonar-scanner 目录结构

3. 代码检查配置

(1) Sonar-scanner 配置文件。conf 目录下 sonar-scanner. properties 配置文件内容如下：

```
# ----- Default SonarQube server
sonar.host.url = http://localhost: 9000
sonar.login = admin
sonar.password = admin
# ----- Default source code encoding
sonar.sourceEncoding = UTF - 8
```

(2) 项目检查配置文件。在需要代码检查的项目目录下，新建 sonar-project. properties 文件，内容如下：

```
sonar.projectKey = test
sonar.projectName = test
sonar.version = 1.0
sonar.sources = src
sonar.binaries = bin
sonar.language = java
sonar.java.binaries = .
sonar.sourceEncoding = UTF - 8
```

4. 执行代码检查

(1) 配置环境变量。将 sonar-scanner-cli-4. 6. 2. 2472-windows/bin 目录增加到 path 环境变量中，如图 2-25 所示。

(2) 检查代码。打开 cmd 窗口，在需要代码检查的项目目录下，运行 Sonar-scanner，系统会自动对项目中的代码进行检查。代码检查完成后，会出现 EXECUTION SUCCESS 字样，如图 2-26 所示。

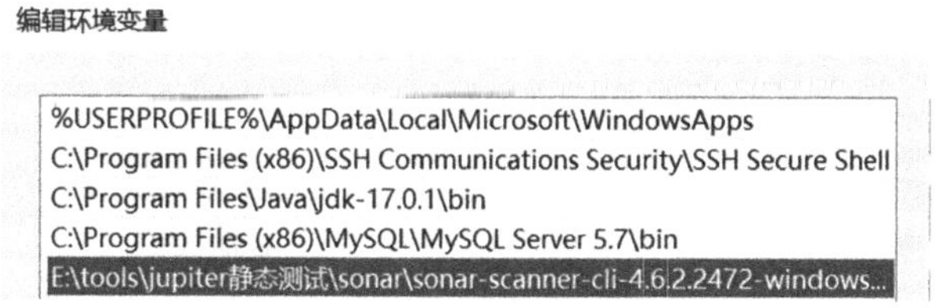

编辑环境变量

```
%USERPROFILE%\AppData\Local\Microsoft\WindowsApps
C:\Program Files (x86)\SSH Communications Security\SSH Secure Shell
C:\Program Files\Java\jdk-17.0.1\bin
C:\Program Files (x86)\MySQL\MySQL Server 5.7\bin
E:\tools\jupiter静态测试\sonar\sonar-scanner-cli-4.6.2.2472-windows...
```

图 2-25 Sonar-scanner 环境变量

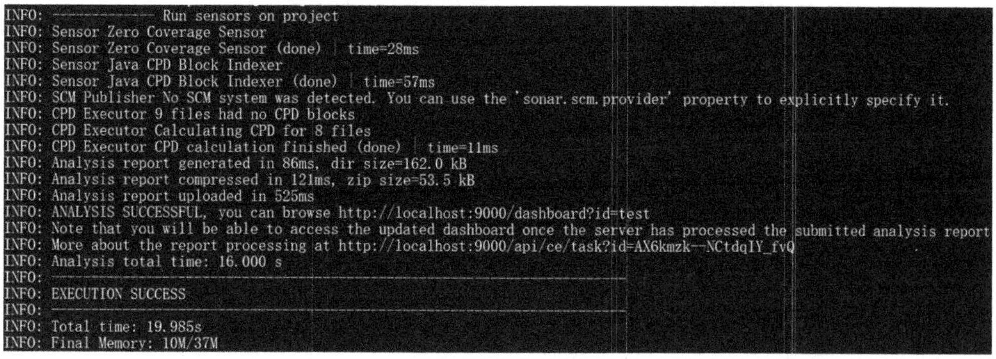

```
INFO: ------------- Run sensors on project
INFO: Sensor Zero Coverage Sensor
INFO: Sensor Zero Coverage Sensor (done) | time=28ms
INFO: Sensor Java CPD Block Indexer
INFO: Sensor Java CPD Block Indexer (done) | time=57ms
INFO: SCM Publisher No SCM system was detected. You can use the 'sonar.scm.provider' property to explicitly specify it.
INFO: CPD Executor 9 files had no CPD blocks
INFO: CPD Executor Calculating CPD for 8 files
INFO: CPD Executor CPD calculation finished (done) | time=11ms
INFO: Analysis report generated in 86ms, dir size=162.0 kB
INFO: Analysis report compressed in 121ms, zip size=53.5 kB
INFO: Analysis report uploaded in 525ms
INFO: ANALYSIS SUCCESSFUL, you can browse http://localhost:9000/dashboard?id=test
INFO: Note that you will be able to access the updated dashboard once the server has processed the submitted analysis report
INFO: More about the report processing at http://localhost:9000/api/ce/task?id=AX6kmzk--NCtdqIY_fvQ
INFO: Analysis total time: 16.000 s
INFO: ------------------------------------------------------------------------
INFO: EXECUTION SUCCESS
INFO: ------------------------------------------------------------------------
INFO: Total time: 19.985s
INFO: Final Memory: 10M/37M
```

图 2-26 Sonar-scanner 代码检查成功

5. 查看代码检查结果

根据前述的 Sonar 服务器配置，Sonar-scanner 会将代码检查的结果传输到服务器上。通过 Web 界面可以查看代码质量。图 2-27 是对某示例工程进行代码检查的结果（仅作为案例）。

指标

新代码 全部代码

自从 2022年1月29日
起始于 -2

164 新增缺陷 可靠性 E

10 新增漏洞 安全性 E

294 新安全热点 0.0% 复审 安全复审 E

图 2-27 Sonar-scanner 代码检查结果

在图 2-27 所示界面中，可以进一步查看缺陷、漏洞、代码坏味等信息。图 2-28 所示为代码检查中发现的需要进行代码复审的问题，以及可以采取的代码复审状态（包括“需要复审”“已修复”“安全”等）。

同样地，对于代码检查中发现的代码坏味，根据代码坏味的表现进行展示，并可以对代

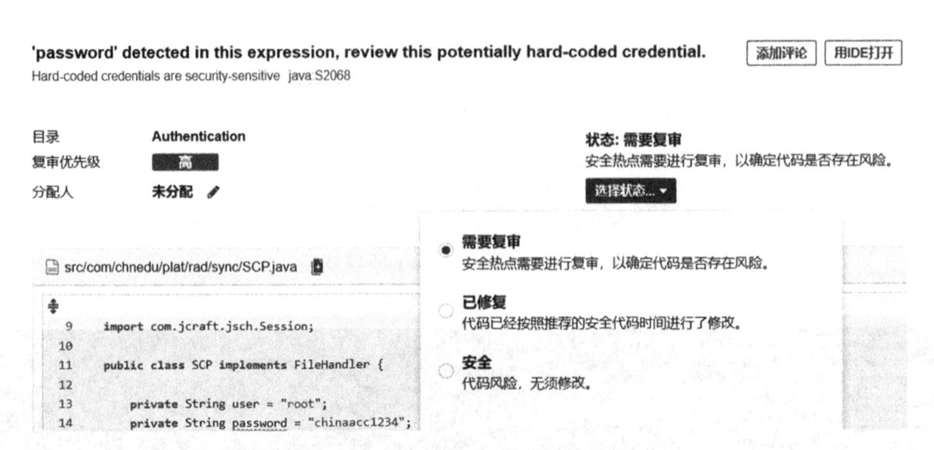

图 2-28　代码检测问题详细页面

码坏味进行进一步的处理，如“确认”“解决”“误判”以及“标记为不会修复”等，如图 2-29 所示。

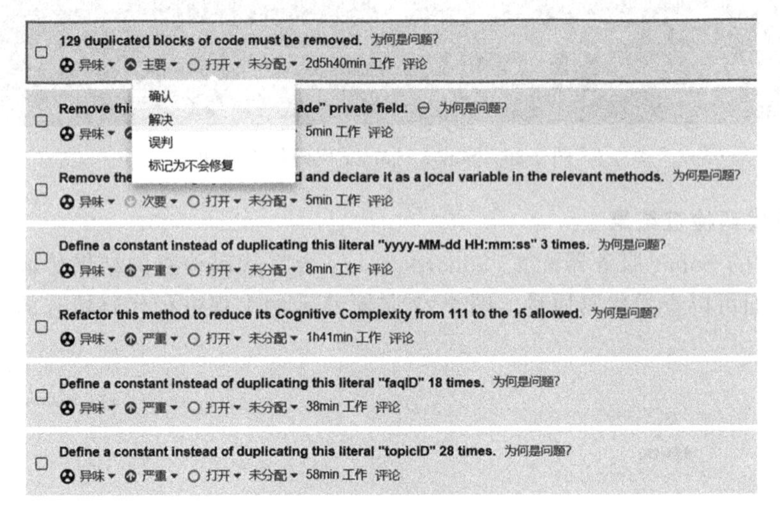

图 2-29　代码坏味检测结果

小结

本章重点介绍了静态测试概念，静态测试方法，代码走读的流程、标准、工具的应用，以及代码坏味与软件重构的方法，给出了常见的代码坏味的表现，介绍了软件代码质量管理平台 SonarQube。

习题

1. 判断题

(1) 代码走读属于静态测试方法。(　　)

(2) 代码走读一般由一个小组完成。(　　)

(3) 代码走读过程,代码作者没有必要参加。(　　)

(4) 代码坏味只是影响程序的可读性,对程序的功能和性能没有影响。(　　)

(5) 通过重构,可以降低程序的维护成本。(　　)

(6) 重构可以改善软件设计,增强程序的可理解性。(　　)

2. 简答题

(1) 什么是静态测试?

(2) 确定代码走读的标准与规范有哪些流程?

(3) 常见的代码坏味有哪些? 如何进行软件重构?

(4) 简要叙述代码走读的审查内容,以及代码走读的主要流程。

(5) 软件为什么需要重构? 重构的方法有哪些?

第3章

黑盒测试

学习目标：

- 了解黑盒测试的概念、依据及流程。
- 掌握黑盒测试用例设计方法：等价类、边界值、判定表、因果图、正交试验法等。
- 理解黑盒测试方法运用的策略。
- 学会使用正交设计工具提高测试用例设计效率。

本章介绍黑盒测试的基本概念和黑盒测试的常用方法，并辅以实例介绍黑盒测试用例的设计步骤，最后对黑盒测试诸方法进行比较，根据具体问题选择合适的测试方法。

3.1 黑盒测试概述

软件测试按测试设计分为黑盒测试与白盒测试，黑盒测试中的“黑”的含义是看不见，黑盒就是看不见盒里的东西，那么对于一个软件系统来说，黑盒测试是将软件看作不透明的黑盒子，测试人员在测试软件时无法看到软件的内部结构，只能看到软件的输入/输出接口，在不考虑软件内部结构和处理算法的情况下，只检查软件功能是否按照软件需求规格说明书所描述的那样正常使用、运行，根据输入/输出判断该模块的功能是否正确，如图 3-1 所示。

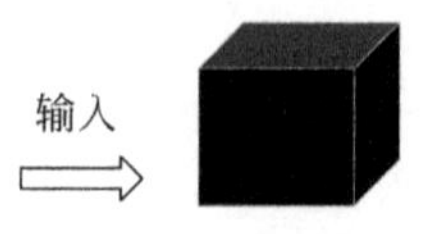

图 3-1 黑盒测试

黑盒测试又称数据驱动测试，测试者从用户观点出发，以软件需求规格说明书为测试依据，检查软件的功能是否符合它的功能说明主要试图发现以下类型的错误：

(1) 检测功能是否有遗漏。

(2) 检测人机交互是否有错误。

(3) 检测数据结构或外部数据库访问是否有错误。

(4) 检测性能是否满足要求。

(5) 检测初始化和终止方面是否有错误。

黑盒测试的定义有广义与狭义之分，广义的黑盒测试是所有不看源代码的测试方法的总称，其涉及范围更广，如功能测试、性能测试、安全性测试、兼容性测试、稳定性测试、可靠性测试及安装卸载测试等。狭义的黑盒测试特指功能测试,通过将软件看作黑盒子,主要测试某个软件或者软件的某个模块的功能是否得到实现。由于性能测试与功能测试的方法和工具不尽相同,因此没被列入狭义的黑盒测试的概念范畴。

从理论上讲,黑盒测试只有采用穷举输入测试,将所有可能的输入都作为测试情况进行考虑,才能查出程序中的所有错误。但因为穷举测试是不可能实现的,所以要有针对性地选择测试用例,通过选取软件输入域的一个子集作为测试集来测试软件,这样,按照选择测试用例的策略不同,可以将黑盒测试技术分为等价类测试、边界值测试、判定表测试、因果图测试及输入组合法测试等,下面对其中几个常用的方法进行详细介绍。

3.2 等价类测试

3.2.1 等价类划分法概述

1. 等价类划分法

等价类划分法是一种典型的黑盒测试用例设计方法,它根据程序需求规格说明书对软件的输入域按相关的规定划分为若干互不相交的子集(等价类),所有子集的并集是整个输入域。然后从每个子集中选取少数具有代表性的数据进行测试,这样可以避免穷举产生的大量用例。

这里的"类"是数学概念上的集合的含义,等价类是指某个输入域的子集合,在这个子集合中,所有元素在测试中的作用是互相等价的。一个软件的全部输入集合可以至少分为两个子集:合法的与非法的,由此对应的等价类有两种:有效等价类和无效等价类。每个子集又可以进一步划分为若干子集,因此有效等价类和无效等价类均可以是一个也可以是多个。

(1) 有效等价类。有效等价类是对需求规格说明而言,合理的、有效的输入数据构成的集合。

(2) 无效等价类。无效等价类是对需求规格说明而言,不合理的、无效的输入数据构成的集合。

因为软件不仅要能接收合理的数据,对不合理的数据也要能做出正确响应,所以在设计测试用例时,两种等价类都需要考虑,这样的测试才能确保软件具有更高的可靠性。

根据需求规格说明书确定被测对象的输入域,进行等价类划分。等价类划分的标准:划分的子集必须是互不相交的,符合完备测试,避免出现冗余。

2. 等价类的划分原则

1) 常见的等价类划分原则

(1) 取值范围。如果输入条件规定了一个取值范围或值的个数,则可以确定一个有效等价类和两个无效等价类。例如:用户录入成绩,成绩范围为[0,100],则一个有效等价类为0~100的数据(包含0,100),两个无效等价类:一个是小于0的数据,另一个是大于100的数据。

(2) 规定了集合或条件。如果规定了输入值的集合或规定了必须要遵循某个条件时,则可以确定一个有效等价类和一个无效等价类。例如:如果规定注册用户名的格式必须以字母开头,那么以字母开头是有效等价类,非字母开头是无效等价类。

(3) 枚举变量。如果输入条件是一组值(枚举值,假定 n 个),并且程序对每一个输入的值做不同的处理,则确立 n 个有效等价类和一个无效等价类。例如:查询科目类别为"数学、语文、计算机"三种之一,则分别取这 3 种类别为有效等价类,3 种类别之外的值为无效等价类。

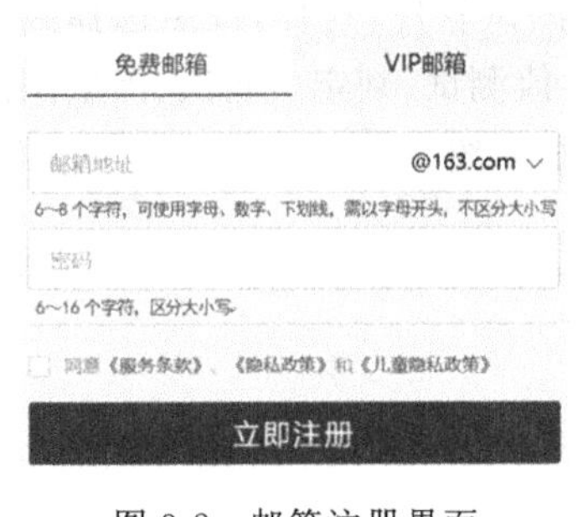

图 3-2 邮箱注册界面

(4) 布尔量。如果输入条件是一个布尔值,可确定一个有效等价类和一个无效等价类。例如,图 3-2 中同意条款的勾选按钮,选中(同意)为有效等价类,不选为无效等价类。

(5) 需求说明。如果需求规格说明书中规定输入数据必须遵守某些规则,则可确定一个有效等价类和若干个从不同角度违反规则的无效等价类。例如:输入学号必须是 6 位数字,则确定一个有效等价类(6 位数字)和若干个无有效等价类(如非 6 位数字或 6 位非数字等)。

(6) 规则细分。在确定已划分的等价类中,各元素在程序处理中的方式不同的情况下,则应将该等价类进一步划分为更小的等价类。例如,用户录入成绩,成绩范围为[0,100],则一个有效等价类为 0~100 的数据(包含 0 和 100),两个无效等价类:一个是为小于 0 的数据,一个是大于 100 的数据。但如果需求说明中要求成绩小于 60 的输出不及格,则需要将有效等价类划分为更小的等价类,其中[0,60)为一个等价类,(60,100]为一个等价类。

2) 等价类划分规则示例

按照上述规则进行等价类划分,示例如表 3-1 所示。

表 3-1 等价类划分规则举例

输入数据类型	举　例	划分等价类规则	
		有效等价类	无效等价类
数据位数	手机号由 11 位组成	1 个有效等价类:正确的数据位数(11 位)	2 个无效等价类:不正确的数据位数(大于 11 位,小于 11 位)
集合	手机号由数字组成	1 个有效等价类:正确的数据集合(数字)	1 个或多个无效等价类:不正确的数据集合(非数字:包括字母、汉字、特殊字符等)
符合某些规则	手机号首位为 1	多个有效等价类:符合某个规则的输入数据(首位为 1)	若干个无效等价类:不符合某个规则(首位不为 1)
取值范围	输入 0~100 的整数	1 个有效等价类:正确的取值范围(0~100)	2 个无效等价类:不符合取值范围要求(大于或等于 100,小于或等于 0)
布尔值	选择是否为男性	一个有效等价类:TRUE(是)	1 个无效等价类:FALSE(否)

3. 等价类的测试步骤

(1) 划分等价类,形成等价类表。等价类划分一般划分为两种情况:有效等价类和无效等价类,在设计测试用例时,要同时考虑这两种等价类。因为软件不仅能处理合理的数据,也要能经受住意外的考验。

（2）为每个等价类规定一个唯一的编号。

（3）设计一个新的测试用例，使其尽可能多地覆盖尚未覆盖的有效等价类，重复这一步骤直至所有的有效等价类都被覆盖为止。

（4）设计一个新的测试用例，使其覆盖一个而且只覆盖一个无效等价类，重复这一步骤，直至所有无效等价类都被覆盖为止。

3.2.2　基于等价类的测试用例设计

1. 案例1：邮箱用户注册

某电子邮件邮箱用户注册的需求说明，如图3-2所示。邮箱地址为必填项，要求长度为6～18个字符，可使用字母、数字、下画线，但必须以字母开头，字母不区分大小写，重名账号（邮箱地址）不允许注册。密码为必填项，要求长度为6～16个字符，区分大小写字母，确认密码，要求和输入密码一致。

1）测试需求分析

根据需求说明，得出以下输入条件。

（1）邮箱地址：6～18个字符，可使用数字、字母、下画线，需要以字母开头，重名账号不允许注册。

（2）密码：6～16个字符，区分大小写。

（3）确认密码：和输入密码一致。

（4）服务条框复选框：必选项。

2）设计步骤

步骤1：划分等价类，形成等价类表，并进行编号，见表3-2。

表3-2　等价类划分设计表

输入条件	子条件（规则）	有效等价类	编号	无效等价类	编号
邮箱地址	长度	[6,18]	A1	[1,5]	B1
				>18	B2
	内容	只包含字母	A2	含有其他特殊字符	B3
				含有汉字	B4
		包含字母、数字	A3	只包含数字	B5
		包含字母、下画线	A4	只包含下画线	B6
		包含字母、数字、下画线	A5	只包含数字、下画线	B7
	重名	未注册的邮箱地址	A6	已注册的邮箱地址	B8
	开头	字母开头	A7	数字开头	B9
				下画线开头	B10
密码	长度	[6,16]	A8	为空	B11
				[1,5]	B12
				>16	B13
	大小写	区分大小写	A9	不区分大小写	B14
	内容	任意字符	A10	汉字	B15
确认密码	一致性	与密码相同	A11	与密码不同	B16
				为空	B17
服务条款	选项勾选	勾选	A12	未勾选	B18

步骤 2：根据覆盖的规则，设计覆盖表。将测试数据覆盖的有效等价类和无效等价类的编号填入表中，具体见表 3-3 和表 3-4。

表 3-3 有效覆盖情况

序号	有效覆盖	说　明
E1	A1，A2，A6，A7，A8，A9，A10，A11，A12	邮箱地址名称使用 6～18 位纯字母，未注册过；密码任意字符，确认密码与密码相同；勾选服务条款
E2	A1，A3，A6，A7，A8，A9，A10，A11，A12	邮箱地址名称使用 6～18 位字母、数字组合，其余同上
E3	A1，A4，A6，A7，A8，A9，A10，A11，A12	邮箱地址名称使用 6～18 位字母、下画线组合，其余同上
E4	A1，A5，A6，A7，A8，A9，A10，A11，A12	邮箱地址名称使用 6～18 位字母、数字、下画线组合，其余同上

表 3-4 无效覆盖情况

序号	无效覆盖	说　明
E5	B1，A2，A6，A7，A8，A9，A10，A11，A12	邮箱地址名称长度小于 6 位
E6	B2，A2，A6，A7，A8，A9，A10，A11，A12	邮箱地址名称长度大于 18 位
E7	A1，B3，A6，A7，A8，A9，A10，A11，A12	邮箱地址名称包含非法字符
E8	A1，B4，A6，A7，A8，A9，A10，A11，A12	邮箱地址名称包含汉字
E9	A1，B5，A6，A8，A9，A10，A11，A12	邮箱地址名称仅包含数字
E10	A1，B6，A6，A8，A9，A10，A11，A12	邮箱地址名称仅包含下画线
E11	A1，B7，A6，A8，A9，A10，A11，A12	邮箱地址名称仅包含数字及下画线
E12	A1，A5，B8，A7，A8，A9，A10，A11，A12	使用已存在邮箱地址注册
E13	A1，A5，A6，B9，A8，A9，A10，A11，A12	邮箱地址名称以数字开头
E14	A1，A5，A6，B10，A8，A9，A10，A11，A12	邮箱地址名称以下画线开头
E15	A1，A5，A6，A7，B11，A9，A10，A11，A12	密码为空
E16	A1，A5，A6，A7，B12，A9，A10，A11，A12	密码长度小于 6 位
E17	A1，A5，A6，A7，B13，A9，A10，A11，A12	密码长度大于 16 位
E18	A1，A5，A6，A7，A8，B14，A10，A11，A12	密码输入小写，确认密码处输入大写
E19	A1，A5，A6，A7，A8，A9，B15，A11，A12	使用汉字
E20	A1，A5，A6，A7，A8，A9，A10，B16，A12	与密码不同
E21	A1，A5，A6，A7，A8，A9，A10，B17，A12	确认密码为空
E22	A1，A5，A6，A7，A8，A9，A10，A11，B18	服务条款未勾选

步骤 3：设计测试用例，见表 3-5。

表 3-5 等价类测试用例

序号	输入数据	预期结果	覆盖等价类
Test1	zhangsan，zh1234，zh1234，勾选	注册成功	E1
Test2	zhang333，zh1234，zh1234，勾选	注册成功	E2
Test3	zhang_san，zh1234，zh1234，勾选	注册成功	E3
Test4	zhang_333，zh1234，zh1234，勾选	注册成功	E4
Test5	（邮箱地址）zhang	提示邮箱地址错误：不足 6 位	E5

续表

序号	输入数据	预期结果	覆盖等价类
Test6	zhangsan111222333444	提示邮箱地址错误：超过 18 位	E6
Test7	zhang+san	提示邮箱地址错误：使用非法字符	E7
Test8	张三	提示邮箱地址错误：使用汉字	E8
Test9	12345678	提示邮箱地址错误：应以字母开头	E9
Test10	________	提示邮箱地址错误：应以字母开头	E10
Test11	123456_1	提示邮箱地址错误：应以字母开头	E11
Test12	zhangsan	提示邮箱地址错误：邮箱地址已存在	E12
Test13	20zhangsan	提示邮箱地址错误：应以字母开头	E13
Test14	_zhangsan	提示邮箱地址错误：应以字母开头	E14
Test15	(密码项)为空	提示密码错误：不能为空	E15
Test16	12345	提示密码错误：长度不能小于 6 位	E16
Test17	11112222333344445555	提示密码错误：长度不能超过 16 位	E17
Test18	zh1234(密码) Zh1234(确认密码)	提示确认密码错误：密码不一致	E18
Test19	张 1234	提示密码错误：不能使用汉字	E19
Test20	zh1234(密码) zh123456(确认密码)	提示确认密码错误：密码不一致	E20
Test21	(确认密码项)为空	提示确认密码错误：不能为空	E21
Test22	服务条款未勾选	提示注册失败：勾选服务条款	E22

2. 案例 2：三角形问题

如图 3-3 所示，任意输入 3 个整数分别作为三角形的 3 条边 a、b、c 的长度，要求 a、b、c 三边输入范围为[1,100]，判断三角形的类型（三角形的类型：等边三角形、等腰三角形、一般三角形、非三角形）。注：构成三角形的条件为任意两边之和大于第三边。

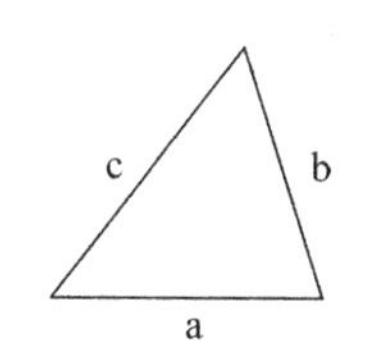

图 3-3 三角形示意图

1）测试需求分析

根据题目需求得出对输入条件的要求。

对于每个边需要满足：①内容为整数；②范围为[1,100]；③构成三角形的条件为任意两边之和大于第三边。如果 a、b、c 满足条件①、②，则输出可能为下列情况：④等腰三角形⑤等边三角形⑥一般三角形⑦非三角形。

(1) 如果不满足条件③，则程序输出为“非三角形”。

(2) 如果只有两条边相等、即满足条件③④，则程序输出为“等腰三角形”。

(3) 如果三条边相等即满足条件③⑤，则程序输出为“等边三角形”。

(4) 如果三条边都不相等，满足条件③，则程序输出为 “一般三角形”。

2）设计步骤

步骤 1：划分等价类，形成等价类表，并进行编号，见表 3-6。

表 3-6　等价类划分设计表

输入条件(a,b,c)	有效等价类	编号	无效等价类	编号
类型	整数	A1	某一边为小数	B1
			某两边为小数	B2
			三边均为小数	B3
个数	三个数	A2	输入为空	B4
			只输入一个数	B5
			只输入两个数	B6
			输入三个以上的数	B7
数据范围	>0	A3	一个边小于 0	B8
			两个边小于 0	B9
			三个边小于 0	B10
输出条件	**有效等价类**	**编号**	**无效等价类**	**编号**
构成一般三角形	a,b,c 为互不相同且任意两边之和大于第三边	A4		
构成等腰三角形	a,b,c 中仅有两个相同且任意两边之和大于第三边	A5		
构成等边三角形	a,b,c 三个数相同	A6		
不构成三角形	a,b,c 存在某一边大于等于其他两边之和	A7		

步骤 2：根据覆盖的规则，设计覆盖表。将测试数据覆盖的有效等价类和无效等价类的编号填入表中，见表 3-7 和表 3-8。

表 3-7　有效覆盖情况

序号	有效覆盖	说　明
E1	A1,A2,A3,A4	a,b,c 为三个互不相同的正整数，且任意两边之和大于第三边
E2	A1,A2,A3,A5	a,b,c 为仅有两个相同且任意两边之和大于第三边的正整数
E3	A1,A2,A3,A6	a,b,c 为三个同值正整数
E4	A1,A2,A3,A7	a,b,c 为三个正整数，并且存在某一边大于等于其他两边之和

表 3-8　无效覆盖情况

序号	无效覆盖	说　明
E5	B1,A2, A3	三个数中有一个为小数
E6	B2,A2, A3	三个数中有两个为小数
E7	B3,A2, A3	三个数中均为小数
E8	A1,B4, A3	未输入数据
E9	A1,B5, A3	只输入一个数据
E10	A1,B6, A3	只输入两个数据
E11	A1,B7, A3	输入三个以上数据
E12	A1,A2,B8	其中一个边小于 0
E13	A1,A2,B9	其中两个边小于 0
E14	A1,A2,B10	三个边均小于 0

步骤 3：设计有效等价类的测试用例，见表 3-9。

表 3-9　有效等价类测试用例

序号	输入数据(a,b,c)	预期输出	覆盖等价类
Test1	5,6,7	一般三角形	E1
Test2	5,5,7	等腰三角形	E2
Test3	5,5,5	等边三角形	E3
Test4	4,1,2	非三角形	E4

步骤 4：设计无效等价类的测试用例，见表 3-10。

表 3-10　无效等价类测试用例

序号	输入数据(a,b,c)	预期输出	覆盖等价类
Test5	5.5,6,7	请输入三个正整数	E5
Test6	5.5,6.5,7	请输入三个正整数	E6
Test7	5.5,6.5,7.5	请输入三个正整数	E7
Test8		请输入三个正整数	E8
Test9	5.5	请输入三个正整数	E9
Test10	5.5,6.5	请输入三个正整数	E10
Test11	5.5,6.5,7.5,8.5	请输入三个正整数	E11
Test12	−5,6,7	请输入三个正整数	E12
Test13	−5,−6,7	请输入三个正整数	E13
Test14	−5,−6,−7	请输入三个正整数	E14

【小结】

等价类测试是黑盒测试的重要手段；软件的行为对于一组值来说是相同的，那么这组值就叫作等价类；等价类测试方法就是将所有输入划分成若干等价类，从每个等价类中选择若干典型输入作为测试用例。

3.3　边界值测试

3.3.1　边界值分析法概述

大量测试统计数据表明，许多故障发生在输入/输出范围的边界上，而不是发生在输入范围的中间区域。因此针对各种边界情况设计测试用例，可以查出更多的错误。

1. 边界值测试方法

边界值测试法是对等价类划分法的一个补充，它不是选择等价类的任意元素，而是选择等价类边界的测试用例。该方法不仅需要考虑输入域的边界，而且还要关注输出域的边界。边界值选取正好等于、刚好大于或刚好小于边界上的值作为测试数据，这就涉及边界点的概念，它包括上点、离点、内点。

2. 边界点的定义

(1) 上点：边界上的点。若边界是封闭的，上点就在域内。若边界是开放的，上点就在域外。

(2) 离点：离上点最近的一个点。若边界是封闭的，离点就在域外。若边界是开放的，离点就在域内(上点和离点总有一个在域内,一个在域外)。

(3) 内点:域内的任意一个点。

【例 3-1】 确定闭区间:整数值域[0,100]的边界点。

解:如图 3-4 所示,闭区间中的边界点情况如下。

(1) 上点是 0、100,并且都是在域内。

(2) 内点就是域内的任意点,如 50。

(3) 离点按定义是离上点最近的点,离 0 和 100 最近的点分别是−1 与 1、99 与 101,但在闭区间情况下 0 和 100 有效,区域内的 1 与 99 也一定有效,所以闭区间时,离点是−1、101。

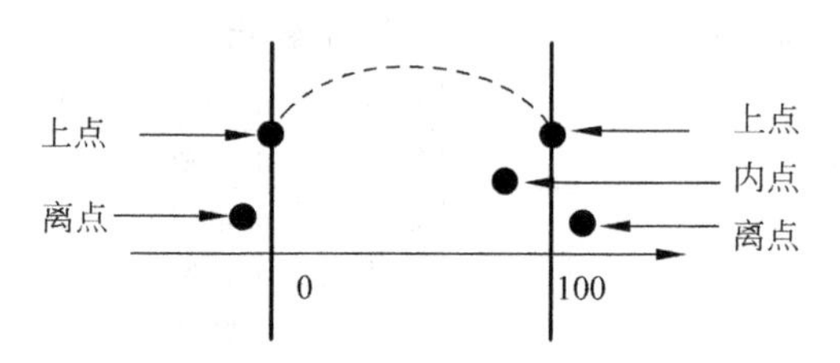

图 3-4 [0,100]边界点示例

【例 3-2】 确定半开半闭区间:整数值域(0,100]的边界点。

解:如图 3-5 所示,整数值域(0,100]的边界点情况如下。

(1) 上点是 0、100,其中一个是域外,一个是域内。

(2) 内点就是域内的任意点,如 50。

(3) 离上点最近的点分别是:−1、1、99、101,有效点大于 0,小于或等于 100;无效点小于或等于 0,大于 100。通过上点 0 测试无效(不用测试小于 0 的−1),通过上点 100 测试有效(不用测试小于 100 的 99),所以对半开半闭区间,离点为 1、101。

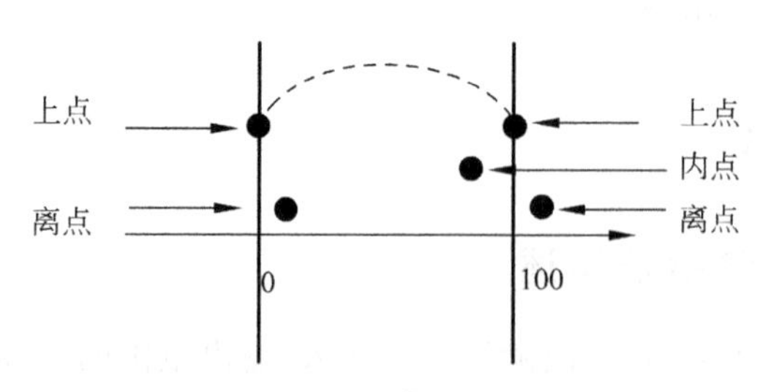

图 3-5 (0,100]边界点示例

【例 3-3】 确定开区间:整数值域(0,100)的边界点。

解:如图 3-6 所示,整数值域(0,100)的边界点情况如下。

(1) 上点是 0、100,都在域外。

(2) 内点就是域内的任意点,如 50。

(3) 离上点最近的点分别是:−1、1、99、101,有效点大于 0 或小于 100;无效点小于或等于 0 或大于等于 100,通过上点 0 测试无效,通过上点 100 测试无效,所以对开区间,离点为 1、99。

总而言之,上点就是区间的端点值,而内点就是上点之间任意一点。对于离点,要分具

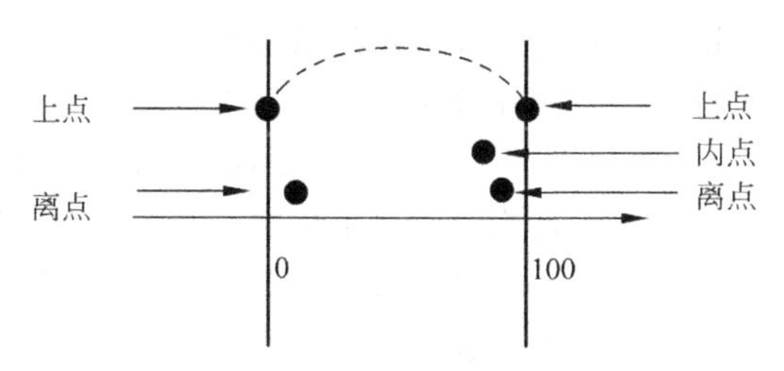

图 3-6 (0,100)边界点示例

体情况，如果是开区间的离点，就是开区间中上点内侧紧邻的点；如果是闭区间的离点，就是闭区间中上点外侧紧邻的点。

3. 几种边界值分析法模型

1）一般性边界值测试

有 n 个输入变量，设计测试用例使得一个变量在数据有效区域内取最大值、略小于最大值、正常值、略大于最小值和最小值。如图 3-7 所示，两个变量 x_1、x_2 的有效取值区间分别为$[a,b]$、$[c,d]$。

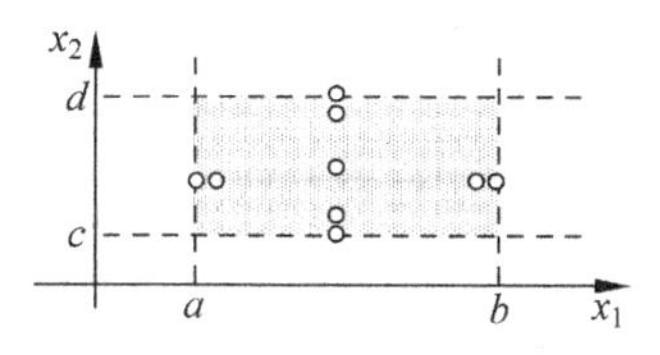

图 3-7 基本边界值测试用例图

对于有 n 个输入变量的程序，基本边界值（一般性边界值、标准边界值）分析的测试用例个数为 $4n+1$。

【例 3-4】 使用边界值分析法测试函数 T(int x, int y)，该函数有两个变量 x 和 y，取值范围分别为[5,10]、[10,20]，给出其测试用例表。

解：按照基本边界值测试用例设计出的测试用例表如表 3-11 所示。

表 3-11 基本边界值测试用例表

序号	所属区间	输入(x,y)	结果
Test1	x 为 min，y 为正常值	5,15	输入正常
Test2	x 略大于 min，y 为正常值	6,15	输入正常
Test3	x 略小于 max，y 为正常值	9,15	输入正常
Test4	x 为 max，y 为正常值	10,15	输入正常
Test5	x 为正常值，y 为 min	7,10	输入正常
Test6	x 为正常值，y 略大于 min	7,11	输入正常
Test7	x 为正常值，y 略小于 max	7,19	输入正常
Test8	x 为正常值，y 为 max	7,20	输入正常
Test9	x 为正常值，y 为正常值	7,15	输入正常

通过例 3-4 可以看出，一般性边界值测试优点是简便易行，生成测试数据的成本很低。但也存在测试用例不充分，不能发现测试变量之间的依赖关系等局限性。所以一般性边界值测试只能作为初步测试用例使用。

2）健壮性边界值测试

健壮性是指在异常情况下，软件还能正常运行的能力。健壮性考虑的主要部分是预期输出，而不是输入。健壮性测试是边界值分析的一种简单扩展。除了变量的 5 个边界分析取值外还要考虑略超过最大值(max)和略小于最小值(min)时的情况。健壮性有两层含义：

容错能力和恢复能力。容错能力确定输入错误的数据类型,输入定义域之外的数值。恢复能力确定系统能否重新运行,有无重要的数据丢失,是否毁坏了其他相关的软件硬件。

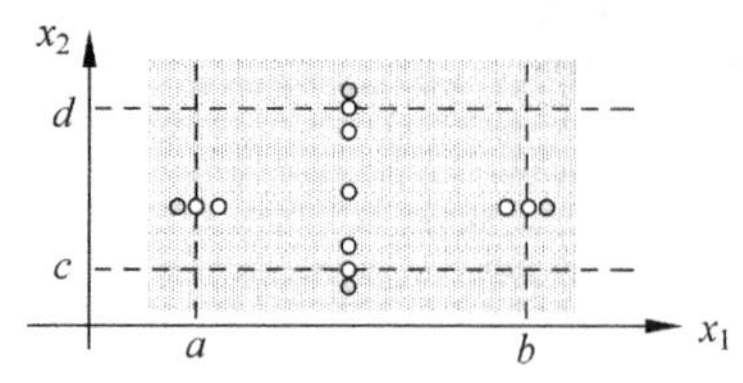

图 3-8　健壮性边界值测试用例图

健壮性测试的最大价值在于观察处理异常情况,它是检测软件系统容错性的重要手段,如图 3-8 所示。

对于有 n 个输入变量的程序,健壮性测试的测试用例个数为 $6n+1$。

【例 3-5】 使用边界值分析法测试函数 T(int x, int y),该函数有两个变量 x 和 y,x 和 y 的取值范围分别为[5,10],[10,20],给出其测试用例表。

解:按照健壮边界值测试用例设计出的测试用例表如表 3-12 所示。

表 3-12　基本边界值测试用例表

序号	所属区间	输入(x,y)	结　果
Test1	x 为 min,y 为正常值	5,15	输入正常
Test2	x 略大于 min,y 为正常值	6,15	输入正常
Test3	x 略小于 max,y 为正常值	9,15	输入正常
Test4	x 为 max,y 为正常值	10,15	输入正常
Test5	x 为正常值,y 为 min	7,10	输入正常
Test6	x 为正常值,y 略大于 min	7,11	输入正常
Test7	x 为正常值,y 略小于 max	7,19	输入正常
Test8	x 为正常值,y 为 max	7,20	输入正常
Test9	x 为正常值,y 为正常值	7,15	输入正常
Test10	x 略小于 min,y 为正常值	4,15	输入正常
Test11	x 略大于 max,y 为正常值	11,15	输入正常
Test12	x 为正常值,y 略小于 min	7,9	输入正常
Test13	x 为正常值,y 略大于 max	7,21	输入正常

4. 边界的分类

边界条件在产品说明书中给出定义或者在使用软件过程中确定。如果输入(输出)条件规定了取值范围,或是规定了值的个数,则应该以该范围的边界内及边界附近的值作为测试用例。边界条件包括两类,其中,内部边界条件在软件内部;其他边界条件包括输入信息为空、非法、错误、不正确和垃圾数据等。

1) 边界条件的常见数据类型

边界条件的常见数据类型有:数值、速度、字符、地址、位置、尺寸、数量、空间。

(1) 位数。输入(输出)条件规定了值的位数,则用最大位数、最小位数、比最小位数多1、比最大位数少 1 的数作为测试数据。例如,邮箱地址的 6～18 位,取 6、7、12、17、18 为边界条件。

(2) 值域。如果程序中使用了一个内部数据结构,则应当选择这个内部数据结构的边界上的值作为测试用例。例如,对于 16 位的整数,32767 和－32768 是边界。

(3) 空间。边界值是小于空余空间一点、大于满空间一点。例如,用移动硬盘存储数据时,使用比剩余磁盘空间大一点(几 KB)的文件作为边界条件。

2）内部边界条件

在多数情况下，边界值条件是应用程序的功能设计需要考虑的因素，可以从软件的规格说明或常识中得到，也是最终用户最容易发现问题的。然而，在测试用例设计过程中，某些边界值条件是不需要呈现给用户的，或者说是用户很难注意到的，但又确实属于检验范畴内的边界条件，称为内部边界值条件或子边界值条件。如果程序中使用了一个内部数据结构，则应当选择这个内部数据结构的边界值作为测试用例，例如，16 位整数的边界是 32767 和 －32768。

内部边界值条件主要有下面几种。

（1）数值的边界值检验。计算机是基于二进制进行工作的，因此，软件的任何数值运算都有一定的范围限制。表 3-13 列出了常见的数据范围。

表 3-13　范围限制

项	范围或值
位（bit）	0 或 1
字节（Byte）	0～255
字（word）	0～65535（单字）或 0～4294967495（双字）
千（K）	1024
兆（M）	1048576
吉（G）	1073741824

（2）字符的边界值检验。在计算机软件中，字符也是很重要的表示元素，其中 ASCII 和 Unicode 是常见的编码方式，表 3-14 列出了一些常用字符对应的 ASCII 码值。

表 3-14　部分 ASCII 码值

字　符	ASCII 码值	字　符	ASCII 码值
空（null）	0	A	65
空格（space）	32	a	97
斜扛（/）	47	Z	90
0	48	z	122
冒号（:）	58	单引号（'）	96
@	64		

（3）其他边界值检验。在不同的行业应用领域，依据硬件和软件的标准不同而具有各自特定的边界值。表 3-15 列出部分手机相关的边界值。

表 3-15　设备正常使用指标

硬件设备	范围或值
手机锂电池电压	工作电压：3.6～4.2V 保护电压：2.5～3V 不等
手机正常使用温度	－25～60℃

3.3.2 基于边界值的测试用例设计

基于边界值的测试用例设计案例：某电子邮件邮箱用户注册要求用户名长度为6～18个字符。

1. 测试需求分析

电子邮件邮箱用户注册案例的等价类测试用例设计见表3-5所述，其中与“长度为6～18个字符”的限制条件有关的内容如表3-16所示，在此基础上进行边界值测试用例设计，对等价类划分法测试用例设计进行补充。

表3-16 有效等价类测试用例

序号	输入数据	预期结果	覆盖等价类
Test5	（邮箱地址）zhang	提示邮箱地址错误：不足6位	E5
Test6	zhangsan111222333444	提示邮箱地址错误：超过18位	E6

2. 设计步骤

步骤1：针对“长度为6～18个字符”有效等价类进行边界值选取，边界值为5位、6位、18位、19位。

步骤2：针对边界值进行测试用例设计，见表3-17。

表3-17 电子邮箱用户名边界值测试用例

序号	覆盖边界值	输入数据	预期结果
Test51	5位	zhang	提示邮箱地址错误：不足6位
Test52	6位	zhang1	正确通过
Test61	18位	zhangsan1234567890	正确通过
Test62	19位	zhangsan12345678901	提示邮箱地址错误：超过18位

3. 案例小结

边界值分析法是等价类划分法的有力补充，往往是在等价类划分法基础上采用的，采用边界值分析法更易发现系统缺陷。如范围、长度这样的等价类是有边界的，可以从边界值上（确定好上点、离点、内点）选取测试用例，如果集合或规则没有边界就不能用边界法。

3.4 判定表测试

3.4.1 判定表分析法概述

在等价类设计法中，没有考虑输入域的组合情况，导致设计的用例中无法覆盖输入域之间存在关联的地方。为了弥补等价类设计的不足，这里介绍一种新的用例设计方法——判定表分析法。

判定表又称决策表，是分析和表达多种输入条件下执行不同动作的技术，它可以把复杂的逻辑关系和多种条件组合的情况表达得很明确。在所有功能性测试方法中，基于判定表的测试方法是最严格的测试方法之一。

1. 判定表的构成

判定表由条件桩、动作桩、条件项和动作项4部分组成，如图3-9所示。

(1) 条件桩：列出被测对象的所有输入，列出的输入条件与次序无关。

(2) 动作桩：列出输入条件系统可能采取的操作，这些操作的排序顺序没有约束。

(3) 条件项：列出输入条件的其他取值，包括在所有可能情况下的真假值。

(4) 动作项：列出在条件项的各种取值情况下采取的动作。

规则：将条件项和动作项组合在一起，即在条件项的各种取值情况下应采取的动作。在判定表中贯穿条件项和动作项的每一列构成一条规则，即测试用例。可以针对每个合法的输入组合的规则设计测试用例进行测试。规则计算方式为 2^n 个，其中 n 表示条件个数。

合并：在动作桩相同并且条件项之间存在相似关系的两条或多条规则可以合并为一条规则，合并规则如图3-10所示。

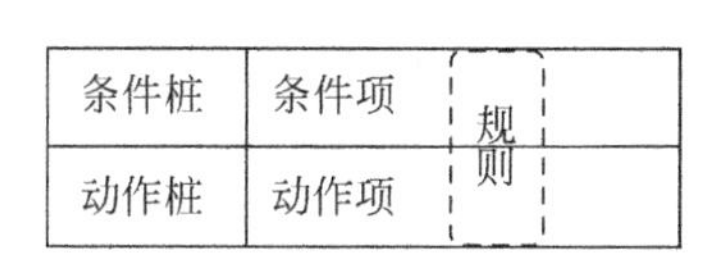

图3-9 判定表的组成部分

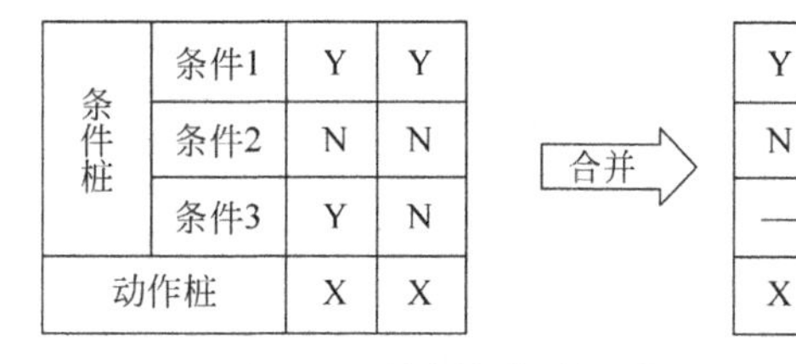

图3-10 判定表合并规则

2. 判定表分析法设计用例的步骤

步骤1：列出所有的条件桩和动作桩。

步骤2：分析条件项，确定规则的个数，填入判定表。

步骤3：根据条件项的各种取值将动作项填入判定表。

步骤4：简化判定表，合并相似的规则。

步骤5：根据每条规则生成对应的测试用例。

注意：合并是存在风险的，因为它是以牺牲输入条件的组合为代价的。一般情况下，测试用例少的时候不建议合并，如果用例数量多需要合并时，一般也只进行一次合并。

3.4.2 基于判定表的测试用例设计

基于判定表的测试用例设计案例为账户注册。

1. 功能说明

账户注册时验证用户名需求：第一项要求输入手机号或邮箱作为账户名，第二项要求正确输入验证码，两项都验证成功后填写账户信息；但如果第一项校验不成功，则报错L(输入手机号或邮箱格式错误)；如果是第二项验证不成功，则报错M(验证码输入错误)。

2. 设计步骤

(1) 全组合后，判定表见表3-18。

表3-18 初始判定表

条件桩		1	2	3	4	5	6	7	8
	第一项输入手机号	1	1	1	1	0	0	0	0
	第一项输入邮箱	1	1	0	0	1	1	0	0

续表

条件桩		1	2	3	4	5	6	7	8
	第二项输入正确的验证码	1	0	1	0	1	0	1	0
动作桩	报错 L							TRUE	TRUE
	填写账户信息	TRUE		TRUE		TRUE			
	报错 M		TRUE		TRUE		TRUE		TRUE

（2）简化判定表。如果第一项输入手机号，则第一项不可能输入邮箱，因此 1、2 情况不存在；3、5 情况结果相同，但是有两个条件不同，因此不能合并，最终简化结果如表 3-19 所示。

表 3-19 简化判定表

条件桩		3	4	5	6	7	8
	第一项输入手机号	1	1	0	0	0	0
	第一项输入邮箱	0	0	1	1	0	0
	第二项输入正确的验证码	1	0	1	0	1	0
动作桩	报错 L					TRUE	TRUE
	填写账户信息	TRUE		TRUE			
	报错 M		TRUE		TRUE		TRUE

（3）根据判定表设计测试用例，如表 3-20 所示。

表 3-20 对应的测试用例

序号	输 入 数 据	预 期 结 果
Test1	13012345678，正确验证码	进入“填写账户信息”界面
Test2	13012345678，错误验证码	提示“验证码输入错误”
Test3	zhangsan@163.com，正确验证码	进入“填写账户信息”界面
Test4	zhangsan@163.com，错误验证码	提示“验证码输入错误”
Test5	，正确验证码	提示“输入手机号或邮箱格式错误”

3. 案例小结

判定表能够将复杂的问题按照各种可能的情况全部列举出来，简明并避免遗漏。因此，利用判定表能够设计出完整的测试用例集合。在一些数据处理问题当中，某些操作的实施依赖多个逻辑条件的组合，即针对不同逻辑条件的组合值，分别执行不同的操作。判定表很适合于处理这类问题。

判定表分析测试用例的步骤总结如下。

（1）分析需求，确定条件桩和动作桩。

（2）全组合条件，得到条件项。

（3）根据条件项，依次填写动作项。

（4）简化判定表。

（5）输出测试用例（一个规则对应一条测试用例）。

3.5 因果图测试

3.5.1 因果图方法概述

等价类划分法和边界值分析方法都是着重考虑输入条件，但没有考虑输入条件的各种组合，这样虽然各种输入条件可能出错的情况已经测试到了，但多个输入条件组合起来出错的情况却被忽视了。如果程序输入之间没有什么联系，采用等价类划分和边界值分析是一种比较有效的方法。如果输入之间有关系（例如，约束关系、组合关系）则可能的组合数目将是天文数字，这种关系用等价类划分和边界值分析是很难描述的，因此必须考虑使用一种适合于描述对于多种条件的组合，产生多个相应动作的测试方法，这就需要利用因果图（逻辑模型），因果图法着重测试规格说明中输入与输出间的依赖关系。

1. 因果图分析方法

因果图法是用图解法分析输入的各种组合情况，从而设计测试用例的方法，它适合于检查程序输入条件的各种组合情况。

因果图法适合输入条件比较多的情况，测试所有的输入条件的排列组合，所谓的原因就是输入，所谓的结果就是输出，即“因”＝输入条件，“果”＝输出结果。因果图法的特点是考虑输入条件的相互制约和组合关系以及输出条件对输入条件的依赖关系。

2. 因果图设计方法

通常在因果图中用 c_i 表示原因，用 e_i 表示结果，用节点表示状态，可取值“0”或“1”。“0”表示某状态不出现，“1”表示某状态出现。

条件与结果之间存在以下几种关系。

（1）恒等：若原因出现，则结果出现；若原因不出现，则结果也不出现。若 $c_1=1$，则 $e_1=1$；若 $c_1=0$，则 $e_1=0$，如图 3-11(a)所示。

（2）非：若原因出现，则结果不出现；若原因不出现，则结果出现。若 $c_1=1$，则 $e_1=0$；若 $c_1=0$，则 $e_1=1$，如图 3-11(b)所示。

（3）或：若几个原因中有一个出现，则结果出现；若几个原因都不出现，则结果不出现，如图 3-11(c)所示。

（4）与：若几个原因都出现，则结果才出现；若其中一个原因不出现，则结果不出现，如图 3-11(d)所示。

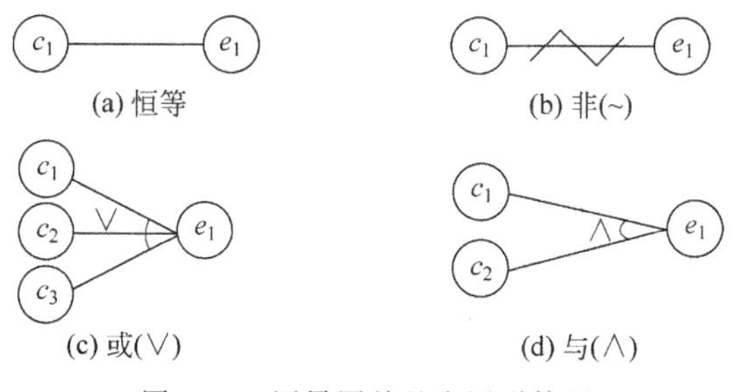

图 3-11 因果图的基本图形符号

条件与条件间存在依赖关系，具体如下所述。

(1) 互斥/异 E(Exclude)：表示 a 和 b 两个原因不会同时成立，两个中最多有一个可能成立，如图 3-12(a)所示。

(2) 包含/或 I(Include)：从输入(原因)考虑，表示 a、b、c 三个原因中至少有一个必须成立，如图 3-12(b)所示。

(3) 唯一 O(Only)：从输入(原因)考虑，表示 a 和 b 当中必须有一个且仅有一个成立，如图 3-12(c)所示。

(4) 要求 R(Required)：从输入(原因)考虑，表示当 a 出现时，b 必须也出现。a 出现时不可能 b 不出现，如图 3-12(d)所示。

(5) 屏蔽/强制 M(Mandatory)：从输出(结果)考虑，表示当 a 是 1 时，b 必须是 0；而当 a 是 0 时，b 的值不定，如图 3-12(e)所示。

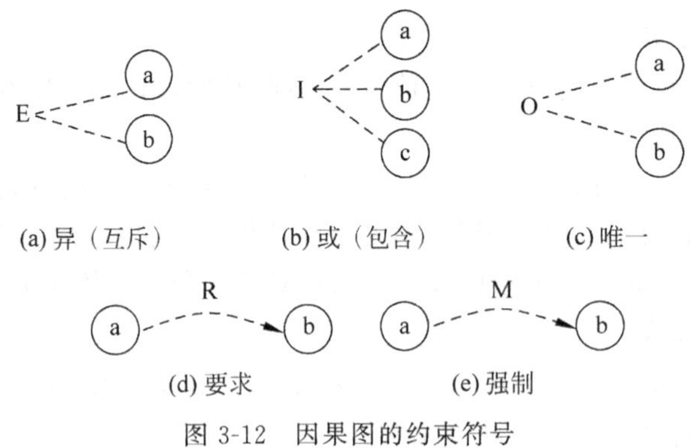

图 3-12　因果图的约束符号

3. 因果图法基本步骤

(1) 确定软件规格(需求)中的原因和结果。

(2) 确定原因和结果之间的逻辑关系。

(3) 确定因果图中的各个约束(constraints)。

(4) 画出因果图并转换为判定表。

(5) 根据判定表设计测试用例。

3.5.2　基于因果图的测试用例设计

基于因果图的测试用例设计案例为用户注册。

1. 功能说明

验证用户名需求：第一项要求输入手机号或电子邮箱作为账户名，第二项要求正确输入验证码，两项都验证成功后填写账户信息；但如果第一项校验不正确，则报错 L(输入手机号或电子邮箱格式错误)；如果第二项验证不成功，则报错 M(验证码输入错误)。

2. 设计步骤

(1) 根据规格需求，列出原因和结果。其中原因包括①c_1：第一项输入手机号；②c_2：第一项输入电子邮箱；③c_3：第二项输入正确验证码；④c_4：第一项输入手机号或电子邮箱。结果包括①e_1：报错 L；②e_2：填写账户信息；③e_3：报错 M。

(2) 画出因果图，找出约束关系，如图 3-13 所示。

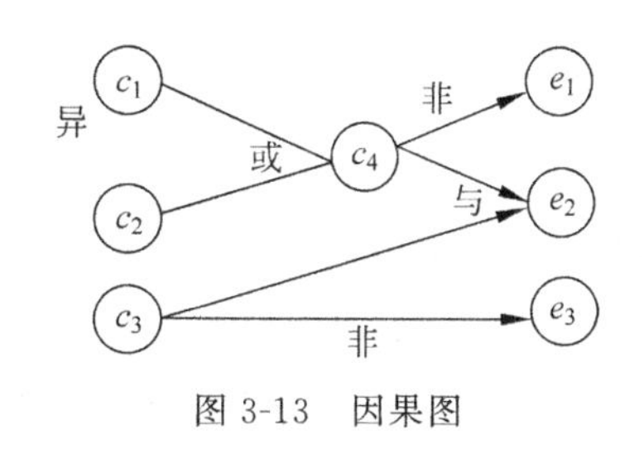

图 3-13　因果图

(3) 将因果图转换为判定表，如表 3-21 所示。

表 3-21　对应的判定表

条件桩		**1**	**2**	**3**	**4**
c_1	第一项输入手机号	X	0	1	0
c_2	第一项输入电子邮箱	X	0	0	1
c_3	第二项输入正确验证码	0	X	1	1
动作桩					
e_1	报错 L		TRUE		
e_2	填写账户信息			TRUE	TRUE
e_3	报错 M	TRUE			

注：X 代表任意情况

(4) 根据判定表设计测试用例，如表 3-22 所示。

表 3-22　对应的测试用例

序号	**输 入 数 据**	**预 期 结 果**
Test1	13012345678/zhangsan@163.com，错误验证码	提示“验证码输入错误”
Test2	正确/错误验证码	提示“输入手机号或电子邮箱格式错误”
Test3	13012345678，正确验证码	进入到“填写账户信息”界面
Test4	zhangsan@163.com，正确验证码	进入到“填写账户信息”界面

3. 案例小结

因果图在软件测试用例设计过程中，用于描述被测对象输入与输出之间的约束关系。因果图的绘制过程，可以理解为用例设计者针对因果关系业务的建模过程。根据需求规格，绘制因果图，然后得到一个判定表进行用例设计，通常理解因果图为判定表的前置过程，当被测对象因果关系较为简单时，可以直接使用判定表设计用例，否则使用因果图与判定表结合的方法设计用例。

因果图测试用例步骤总结如下。

(1) 分析需求，获取条件和动作。

(2) 分析条件与条件、条件与动作之间的关系。

(3) 通过关系画出因果图。

(4) 将因果图转化为判定表。

3.6 输入组合法测试

在软件测试中，单个值情况下的测试用例相对比较简单。当输入数据为组合数据时，为了获取更加全面的测试用例以提高软件测试的准确性，理论上需要遍历所有的输入组合，但由此带来的是庞大的数量。输入组合法的核心是简化，以实现有效、快速的测试。

3.6.1 输入组合法概述

在将因果图转换成判定表生成测试用例时，如果进行全面测试，将产生庞大的测试用例数目，例如由 n 个原因导致一个结果的因果图，如果每个原因的取值有两种，进行全面测试需要产生 2^n 个测试用例。现有研究统计表明，很多程序的错误都是由不同参数之间的相互作用而导致，对于多输入参数组合类的测试问题，如图 3-14 所示，只对每组单选框单独遍历是不够的，但如果考虑组合测试，在全组合的测试下，对于 3 组选择框（因素），每组都有 3 个候选项（取值）的问题，将产生 $3^3=27$ 种测试用例，如果是 5 组选择框，每组候选项有 4 个，将产生 $5^4=625$ 种测试用例。

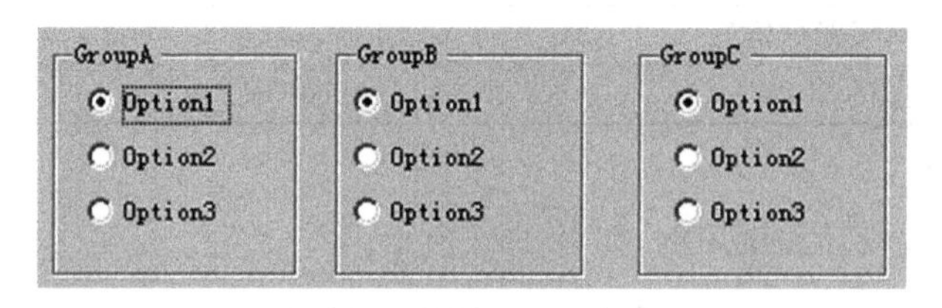

图 3-14　输入组合框

在航空航天领域等安全级别高的测试中，可能需要遍历所有可能的输入组合，而不仅仅是两两组合，但除了这种极高要求之外，通常考虑测试代价与效率上的平衡。

根据大量试验表明，70%以上的错误是由 2 个以内的参数相互作用而引发的，90%以上的错误是由 3 个以内的参数相互作用而引发的，这就构成了简化测试的依据。

对于多输入参数组合类的测试目前业界流行两种方法，一种是 OATS（Orthogonal Array Testing Strategy），即正交表法。另一种是 Pairwise/All-Pairs Testing，即配对测试法。这里重点介绍基于正交表的正交试验法测试技术。

3.6.2 正交试验法概述

正交实验法在项目中多用于配置测试，例如运营类型的，系统的运营配置里面会有很多的配置项，同时每一个配置项里都有很多的值可以进行配置，在测试时这些配置里面的配置值理论上出现的概率都是相同的，要想测全的一个方法是通过判定表的全组合法，但这样形成的测试用例数量非常大。对配置问题而言，每个配置项之间也没有很强的依赖关系，因此因果法也不适合，这时可以考虑另外一种方法——正交试验法。

1. 正交试验设计方法

正交试验设计方法是数理统计学科中正交试验方法进化出的一种测试多条件多输入的用例设计方法，从大量的试验数据（测试用例）中挑选适量的、有代表性的点（用例），从而合理地安排试验(测试)。这些有代表性的点具备了"均匀分散,整齐可比"的特点。它的应用依据就是伽罗瓦理论导出的"正交表"。

它有两个重要概念:因素(条件)与水平(取值)。把影响试验结果的变量称为试验因素,简称因素(或因子)。在试验过程中,每一个因素可以处于不同的状态或状况,把因素所处的状态或状况,称为因素的水平(简称水平)。因子对应多少条件;水平对应每个条件的取值数。例如,3个配置项就有3个条件(3因素);而每个配置项有各种取值,如果有3种取值,则水平就是3。

2. 正交表介绍

正交表是一种特制的表格,一般用 $L_n(m^k)$ 表示,L代表是正交表,n 代表试验次数或正交表的行数,k 代表最多可安排影响指标因素的个数或正交表的列数,m 表示每个因素水平数,且有 $n=k(m-1)+1$。

正交表必须满足以下两个特点。

(1) 每列中不同数字出现次数相等。这一特点表明每个因素的每个水平与其他因素的每个水平能与试验的概率是完全相同的,从而保证了在各个水平中最大限度地排除了其他因素水平的干扰,能有效地比较试验结果并找出最优的试验条件。

(2) 在任意2列其横向组成的数字对中,每种数字对出现的次数相等,这个特点保证了试验点均匀地分散在因素与水平的完全组合之中,因此具有很强的代表性。

通过正交表查询网址(http://www.york.ac.uk/depts/maths/tables/orthogonal.htm)可以查到如下所示的正交表,部分正交表样式如图3-15所示。

L_4: Three two-level factors

L_8: Seven two-level factors

L_9: Four three-level factors

L_{12}: Eleven two-level factors

L_{16}: Fifteen two-level factors

L_{16b}: Five four-level factors

L_{18}: One two-level and seven three-level factors

L_{25}: Six five-level factors

L_{27}: Thirteen three-level factors

L_{32}: Thirty-two two-level factors

L_{32b}: One two-level factor and nine four-level factors

L_{36}: Eleven two-level factors and twelve three-level factors

L_{50}: One two-level factors at 2 levels and eleven five-level factors

L_{54}: One two-level factor and twenty-five three-level factors

L_{64}: Thirty-one two-level factors

L_{64b}: Twenty-one four-level factors

L_{81}: Forty three-level factors

正交表部分实例介绍。

(1) $L_4(3^2)$:如图3-15(a)所示。其中4为最少试验次数,3为因素数,2为水平数,读作3因素2水平。

(2) $L_8(7^2)$：如图 3-15(b)所示。其中 8 为最少试验次数，7 为因素数，2 为水平数，读作 7 因素 2 水平。

(3) $L_9(4^3)$：如图 3-15(c)所示。其中 9 为最少试验次数，4 为因素数，3 为水平数，读作 4 因素 3 水平。

Experiment Number	Column		
	1	2	3
1	1	1	1
2	1	2	2
3	2	1	2
4	2	2	1

(a) $L_4(3^2)$

Experiment Number	Column						
	1	2	3	4	5	6	7
1	1	1	1	1	1	1	1
2	1	1	1	2	2	2	2
3	1	2	2	1	1	2	2
4	1	2	2	2	2	1	1
5	2	1	2	1	2	1	2
6	2	1	2	2	1	2	1
7	2	2	1	1	2	2	1
8	2	2	1	2	1	1	2

(b) $L_8(7^2)$

Experiment Number	Column			
	1	2	3	4
1	1	1	1	1
2	1	2	2	2
3	1	3	3	3
4	2	1	2	3
5	2	2	3	1
6	2	3	1	2
7	3	1	3	2
8	3	2	1	3
9	3	3	2	1

(c) $L_9(4^3)$

图 3-15 部分正交表样例

如果作一个 3 因素 3 水平的试验，按全面试验要求，需要进行 $3^3=27$ 种组合的试验。如图 3-15(c)所示，若按 $L_9(4^3)$正交表安排试验，只需 9 次，显然大大减少了工作量。因而正交实验设计在很多领域的研究中已经得到广泛应用。

3. 正交实验设计方法步骤

(1) 分析需求获取因素及水平。

(2) 根据因素及水平数选择正交表。

(3) 替换因素及水平，获取实验次数。

(4) 细化输出测试用例。

3.6.3 基于正交试验法的测试用例设计

假设有一个 Web 系统，需要做网站兼容性测试，该系统兼容不同的操作系统、数据库和 Web 服务器软件，并且客户端有许多的浏览器，具体版本描述如下。

(1) WEB 浏览器：Firefox、IE、Google Chrome。

(2) 数据库：MySQL、Oracle、DB2。

(3) 应用服务器：Nginx、Apache、Tomcat。

(4) 操作系统：Windows Server、UNIX、Linux。

测试用例设计步骤如下。

(1) 分析需求。分析有哪些条件或因素，每个条件的值有几个(状态、水平)，可将问题进行表格化，如表 3-23 所示，从而清楚地看出本案例为 4 因素 3 水平。

表 3-23 对应的测试用例

浏 览 器	数 据 库	服 务 器	操 作 系 统
1-Firefox	1-MySQL	1-Nginx	1-WindowsServer
2-IE	2-Oracle	2-Apache	2-UNIX
3-Google Chrome	3-DB2	3-Tomcat	3-Linux

(2) 选择最合适的正交表。对于 4 因素 3 水平可使用图 3-15(c)所示的正交表 $L_9(4^3)$。

(3) 替换因素与水平，获取试验次数，填好具体内容后，就形成一张测试表，如表 3-24 所示。

表 3-24 试验情况

因素	浏 览 器	数 据 库	服 务 器	操 作 系 统
1	Firefox	MySQL	Nginx	WindowsServer
2	Firefox	Oracle	Apache	UNIX
3	Firefox	DB2	Tomcat	Linux
4	IE	MySQL	Apache	Linux
5	IE	Oracle	Tomcat	WindowsServer
6	IE	DB2	Nginx	UNIX
7	Google Chrome	MySQL	Tomcat	UNIX
8	Google Chrome	Oracle	Nginx	Linux
9	Google Chrome	DB2	Apache	WindowsServer

(4) 形成测试用例表。表 3-24 中的每一行就是一个测试用例，一共 9 个。

用例中状态数(变量的取值)相同、因素数(变量)刚好符合正交表，例如 4 因素 3 水平，直接找到正交表 $L_9(4^3)$。但如果是 5 因素 2 水平，就没有符合的正交表，这时可以选择因素数接近但略大于实际值的表。那么是选 5 因素 4 水平还是 7 因素 2 水平呢？一般要选行数少的那个，所以找 7 因素 2 水平的。

注：查正交表可知，5 因素 4 水平为 $L_{16}(5^4)$，7 因素 2 水平为 $L_8(7^2)$。

另外，如果状态数(变量的取值)或因素数(变量)和正交表均不相同，取状态数和因素数最近，略大于实际值的正交表。

3.6.4 使用正交工具进行测试用例设计

使用正交工具进行测试用例设计：测试幻灯片的打印功能，需求因素如表 3-25 所示。

表 3-25　幻灯片打印功能测试

因素状态	打印范围	打印内容	打印颜色	打印效果
1	全部	幻灯片	彩色	幻灯片加框
2	当前幻灯片	讲义	灰度	幻灯片不加框
3	给定范围	备注页	黑白	
4		大纲视图		

1. 功能分析

如果使用全组合，共进行 3×4×3×2=72 个用例测试，使用正交试验法简化，选择一个 5 因素 4 水平的正交表，为 $L_{16}(5^4)$，所以只需要进行 16 个用例测试。

2. 设计步骤

(1) 下载工具。可以网上下载正交工具(如正交设计助手)。

(2) 选择正交表。打开“正交设计助手”，创建一个工程，在工程中创建一个实验，选好一张正交表，本案例选 L_{16}，如图 3-16 所示。

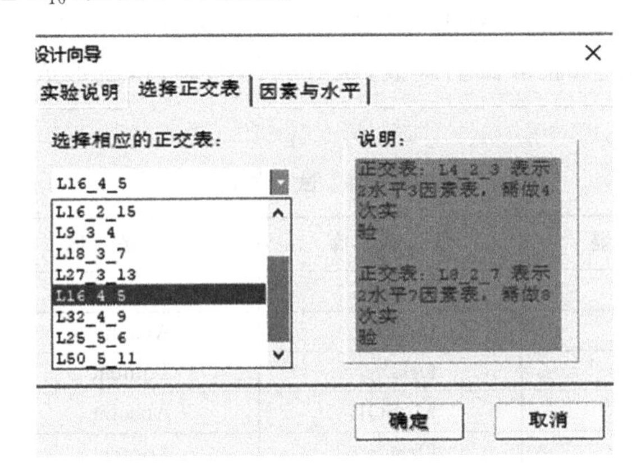

图 3-16　设计向导

(3) 填写数据。在“因素与水平”标签中将表中填好数据，然后单击“确定”按钮，出现图 3-17 所示内容，最后在空白处随便补一种情况即可。

(4) 另外一种选法。所选正交表条件数不能小，状态数可以少一点点，上例还可选为 4 因素 3 状态，此时状态数比最大状态数少 1 个，可以填写数据时少填一项或将两项写在一起，如图 3-18 所示的“幻灯片讲义”，这样生成了 9 个用例。

(5) 导出表。导出为 CSV 格式，使用 EXCEL 打开进行编辑。将“讲义”去掉，让“讲义”单独与另三个组合形成 3 行，一共为 9+3=12，这样生成的测试用例总数比前面还少一些。

说明：

(1) 正交表产生的行数=因素数×(状态数−1)+1。例如，3 因素 2 状态，行数=3×(2−1)+1=4。

(2) 条件数比状态数多一个的正交表是肯定存在的。

(3) 查正交表时，如果没有要求的正交表，则寻找比它大一点的那个，如没有 5 因素 2 水平，就用 7 因素 2 水平，因素数不能小于要求。

1	2	3	4	
内容	范围	颜色	效果	实验结果
全部	备注页	黑白	加框	
全部	大纲	灰色	不加框	
全部	幻灯片	彩色		
全部	讲义			
当前	备注页	灰色		
当前	大纲	黑白		
当前	幻灯片		加框	
当前	讲义	彩色	不加框	
指定	备注页	彩色		
指定	大纲			
指定	幻灯片	黑白	不加框	
指定	讲义	灰色	加框	
	备注页		不加框	
	大纲	彩色	加框	
	幻灯片	灰色		
	讲义	黑白		

图 3-17　$L_{16}(5^4)$生成结果

所在列	1	2	3	4	
因素	内容	范围	颜色	效果	实验结果
实验1	全部	备注页	黑白	加框	
实验2	全部	大纲	灰色	不加框	
实验3	全部	幻灯片讲义	彩色		
实验4	当前	备注页	灰色		
实验5	当前	大纲	彩色	加框	
实验6	当前	幻灯片讲义	黑白	不加框	
实验7	指定	备注页	彩色	不加框	
实验8	指定	大纲	黑白		
实验9	指定	幻灯片讲义	灰色	加框	

图 3-18　$L_9(4^3)$生成结果

3. 案例小结

正交实验设计方法步骤总结如下。

(1) 分析需求获取因素及水平数。

(2) 根据因素及水平数查正交表。

(3) 替换因素与水平,获取实验次数。

(4) 细化输出测试用例(每行是一个用例)。

3.7　其他黑盒测试方法

3.7.1　场景法

场景法也称流程分析法,主要针对测试场景类型。若将软件系统的某个流程看成路径,可针对该路径使用路径分析方法设计测试用例。场景法一般包含基本流和备选流,从一个流程开始,通过描述经过的路径遍历所有的基本流和备选流。基本流是系统工作最基本的流程,是实现业务流程最简单的路径,是指程序主流程。备选流是指实现业务流程时,因错误操作或异常操作,导致最终未达到目的流程,产生一些分支。

从流程开始到流程结束是一个场景。软件几乎都是用事件触发控制流程的,事件触发时的情景形成了场景,而同一事件不同的触发顺序和处理结果就形成了事件流。

场景法生成测试用例步骤如下。

(1) 分析需求,找到基本流和备选流。

(2) 根据基本流和备选流找到场景(2 个要求:找全场景标准;所有的路径均被覆盖)。

(3) 根据场景生成用例。

【例 3-6】 账户注册时验证用户名需求:第一项要求输入手机号或邮箱作为账户名,第二项要求正确输入验证码,两项都验证成功后填写账户信息;但如果第一项校验不成功,则报错 L(输入手机号或邮箱格式错误)；如果是第二项验证不成功,则报错 M(验证码输入错误),流程如图 3-19 所示。

(1) 基本流：输入正确用户名,输入正确的验证码,填写账户信息。

(2) 备选流 1：用户名填写错误,报错 L。

(3) 备选流 2：输入的验证码错误,报错 M。

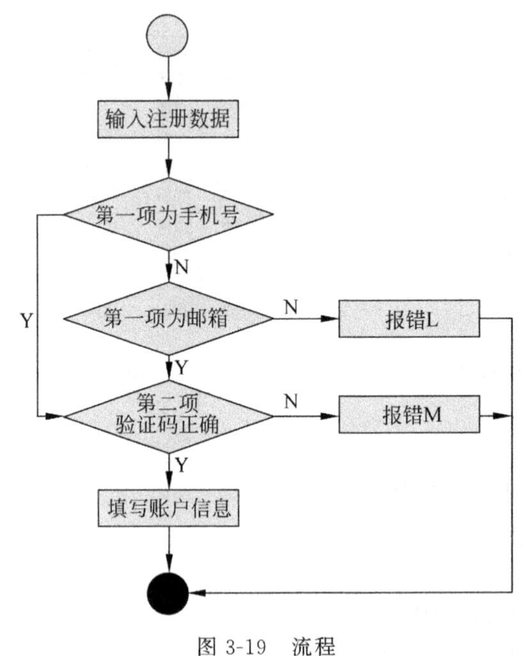

图 3-19 流程

解：案例设计步骤如下。

(1) 用例 1：第一项输入手机号,第二项验证码正确,进入填写账户信息页面。

(2) 用例 2：第一项输入电子邮箱,第二项验证码正确,进入填写账户信息页面。

(3) 用例 3：第一项输入的不是手机号或电子邮箱,报错 L(输入手机号或电子邮箱格式错误)。

(4) 用例 4：第一项输入手机号或电子邮箱,第二项验证码错误,报错 M(验证码输入错误)。

3.7.2 状态迁移法

许多需求用状态机的方式来描述,状态机的测试主要关注在测试状态转移的正确性上面。对于一个有限状态机,通过测试验证其在给定的条件内是否能够产生需要的状态变化,有没有不可达的状态和非法的状态,可不可能产生非法的状态转移等。对于被测系统,若我们可以抽象出它的若干个状态,以及这些状态之间的切换条件和切换路径,那么就可以从状态迁移法来设计用例对该系统进行测试。状态迁移法的目标是设计足够的用例达到对系统状态的覆盖、状态-条件组合的覆盖以及状态迁移路径的覆盖。

状态迁移图用于测试输出不仅仅和输入相关,也和系统的当前状态有关；或者是系统的需求中状态非常明显和状态比较多的场景；目的是测试状态的显示是否正常、状态的转换是否正常。

状态迁移法针对系统整个的业务流程来进行设计，适合于系统有比较多的状态，有时输出不仅仅和输入相关，也和系统的当前状态有关。例如，拨打电话，输入电话号码，得到的输出可能是接通、忙音(通话)、挂断、关机等状态，这时要测到状态及状态转换。

状态迁移图首先要找出系统所有的状态，然后再分析各个状态之间的转换条件和转换路径。然后从其状态迁移路径覆盖的角度来设计测试用例(多用于协议的测试)。

状态迁移图法测试步骤如下。

(1) 明确状态节点。分析需求规格说明书来绘制状态迁移图；状态与状态间可以相互转换的，将可以转的用箭头标出来；把所有的转换关系标上触发事件。

(2) 绘制状态转换树：将状态迁移图变成状态转换树。

(3) 根据路径形成设计用例：根据状态转换树设计测试用例(路径、事件、状态覆盖)。

【例 3-7】 利用状态迁移法设计航空公司预订机票测试用例。功能分析具体如下。

(1) 客户在网站上预订机票，机票信息处于“预订”状态。

(2) 客户支付机票费用后，机票信息变为“已支付”状态。

(3) 客户拿到机票后，机票信息变为“已出票”状态。

(4) 客户登机检票后，机票信息变为“已使用”状态。

(5) 客户在登机之前任何时间都可以取消自己的订票信息，如果已经支付了机票的费用，则还可以退款，取消后，订票信息处于“已取消”状态。

解：案例设计步骤如下。

(1) 根据需求，找到状态节点，画出状态迁移图，如图 3-20 所示。

(2) 画出状态迁移树，如图 3-21 所示。

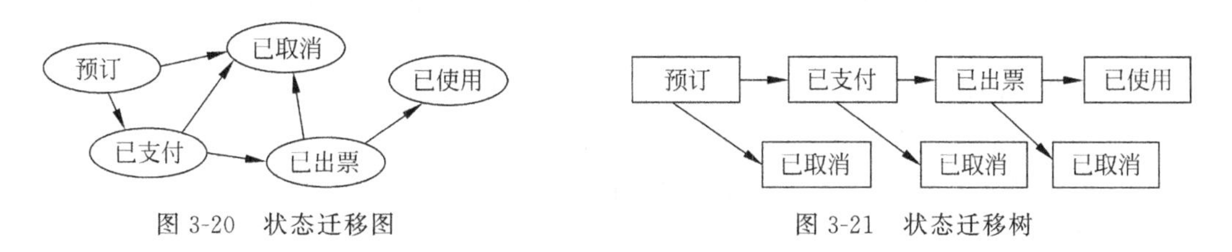

图 3-20　状态迁移图　　　图 3-21　状态迁移树

(3) 找到状态迁移树的路径，转化为用例。从树根到树叶的每条路径是一个用例，得到 4 条路径，其中①路径 1：预订—已取消；②路径 2：预订—已支付—已取消；③路径 3：预订—已支付—已出票—已取消；④路径 4：预订—已支付—已出票—已使用。

3.8　黑盒测试流程

黑盒测试一般遵循 4 个步骤开展。

1. 测试计划

根据用户需求规格说明书中的功能要求和性能指标，定义相应的测试需求，即制定黑盒测试的标准，后续的所有测试工作以此为依据，符合测试需求的程序是合格的，反之则不合格。同时对测试人员、测试环境、测试时间等进行安排。

2. 测试设计

将测试计划阶段制定的测试需求进行细化，分解成若干可执行的测试过程，并为每个测试过程选择适当的测试用例，测试用例的设计是软件测试的难点。

3. 测试执行

根据设计的测试用例执行测试工作，并对发现的缺陷进行跟踪管理。测试执行一般由单元测试、集成测试、系统测试等阶段组成，测试人员要以严谨细致、科学负责的态度进行测试，并向开发团队反馈测试结果。

4. 测试评估

结合量化测试覆盖率及缺陷跟踪报告，对软件的质量和开发团队的工作进行综合评价。

小结

本章重点介绍了黑盒测试的概念，黑盒测试方法如等价类测试、边界值测试、判定表测试、因果图测试、输入组合法测试、场景法、状态迁移法等，并对每种方法给出了测试用例设计案例，有助于更好地理解黑盒测试应用。

习题

1. 判断题

(1) 任何情况下，等价类测试法中，无效等价类不需要进行测试。(　　)

(2) 为了尽量使测试进行得更加充分，等价类之间是可以交叉的，无冗余的。(　　)

(3) 为了保证各种可能的情况都要测试到，所有等价类的组合应该是程序的整个输入域。(　　)

(4) 等价类测试方法属于测试的一种常用测试方法。(　　)

(5) 等价类的特点有完备性、无冗余、等价性。(　　)

(6) 黑盒测试中，测试人员需要掌握特定的编程语言知识。(　　)

2. 简答题

(1) 黑盒测试有哪些优缺点？

(2) 黑盒测试方法有哪些？

(3) 简述等价类测试的思想及分类。

(4) 健壮性等价类测试与标准等价类测试的主要区别是什么？

(5) 已知等价类划分为：图书数，有效等价类[50,5000]，写出健壮性边界值测试用例。

(6) 设计测试用例：某所大学某系共2个班级，想通过“性别”“班级”和“成绩”这三个条件查询某课程的成绩分布。则“性别”“班级”和“成绩”为3个测试点/测试维度；性别的“男、女”，班级的“1班、2班”和成绩的“及格、不及格”分别为3个测试维度的2个影响因子。

(7) 设计测试用例：打印机开启后，进入就绪状态，同时就绪灯亮；如果收到打印命令，将进行打印；在打印过程中如果缺纸，将停止打印，缺纸指示灯亮，放入纸张后恢复打印；如果打印过程中出现故障，将停止打印，故障指示灯亮，故障修复后继续打印；打印完成后，打印机进入就绪状态，同时就绪指示灯亮。

第4章

白盒测试

学习目标：

- 了解白盒测试的基本概念。
- 掌握和使用白盒测试方法。
- 理解错误定位与程序切片。
- 掌握 JUnit 单元测试方法。

本章介绍白盒测试的基本概念，白盒测试的常用方法，逻辑覆盖、路径测试，白盒测试的重要应用场景——单元测试，单元测试框架 JUnit 应用，以及程序切片等内容。

4.1 白盒测试概述

白盒测试又称为结构测试或逻辑驱动测试，是一种测试用例设计方法，是针对被测程序单元内部如何工作的测试。白盒测试是把测试对象看作一个打开的玻璃盒子，好像戴着 X 光眼镜洞察软件的“盒子”里面。

白盒测试主要基于被测程序源代码，而不是基于软件的需求规格说明，因此，白盒测试方法强调严格的定义、数学的分析和精确的度量。

使用白盒测试方法时，测试人员必须全面了解程序内部逻辑结构，检查程序的内部结构，从检查程序的逻辑着手，对相关的逻辑路径进行测试，最后得出测试结果。白盒测试一般由程序员完成测试，也可以由测试人员完成。

采用白盒测试方法时必须遵循以下原则。

(1) 保证一个模块中的所有独立路径至少被测试一次。

(2) 所有逻辑值均需测试真值和假值两种情况。

(3) 检查程序的内部数据结构，保证其结构的有效性。

(4) 在上下边界及可操作范围内运行所有循环。

白盒测试在测试方面优点显著。

(1) 针对性强，便于快速定位缺陷。

(2) 在函数级别开始测试,缺陷修复成本低。

(3) 有助于了解测试的覆盖程度。

(4) 有助于代码优化和缺陷预防。

当然,白盒测试缺点也很明显。

(1) 对测试人员要求高,测试人员需要具备一定的编程经验。

(2) 成本高,白盒测试准备时间较长。

白盒测试分为静态白盒测试和动态白盒测试。本章主要讨论动态白盒测试技术。

4.2 覆盖率测试

覆盖率是用来度量测试完整性的一个指标,同时也是测试技术有效性的一个度量:

$$覆盖率 = \frac{至少被执行一次的项目数}{项目的总数} \times 100\%$$

通过覆盖率可以检测测试是否充分,分析出测试的弱点在哪里,指导设计者增加覆盖率的测试用例,有效提高测试质量。但是测试用例设计不能一味追求覆盖率,因为测试成本随覆盖率的增加而增加。

4.2.1 逻辑覆盖法

逻辑覆盖法是根据程序内部的逻辑基础设计测试用例的技术,是白盒测试的一种。它要求测试人员十分清楚程序的逻辑结构,考虑的是测试用例对程序内部逻辑覆盖的程度。测试用例的设计不是唯一的,只要满足相同的覆盖标准的测试用例都是等价的。

根据测试覆盖的目标不同,以及覆盖的程度不同,可由弱到强分为:语句覆盖、判定覆盖、条件覆盖、判定/条件覆盖、条件组合覆盖和路径覆盖。

1. 语句覆盖

用任何语言编写的程序都是由一系列语句组成的,有些语句是变量的定义、声明或注释,有些语句是可执行语句。语句覆盖又称为代码行覆盖,是指选择足够多的测试用例,使得被测程序中的每一条可执行语句至少被执行一次:

$$语句覆盖率 = \frac{被评价到的语句数量}{可执行的语句总数} \times 100\%$$

【例 4-1】 为以下程序段设计测试用例。

```
int testExample(int a, int b, int x){
   if(a > 1 && b == 0){
       x = x + a;
   }
   if(a == 2 || x > 1){
       x = x + b;
   }
     return x;
}
```

对应这段程序的程序流程图如图 4-1 所示。程序的控制从入口进入,到返回 x 退出。

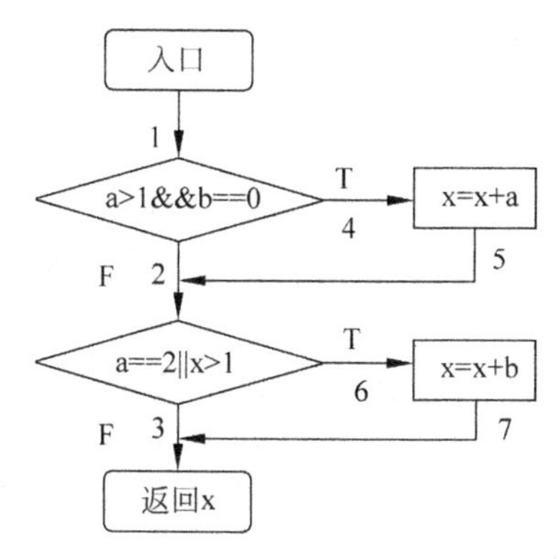

图 4-1 例 4-1 程序流程图

对于例 4-1 的 testExample 函数，设计语句覆盖测试用例如表 4-1 所示，完全覆盖语句的第一行到最后一行。

表 4-1 testExample 语句覆盖测试用例

ID	输入数据			返回值	通过的路径
	a	b	x	x	
Test1-1	2	0	4	6	1-4-5-6-7

由例 4-1 可知，程序中每条可执行语句都执行了，但是没有走遍程序中的所有路径（例如路径 1-2-3 等），如果第一个判定中的逻辑运算符 && 错写成||，测试用例无法发现。

因此，语句覆盖虽然将程序中每一条可执行语句都执行了，但是不能走遍程序段中所有路径，而且不能发现判定中逻辑运算的错误。语句覆盖属于最弱的逻辑覆盖标准。

2. 判定覆盖

判定覆盖又叫分支覆盖，即设计足够多的测试用例，使得被测程序中的每个判定表达式的真值结果和假值结果都至少执行一次，从而使得程序中的每个分支都至少遍历一次：

$$判定覆盖率=\frac{被执行到的判定路径数量}{判定路径的总数}\times 100\%$$

对于例 4-1 的 testExample 函数，设计判定覆盖测试用例如表 4-2 所示。

表 4-2 testExample 判定覆盖测试用例

ID	输入数据			返回值	通过的路径
	a	b	x	x	
Test1-2	2	0	4	6	1-4-5-6-7
Test1-3	3	1	1	1	1-2-3

Test1-2 考虑了两个判定都取真时走的路径，Test1-3 考虑了两个判定都取假时走的路径，既满足了判定覆盖，也满足了语句覆盖。如果将第二个判定中的 x>1 错写成 x<1，不影响上面的测试路径和结果，测试用例无法发现这个错误。这是因为判定覆盖对于判定复合表达式并未深入判定表达式的细节，没有检测到每个简单逻辑条件的正确性。

判定覆盖必定满足语句覆盖，它对整个判定表达式进行度量，但是对于判定内部条件错误无法确定。

3. 条件覆盖

条件覆盖即设计足够多的测试用例，使得被测程序的每一个判定表达式中的每个条件的可能取值至少满足一次。也就是说，每个判定中的条件取真值和假值都需要执行一次。条件覆盖率一般表示为：

$$条件覆盖率=\frac{被执行到的条件取值的数量}{条件取值的总数}\times 100\%$$

对于例 4-1 的 testExample 函数，设计条件覆盖测试用例如表 4-3 所示。

表 4-3　testExample 条件覆盖测试用例

ID	输入数据			返回值	通过的路径
	a	b	x	x	
Test1-4	2	0	1	3	1-4-5-6-7
Test1-5	1	1	2	3	1-2-6-7

第一个判定中的两个条件：a>1 和 b==0，如果分别取"真"和"假"的情况，则有 4 种可能：a>1，a<=1，b==0，b!=0。

第二个判定中的两个条件：a==2 和 x>1，如果分别取"真"和"假"的情况，则有 4 种可能：a==2，a! =2，x>1，x<=1。

要做到条件覆盖，每个条件分别取"真"和"假"的情况，满足上面 8 种结果，则 Test1-4 满足 a>1，a==2，b==0，x<=1 的 4 种结果，Test1-5 满足 a<=1，a!=2，b!=0，x>1 的 4 种结果。该测试用例满足条件覆盖但是不满足判定覆盖。

因此，满足条件覆盖的测试用例并不一定满足判定覆盖。

4. 判定/条件覆盖

判定/条件覆盖是设计足够多的测试用例，使被测程序中判定表达式中的每一个条件都取到各种可能的值(真值和假值)，同时每个判定表达式也都取得各种可能的结果。

判定覆盖不一定满足条件覆盖，条件覆盖也不一定满足判定覆盖，所以将二者结合起来，既满足判定覆盖又满足条件覆盖，从而弥补各自的不足。缺点是，某些情况下有些条件会被其他条件掩盖。判定/条件覆盖率可表示为：

$$判定/条件覆盖率=\frac{被执行到的条件取值和判定分支的数量}{条件取值总数+判定分支总数}\times 100\%$$

对于例 4-1 的 testExample 函数，设计判定/条件覆盖测试用例如表 4-4 所示。

表 4-4　testExample 判定/条件覆盖测试用例

ID	输入数据			返回值	通过的路径
	a	b	x	x	
Test1-6	2	0	4	6	1-4-5-6-7
Test1-7	1	1	1	1	1-2-3

测试用例 Test1-6 满足 a>1,a==2,b==0,x>1 的 4 种结果,Test1-7 满足 a<=1,a!=2,b!=0,x<=1 的 4 种结果。该测试用例既满足条件覆盖又满足判定覆盖。

但是,在某些条件“短路”的情况下,有些条件会被其他条件掩盖,如第一个判定(a>1&&b==0)中,若第一个条件 a>1 为假时,第二个条件 b==0 就不用检查了,若第二个条件有错也不能被发现。再比如第二个判定(a==2||x>1)中,若第一个条件 a==2 为真时,第二个条件 x>1 就不用检查了,若第二个条件有错也不会被发现。

5. 条件组合覆盖

条件组合覆盖即设计足够多的测试用例,使得被测程序的每个判定表达式中的条件的各种组合可能至少被执行一次:

$$\text{条件组合覆盖率}=\frac{\text{被执行到的条件取值组合的数量}}{\text{条件取值组合的总数}}\times 100\%$$

对于例 4-1 的 testExample 函数,设计条件组合覆盖测试用例如表 4-5 所示。

表 4-5 testExample 条件组合覆盖测试用例

ID	输入数据			返回值	通过的路径
	a	b	x	x	
Test1-8	2	0	4	6	1-4-5-6-7
Test1-9	1	1	1	1	1-2-3
Test1-10	2	1	1	2	1-2-6--7
Test1-11	1	0	2	2	1-2-6-7

这个函数的第一个判定的所有条件组合有 4 种情况,第二个判定的所有条件组合有 4 种情况,共 8 种情况。

(1) a>1,b==0。

(2) a>1,b!=0。

(3) a<=1,b==0。

(4) a<=1,b!=0。

(5) a==2,x>1。

(6) a==2,x<=1。

(7) a!=2,x>1。

(8) a!=2,x<=1。

测试用例 Test1-8 覆盖了条件组合的(1)和(5),测试用例 Test1-9 覆盖了条件组合的(4)和(8),测试用例 Test1-10 覆盖了条件组合的(2)和(6),测试用例 Test1-11 覆盖了条件组合的(3)和(7)。

以上测试用例显然满足了条件组合覆盖,也满足判定覆盖、条件覆盖和判定/条件覆盖。但是不一定每条路径都被执行,丢失了一条路径 1-4-5-3。

当判定语句较多并且判定表达式中的条件较多时,条件组合数量就比较多。

6. 路径覆盖

路径覆盖是指设计足够多的测试用例,使得被测程序的所有路径都至少被执行一次:

$$\text{路径覆盖率}=\frac{\text{被执行到的路径的数量}}{\text{路径的总数}}\times 100\%$$

对于例 4-1 的 testExample 函数，设计路径覆盖测试用例如表 4-6 所示。

表 4-6 testExample 路径覆盖测试用例

ID	输入数据			返回值	通过的路径
	a	b	x	x	
Test1-12	2	0	4	6	1-4-5-6-7
Test1-13	1	1	1	1	1-2-3
Test1-14	2	1	1	2	1-2-6-7
Test1-15	3	0	0	3	1-4-5-3

由表 4-6 可知，测试用例增加了一条路径 1-4-5-3，满足了路径覆盖，但是却不满足条件组合覆盖，丢失了条件(3)和(7)，因此，满足路径覆盖的测试用例并不一定满足条件组合覆盖。

例 4-1 中这段程序非常简单，只有 4 条路径。但实际上，一个不太复杂的程序中的路径都可能是一个庞大的数字，要在测试中覆盖所有的路径是不可能的。为了解决这一难题，常将覆盖的路径数压缩到一定的限度。若程序中有循环语句出现，可以对循环化简，无论循环的形式和实际循环次数多少，只考虑循环一次和零次的情况。这样的路径生成的测试用例集称为 z 路径覆盖测试。

【例 4-2】 用逻辑覆盖方法为判断三角形的程序设计测试用例。

输入三个整数 a，b，c(1≤a，b，c≤100)，判断是否构成三角形。若能构成三角形，则输出构成的是等边三角形、等腰三角形还是一般三角形？

(1) Java 源程序。

```java
package edu.junit.demo;
public class Triangle {
    public String isTriangle(int a, int b, int c){   //判断三角形
        String result;
        if((a + b <= c)||(a + c <= b)||(b + c <= a)){
            result = "不能构成三角形";
        }
        else{
            if((a == b)||(b == c)||(a == c)){
                if((a == b)&&(b == c)){
                    result = "等边三角形";
                }
                else{
                    result = "等腰三角形";
                }
            }
            else{
                result = "一般三角形";
            }
        }
        return result;
    }
}
```

(2) 程序流程如图 4-2 所示。

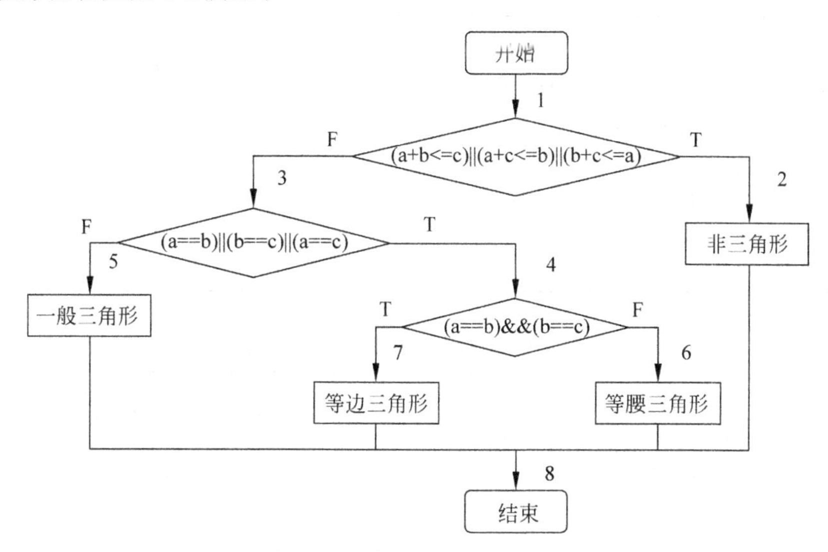

图 4-2 三角形问题程序流程图

(3) 逻辑覆盖测试方法。程序中有 6 个条件,分别用 T1～T6 表示,其中,①T1：a+b<=c；②T2：a+c<=b；③T3：b+c<=a；④T4：a==b；⑤T5：b==c；⑥T6：a==c。程序中有 3 个判定,①判定 1：T1||T2||T3；②判定 2：T4||T5||T6；③判定 3：T4&&T5。语句覆盖测试用例见表 4-7,判定覆盖测试用例见表 4-8,条件覆盖测试用例见表 4-9,判定/条件覆盖测试用例见表 4-10,条件组合覆盖测试用例见表 4-11,路径覆盖测试用例见表 4-12。

表 4-7 语句覆盖测试用例

ID	输 入			预期输出	通过路径
	a	b	c		
T1	1	2	4	非三角形	1-2-8
T2	3	2	4	一般三角形	1-3-5-8
T3	3	3	4	等腰三角形	1-3-4-6-8
T4	3	3	3	等边三角形	1-3-4-7-8

表 4-8 判定覆盖测试用例

ID	输 入			判定 1	判定 2	判定 3	预期输出	通过路径
	a	b	c	T1||T2||T3	T4||T5||T6	T4&&T5		
T1	1	2	4	真			非三角形	1-2-8
T2	3	2	4	假	假		一般三角形	1-3-5-8
T3	3	3	4	假	真	假	等腰三角形	1-3-4-6-8
T4	3	3	3	假	真	真	等边三角形	1-3-4-7-8

表 4-9 条件覆盖测试用例

ID	输入			条件						判定 1	判定 2	判定 3	预期输出	通过路径
	a	b	c	T1	T2	T3	T4	T5	T6					
T1	1	2	4	真	假	假				真			非三角形	1-2-8
T2	1	4	2	假	真	假				真			非三角形	1-2-8
T3	4	1	2	假	假	真				真			非三角形	1-2-8
T4	3	3	3	假	假	假	真	真	真	假	真	真	等边三角形	1-3-4-7-8
T5	2	3	4	假	假	假	假	假	假	假	假		一般三角形	1-3-5-8

表 4-10 判定/条件覆盖测试用例

ID	输入			条件						判定 1	判定 2	判定 3	预期输出	通过路径
	a	b	c	T1	T2	T3	T4	T5	T6					
T1	1	2	4	真	假	假				真			非三角形	1-2-8
T2	1	4	2	假	真	假				真			非三角形	1-2-8
T3	4	1	2	假	假	真				真			非三角形	1-2-8
T4	3	3	3	假	假	假	真	真	真	假	真	真	等边三角形	1-3-4-7-8
T5	2	3	4	假	假	假	假	假	假	假	假		一般三角形	1-3-5-8
T6	2	3	3	假	假	假	假	真	假	假	真	假	等腰三角形	1-3-4-6-8

表 4-11 条件组合覆盖测试用例

ID	输入			条件						判定 1	判定 2	判定 3	预期输出	通过路径
	a	b	c	T1	T2	T3	T4	T5	T6					
T1	1	2	4	真	假	假				真			非三角形	1-2-8
T2	1	4	2	假	真	假				真			非三角形	1-2-8
T3	4	1	2	假	假	真				真			非三角形	1-2-8
T4	3	3	3	假	假	假	真	真	真	假	真	真	等边三角形	1-3-4-7-8
T5	2	3	4	假	假	假	假	假	假	假	假		一般三角形	1-3-5-8
T6	2	3	3	假	假	假	假	真	假	假	真	假	等腰三角形	1-3-4-6-8

表 4-12 路径覆盖测试用例

ID	输入			预期输出	通过路径
	a	b	c		
T1	1	2	4	非三角形	1-2-8
T2	3	2	4	一般三角形	1-3-5-8
T3	3	3	4	等腰三角形	1-3-4-6-8
T4	3	3	3	等边三角形	1-3-4-7-8

4.2.2 基本路径法

一个程序如果没有条件语句，就只包含从入口到出口的路径。如果程序中包含多个条件语句，可能的路径数目将会急剧增长。循环语句的存在也大大增加路径的数量，每遍历一次循环体，路径数量就增加1。如果循环次数依赖输入的数据，在执行之前是无法确定的，则要确定程序中的路径数量是非常困难的，要做到所有的路径覆盖也是不可能的。

基本路径测试是由Tom McCabe首先提出来的一种白盒测试技术，又称为独立路径测试。它是通过分析控制结构的环复杂度，导出基本可执行路径集合，从而设计出相应的测试用例的方法。执行该路径集合所生成的测试用例能够保证程序中的每一条语句至少执行一次。

基本路径测试的基本步骤如下。

(1) 根据程序或程序流程图导出控制流图。

(2) 计算程序的环复杂度。

(3) 导出基本路径集，确定程序的独立路径。

(4) 根据独立路径，设计相应的测试用例。

1. 控制流图

控制流图(或程序图)是一种简单的控制流表示方法，可以看作简化的程序流程图。在控制流图中，只关心程序的流程，不关心各个处理框的细节。控制流图是一个有向图，节点用带标号的圆圈表示，可以代表一条或多条语句、一个处理框或一个判定框(简单判定，不含复合条件)，有向边代表程序中的控制流。一条边必须终止于一个节点，即使该节点并不代表任何过程语句(如图4-5中的9号节点)。

图4-3所示为结构化程序设计中的几种程序流程图对应的基本控制流图。

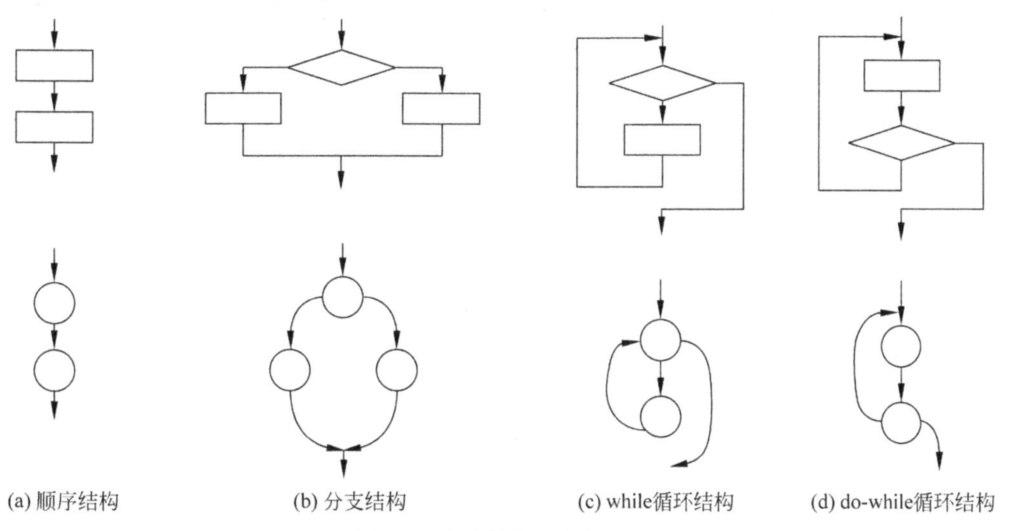

图4-3 各种结构的控制流图

图4-4的程序流程图转化为相对应的如图4-5所示的控制流图。

需要注意的一点是，程序流程图中的菱形框中的判定语句是简单判定，如果是复合判定需要简化后再转化为控制流图。图4-6给出了一段复合判定及其对应的控制流图。

2. 环复杂度

环复杂度又称圈复杂度，是一种软件度量，它为程序的逻辑复杂度提供一个量化的度量。当在基本路径测试方法的环境下，环复杂度的值是程序基本集合定义的独立路径数量，它确保所有语句至少执行一次的过程。

环复杂度以图论为基础，环复杂度可以通过以下三种方法之一进行计算。

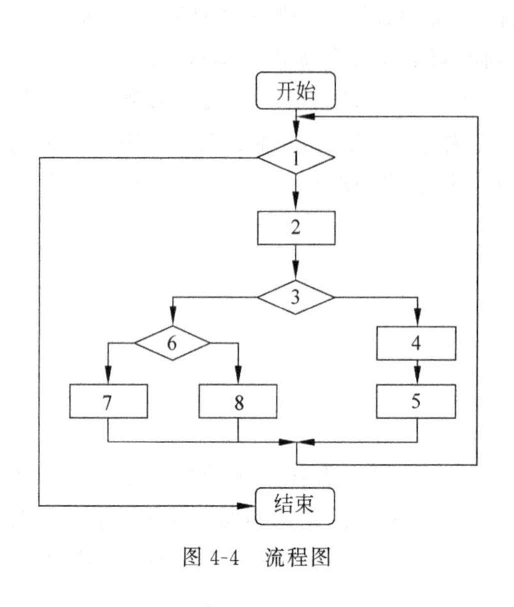

图 4-4 流程图

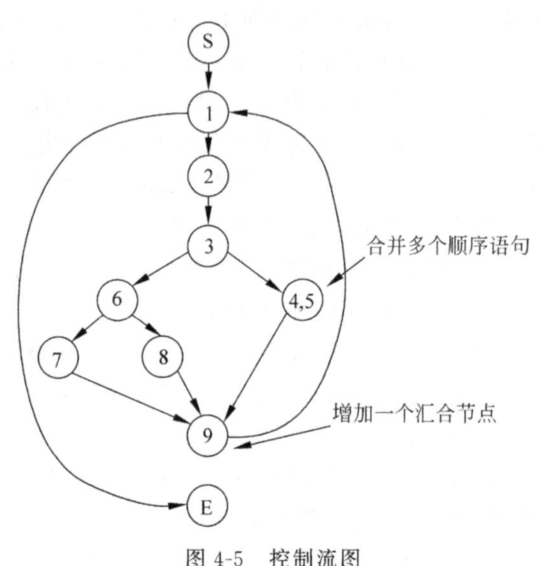

图 4-5 控制流图

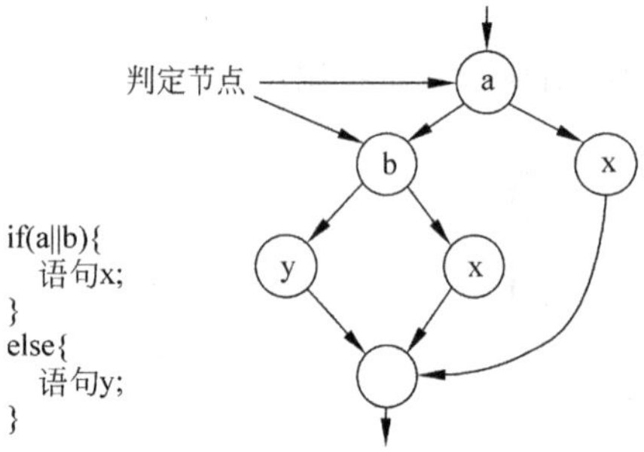

判定节点

```
if(a||b){
   语句x;
}
else{
   语句y;
}
```

图 4-6 复合逻辑

(1) 对控制流图 G,环复杂度 $V(G)$定义为:

$$V(G)=m-n+2 \tag{4-1}$$

其中,m 表示有向图 G 中有向边的个数;n 表示有向图的节点数。

(2) 对控制流图 G,环复杂度 $V(G)$也可以定义为:

$$V(G)=\text{判定节点数}+1 \tag{4-2}$$

(3) 对控制流图 G,环复杂度 $V(G)$也可以定义为:

$$V(G)=\text{强连通图在平面上围成的区域数} \tag{4-3}$$

强连通图是指从图中任意一个节点出发都能到达其他节点的有向图。当计算强连通图在平面上围成的区域数时,将图形的外部作为一个域。

对于控制流图 4-5,采用式(4-1)计算环复杂度为:

$$V(G)=12-10+2=4$$

对于控制流图 4-5,有 3 个判定节点,分别为 1、3、6,采用式(4-2)计算环复杂度为:

$$V(G)=3+1=4$$

在图 4-5 中,控制流图围成的区域有(1,2,3,4,5,9,1)(1,2,3,6,7,9,1)(1,2,3,6,8,9,1),或者整个图形是一个域。因此根据式(4-3)计算得到的环复杂度为 4。

3. 独立路径

根据环复杂度可以确定独立路径的数量,独立路径是任何从开始到结束贯穿程序的,至少引入一组新的处理语句或一个新的条件的路径。若用控制流图进行描述时,独立路径是从入口到出口至少经历一条从未走过的有向边。通常独立路径集不唯一。

在图 4-5 中,按路径长度递增的次序,4 条独立路径如下。

(1) 路径 1:S,1,E。

(2) 路径 2：S,1,2,3,4,5,9,1,E。

(3) 路径 3：S,1,2,3,6,8,9,1,E。

(4) 路径 4：S,1,2,3,6,7,9,1,E。

注意，路径 S,1,2,3,4,5,9,1,2,3,6,8,9,1,E 不是一条独立路径，因为它没有引入任何新的有向边，只不过是已提到的路径的简单连接。

然后，设计测试用例强迫执行这些路径，则可以保证程序中的每条语句至少执行一次，且每个条件为“真”和为“假”。满足语句覆盖、条件覆盖。

【例 4-3】 利用基本路径法，为图 4-7(a)所示程序设计测试用例。该程序的功能：计算数组 value 中 0～10 的整数和的平均值。

(1) 根据程序画出控制流图。如图 4-7(b)所示，每个判定节点都是简单判定。

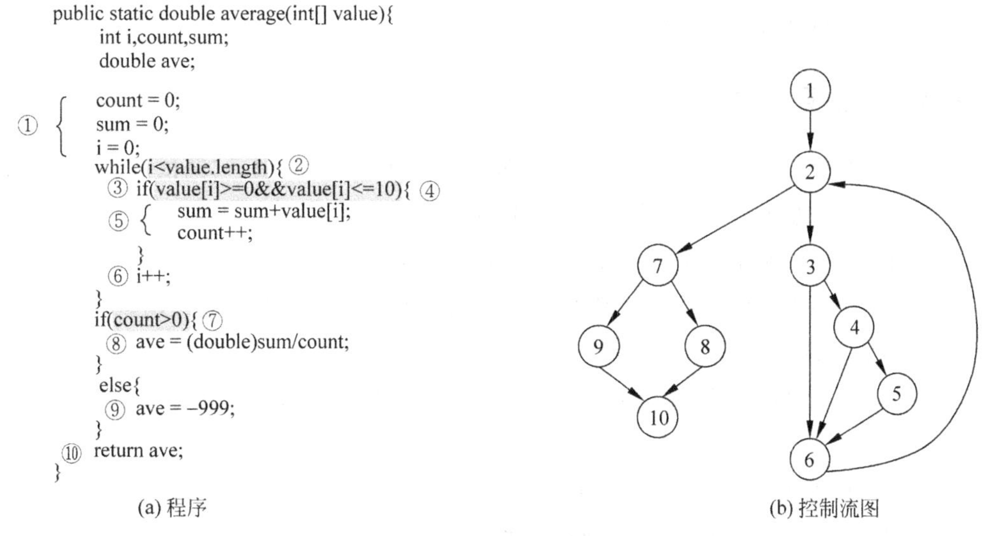

图 4-7　例 4-3 程序及控制流图

(2) 计算环复杂度：

$$V(G)=\text{判定节点数}+1=4+1=5$$

(3) 确定独立路径的基本集合，①路径 1：1,2,7,8,10；②路径 2：1,2,7,9,10；③路径 3：1,2,3,6,2,7,9,10；④路径 4：1,2,3,4,6,2,7,9,10；⑤路径 5：1,2,3,4,5,6,2,7,8,10。某些独立路径不能单独进行测试，也就是说，没有合理的数据可以形成程序的正常流，比如路径 1，这种情况下，这些路径可以作为另一个路径的一部分进行测试。独立路径不唯一，在选择过程中要结合程序的正常流选择。例如，没有合理的数据支持路径 1,2,3,6,2,7,8,10，那可以选择路径 3。

(4) 设计测试用例见表 4-13。

表 4-13　基本路径测试用例

ID	输　入	预期输出	通过路径
T1	没有合理输入数据		路径 1
T2	数组 value={}	−999	路径 2

续表

ID	输　　入	预 期 输 出	通 过 路 径
T3	数组 value={−1}	0	路径 3
T4	数组 value={120}	0	路径 4
T5	数组 value={3}	3	路径 5

4.3 错误定位与程序切片

软件测试只告诉你对错，不知道错在哪里。错误定位是找出程序错误的准确位置的行为。错误定位的科学方法是程序切片。

4.3.1 错误定位

调试出现在执行一次成功的测试之后，即当测试用例发现错误后，调试是消除错误的行为。调试包含两个步骤，第一步确定程序中错误的准确性质和位置，即错误定位；第二步修改错误。调试过程中对错误定位可能解决了 95%的问题。

比较常见的错误定位方法包括暴力法调试、原因排除法调试和回溯法调试。

1. 暴力法调试

这种调试方法是最常用、最低效的方法，不需要过多的思考，一般分为三种类型。

(1) 把内存信息输出来调试。

(2) 在程序中插入打印语句来调试。

(3) 使用自动化的调试工具进行调试(比如设置断点)。

通过调试过程中产生的大量信息找到错误原因的线索，可能最终导致成功，但更多的情况是浪费时间和精力。因为该方法的主要问题是忽略了思考的过程。因此，建议其他方法都失败了再使用或者作为其他方法的补充。

2. 原因排除法调试

通过归纳或演绎并引入二分法的概念实现，对与错误出现相关的数据加以组织，分离出潜在的错误原因。收集、列举、组织所有与程序执行错误相关的数据，研究观察线索之间的联系，列出所有可能的错误原因，再执行测试逐个进行排除。或者假设一个错误原因，利用前面提到的数据证明或反对这个假设。若最初的测试显示出某个原因假设可能成立，则要对数据进行细化以定位错误。

3. 回溯法调试

这是在小型程序中定位错误的一种有效方法。从程序产生不正确结果的地方开始，向后逆向追踪(手工)源代码，直到发现错误的原因。随着源代码行数的增加，潜在的回溯路径可能会增加到难以控制的地步。

一旦找到错误，就必须改正。在修改错误之前，程序员应该注意以下三点。

(1) 这个错误的原因在程序的另一部分也可能出现。

(2) 改正错误可能引入新的错误。

(3) 为了避免这个错误可能需要重新设计产品。

调试分析过程并非易事,甚至代价昂贵,但是对于程序员后面的编程开发积攒了宝贵的经验,在提高产品质量的同时也节省了更多的开发维护成本。

有证据表明,调试本领属于一种个人天赋。

4.3.2 程序切片

程序切片是一种程序分析和理解技术,它通过把程序减少到只包含与某个特定计算相关的那些语句来分析程序。其概念最早是1979年由马克·威瑟(Mark Weiser)提出来的。他观察到程序员在调试过程中脑海中就有关于程序的某种抽象,人们在调试一个程序时总是从错误语句开始,并沿着依赖关系跟踪到它影响的程序部分。

软件开发人员在调试程序时经常会遇见这样的情形,他们在发现程序某处的某个变量的值发生了错误之后,需要去寻找所有可能引发了这个错误的程序语句,这同时也是程序切片的最初的应用场景。切片技术可以大幅缩小错误定位的范围,提高软件测试的效率和准确性。

通俗地讲,程序切片是一组程序语句,这些语句确定影响一个变量在程序某点上的取值。如果某个变量与预期不一致,那么一定是它的切片中的某个(些)语句有问题。

一个程序切片是由程序中的一些语句和判定表达式组成的集合。假设给定感兴趣的程序点P和变量集合V来作为切片标准(<P,V>),那么所有影响该程序点P处的变量V的程序语句(statement)构成切片。

切片算法基本过程:首先寻找语句s的变量v所直接数据依赖或控制依赖的节点,然后寻找这些新节点所直接数据依赖或控制依赖的节点,一直重复下去,直到没有新节点加进来为止,最后将这些节点按源程序的语句顺序排列,即为程序P的关于语句s的切片S。

关于程序切片有两个基本问题,它是前向还是后向?是动态还是静态?前向切片是切分程序中受语句s处变量v的影响的所有语句片段。后向切片是切分程序中所有影响语句s处变量v的值的语句片段。静态切片是在编译时间即程序尚未运行时进行切片,该技术对程序的输入不做任何假设,所做的分析完全以程序的静态信息为依据。如果在计算程序切片时不考虑程序的具体输入,计算对某个感兴趣点影响的语句和谓词集合,这样得到的切片就是静态切片。动态切片是在程序运行时,考虑某个具体输入,计算程序在这个特定输入条件下所有影响语句s处变量集合V的语句和谓词集合,这样得到的切片就是动态切片。

语句"System.out.println(sum);"的静态前向切片如图4-8所示。

语句"System.out.println(sum);"的静态后向切片如图4-9所示。

分析程序切片可以使注意力集中到感兴趣的部分,摒除不相关部分,能够更准确地进行错误定位。

```
import java.util.Scanner;
public class Test{
    public static void main(String[] args){
        Scanner sca = new Scanner(System.in);
        int i,n,sum,prod;
        n = sca.nextInt();
        sum = 0;
        prod = 1;
        i = 1;
        while( i<n ){
            sum = sum+i;
            prod = prod*i;
            i++;
        }
        System.out.println(sum);
        System.out.println(prod);
        System.out.println(2*sum);
    }
```

图 4-8　静态前向切片

```
import java.util.Scanner;
public class Test{
    public static void main(String[] args){
        Scanner sca = new Scanner(System.in);
        int i,n,sum,prod;
        n = sca.nextInt();
        sum = 0;
        prod = 1;
        i = 1;
        while( i<n ){
            sum = sum+i;
            prod = prod*i;
            i++;
        }
        System.out.println(sum);
        System.out.println(prod);
        System.out.println(2*sum);
    }
```

图 4-9　静态后向切片

4.4　JUnit 基本概念与框架介绍

4.4.1　JUnit 简介

JUnit 起源于 1997 年，最初版本是由两位编程大师肯特·贝克(Kent Beck)和埃里希·伽马(Erich Gamma)一起完成的。JUnit 是一个 Java 编程语言的单元测试框架。JUnit 在测试驱动的开发方面有很重要的发展，是统称为 xUnit 的单元测试框架之一。如今二十多年过去了，JUnit 经过各个版本的迭代演进，已经发展到了 5.x 版本，为 JDK 以及更高的版本提供更好的支持(如支持 Lambda)和更丰富的测试形式(如重复测试，参数化测试)。

JUnit 的特性主要包括以下几点。

(1) 使用断言方法判断期望值和实际值差异，返回 Boolean 值。

(2) 测试驱动设备使用共同的初始化变量或者实例。

(3) 测试包结构便于组织和集成运行。

(4) 支持图形交互模式和文本交互模式。

4.4.2 JUnit 框架介绍

JUnit 框架是典型的 Composite 模式。TestSuite 可以容纳任何派生自 Test 的对象，当调用 TestSuite 对象的 run()方法时，会遍历自己容纳的对象，逐个调用它们的 run()方法。图 4-10 给出了 JUnit 核心类之间的关系。

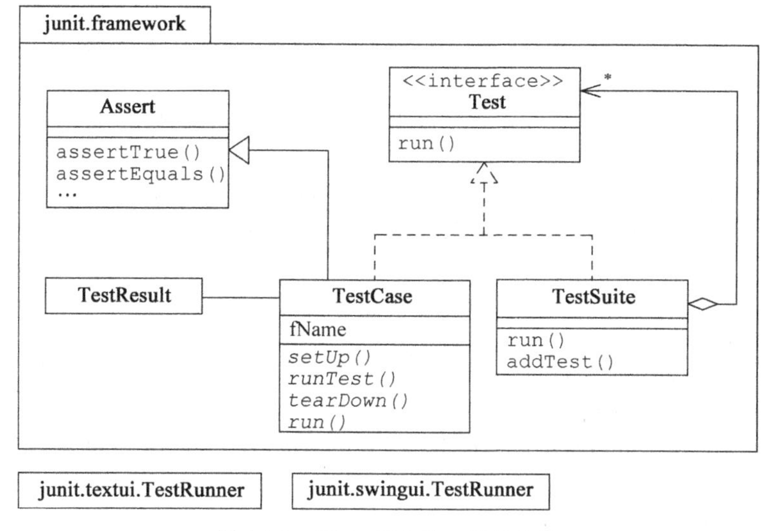

图 4-10　JUnit 核心类之间的关系

以下介绍 JUnit 中常用的接口和类。

1. Test 接口：运行测试和收集测试结果

Test 接口使用了 Composite 设计模式，是单独测试用例(TestCase)，聚合测试模式(TestSuite)及测试扩展(TestDecorator)的共同接口。它的 public int countTestCases()方法可以统计测试时有多少个 TestCase。另外一个方法就是 public void run(TestResult)，TestResult 是实例接受测试结果，run 方法执行本次测试。

2. TestCase 抽象类：定义测试中固定方法

TestCase 是 Test 接口的抽象实现(不能被实例化，只能被继承)，其构造函数 TestCase(string name)，根据输入的测试名称 name 创建一个测试实例。由于每一个 TestCase 在创建时都要有一个名称，若测试失败了，便可识别出是哪个测试失败。

TestCase 类中包含 setUp()和 tearDown()方法。

(1) setUp()方法集中初始化测试所需的所有变量和实例，并且在依次调用测试类中的每个测试方法之前再次执行 setUp()方法。

（2）tearDown()方法则是在每个测试方法之后，释放测试程序方法中引用的变量和实例。

开发人员编写测试用例时，只需继承 TestCase，完成 run 方法即可，然后 JUnit 获得测试用例，执行它的 run 方法，把测试结果记录在 TestResult 中。

3. Assert 静态类：一系列断言方法的集合

Assert 包含了一组静态的测试方法，用于比对期望值和实际值。如果测试失败，Assert 类就会抛出 AssertionFailedError 异常，JUnit 测试框架将这种错误归入 Failes 并加以记录，同时标志为未通过测试。如果该类方法中指定一个 String 类型的传参则该参数将被作为 AssertionFailedError 异常的标识信息，告诉测试人员修改异常的详细信息。Assert 类提供的核心方法如表 4-14 所示。

表 4-14　Assert 类提供的核心方法

方　法	描　述
assertTrue	断言条件为真。若不满足，方法抛出带有相应信息（如果有）的 AssertionFailedError 异常
assertFalse	断言条件为假。若不满足，方法抛出带有相应信息（如果有）的 AssertionFailedError 异常
assertEquals	断言两个对象相等。若不满足，方法抛出带有相应信息（如果有）的 AssertionFailedError 异常
assertNotNull	断言对象不为 null。若不满足，方法抛出带有相应信息（如果有）的 AssertionFailedError 异常
assertNull	断言对象为 null。若不满足，方法抛出带有相应信息（如果有）的 AssertionFailedError 异常
assertSame	断言两个引用指向同一个对象。若不满足，方法抛出带有相应信息（如果有）的 AssertionFailedError 异常
assertNotSame	断言两个引用指向不同的对象。若不满足，方法抛出带有相应信息（如果有）的 AssertionFailedError 异常
fail	强制测试失败，并给出指定信息

4. TestSuite 测试包类：多个测试的组合

TestSuite 类负责组装多个 TestCase。待测的类中可能包括了对被测类的多个测试，而 TestSuit 负责收集这些测试，使得可以在一个测试中完成全部的对被测类的多个测试。TestSuite 类实现了 Test 接口，且可以包含其他的 TestSuite。它可以处理加入 Test 时所有抛出的异常。

5. TestResult 结果类和其他类与接口

TestResult 结果类集合了任意测试累加结果，通过 TestResult 实例传递每个测试的 Run()方法。TestResult 在执行 TestCase 时如果失败会抛出异常。

TestListener 接口是个事件监听者，可供 TestRunner 类使用。它通知 listener 的对象相关事件，方法包括测试开始 startTest(Test test)，测试结束 endTest(Test test)，错误，增加异常 addError(Test test，Throwable t)和增加失败 addFailure(Test test，AssertionFailedError t)。

TestFailure 失败类是个“失败”状况的收集类，解释每次测试执行过程中出现的异常情况。其中，toString()方法返回“失败”状况的简要描述。

4.4.3 JUnit 5 简介

与以前版本的 JUnit 不同，JUnit 5 由三个不同子项目中的几个不同模块组成，架构如图 4-11 所示。

JUnit 5 包括 JUnit Platform、JUnit Jupiter 和 JUnit Vintage 三个子项目。

(1) JUnit Platform 是基于 JVM 的运行测试的基础框架，它定义了开发运行在这个测试框架上的 TestEngine API。此外该平台提供了一个控制台启动器，可以从命令行启动平台，可以为 Gradle 和 Maven 构建插件，同时提供基于 JUnit 4 的 Runner。

(2) JUnit Jupiter 是在 JUnit 5 中编写测试和扩展的新编程模型和扩展模型的组合。Jupiter 子项目提供了一个 TestEngine，用于在平台上运行基于 Jupiter 的测试。

(3) JUnit Vintage 提供了一个 TestEngine，在平台上运行基于 JUnit 3 和 JUnit 4 的测试。

JUnit 5 需要 Java8(或更高版本)的运行环境，不过仍然可以测试由老版本编译的代码。

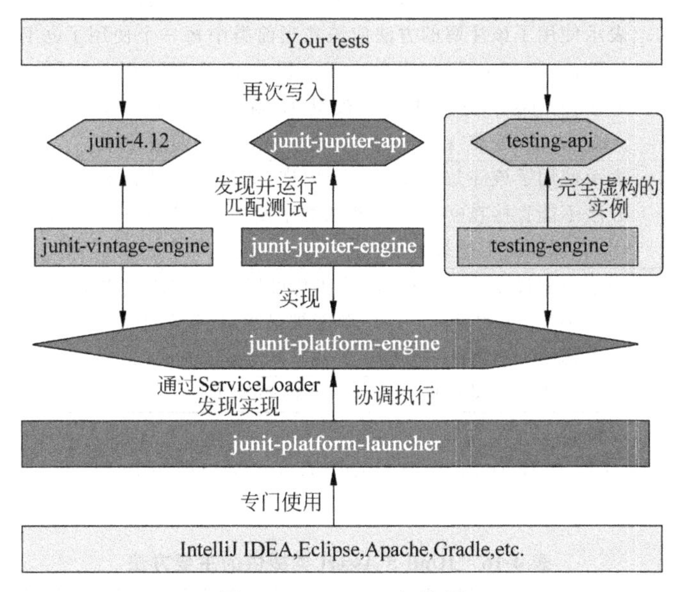

图 4-11 JUnit 5 架构图

JUnit 5 的常用注解如表 4-15 所示。

表 4-15 JUnit 5 常用注解

注　解	描　述
@Test	表示该方法是一个测试方法。与 JUnit 4 的@Test 注解不同的是，它没有声明任何属性，因为 JUnit Jupiter 中的测试扩展是基于自己的专用注解完成的。这些注解会被继承，除非它们被覆盖
@ParameterizedTest	表示该方法是一个参数化测试。这些注解会被继承，除非它们被覆盖
@RepeatedTest	表示该方法是一个重复测试的测试模板。这些注解会被继承，除非它们被覆盖
@TestFactory	表示该方法是一个动态测试的测试工厂。这些注解会被继承，除非它们被覆盖
@TestInstance	用于配置所标注的测试类的测试实例生命周期。这些注解会被继承

续表

注　解	描　述
@TestTemplate	表示该方法是一个测试模板，它会依据注册的提供者返回的调用上下文的数量被多次调用。这些注解会被继承，除非它们被覆盖
@DisplayName	为测试类或测试方法声明一个自定义的显示名称。该注解不能被继承
@BeforeEach	表示使用了该注解的方法应该在当前类中每一个使用了@Test、@RepeatedTest、@ParameterizedTest 或者 @TestFactory 注解的方法之前执行；类似于 JUnit4 的@Before。这些注解会被继承，除非它们被覆盖
@AfterEach	表示使用了该注解的方法应该在当前类中每一个使用了@Test、@RepeatedTest、@ParameterizedTest 或者 @TestFactory 注解的方法之后执行；类似于 JUnit4 的@After。这些注解会被继承，除非它们被覆盖
@BeforeAll	表示使用了该注解的方法应该在当前类中每一个使用了@Test、@RepeatedTest、@ParameterizedTest 或者 @TestFactory 注解的方法之前执行；类似于 JUnit4 的@AftereClass。这些注解会被继承(除非它们被隐藏或覆盖)，并且它们必须是 static 方法(除非"per-class"测试实例生命周期被使用)
@AfterAll	表示使用了该注解的方法应该在当前类中每一个使用了@Test、@RepeatedTest、@ParameterizedTest 或者 @TestFactory 注解的方法之后执行；类似于 JUnit4 的@AfterClass。这些注解会被继承(除非它们被隐藏或覆盖)，并且它们必须是 static 方法(除非"per-class"测试实例生命周期被使用)
@Nested	表示使用了该注解的类是一个内嵌、非静态的测试类。@BeforeAll 和@AfterAll 方法不能直接在@Nested 测试类中使用(除非"per-class"测试实例生命周期被使用)。该注解不能被继承
@Tag	用于声明过滤测试的标签，该注解可以用在方法或类上；类似于 TesgNG 的测试组或 JUnit 4 的分类。该注解能被继承，但仅限于类级别，而非方法级别
@Disable	用于禁用一个测试类或测试方法；类似于 JUnit 4 的@Ignore。该注解不能被继承
@ExtendWith	用于注册自定义扩展。该注解不能被继承

JUnit Jupiter 断言保存在 org. junit. jupiter. api. Assertions 类中，所有方法都是静态的，如表 4-16 所示。

表 4-16　JUnit 5 Assert 类提供的主要方法

方　法	描　述
assertTrue	断言条件为真
assertFalse	断言条件为假
assertEquals	断言两个对象相等
assertNotNull	断言对象不为 null
assertNull	断言对象为 null
assertSame	断言两个引用指向同一个对象
assertNotSame	断言两个引用指向不同的对象
fail	强制测试失败，并给出指定信息
assertThrows	断言所提供的 Executable 的执行将引发 expectedType 的异常并返回该异常
assertTimeout	如果测试用例中的给定任务花费的时间超过指定的持续时间，则测试将失败。不会中断 Executable 或 ThrowingSupplier

续表

方　法	描　述
assertTimeoutPreemptively	如果测试用例中的给定任务花费的时间超过指定的持续时间，则测试将失败。Executable 或 ThrowingSupplier 的执行将被抢先中止
assertLinesMatch	断言期望的字符串列表与实际列表相匹配
assertIterableEquals	断言期望和实际的可迭代项高度相等。高度相等意味着集合中元素的数量和顺序必须相同，以及迭代元素必须相等
assertArrayEquals	断言期望数组等于实际数组
assertAll	分组断言，执行其中包含的所有断言

4.5　基于 JUnit 的单元测试

4.5.1　单元测试基本概念

单元测试又称模块测试，是对软件的最小单元进行测试，发现其中存在的软件缺陷，以保证构成软件的各个单元质量。软件的最小单元可以是一个函数、一个子程序、一个类、一个窗口或一个菜单。

执行单元测试是为了证明某段代码的行为确实和开发者所期望的一致。所要测试的是规模很小的、非常独立的功能片断。通过对所有独立部分的行为建立起信心，确信它们都和期望一致，然后才能开始组装和测试整个系统。

单元测试主要采用白盒测试方法，辅以黑盒测试方法。其中，白盒测试方法主要应用于代码评审、单元程序执行。在白盒测试方法中，以路径覆盖为最佳准则，且系统内多个模块可以并行进行测试。而黑盒测试方法则应用于模块、组件等大单元的功能测试。

单元测试不但使工作变得更轻松，而且会让设计更好，甚至大大减少花在调试上的时间。

(1) 带来比功能测试更广范围的测试覆盖。

(2) 让团队协作成为可能。

(3) 能够防止衰退，降低对调试的需要。

(4) 能为开发者带来重构的勇气。

(5) 能改进实现设计。

(6) 能当作开发者文档使用。

之所以众多的开发人员选择 JUnit 作为单元测试的工具，是因为它具有以下优点。

(1) JUnit 是开源工具。

(2) JUnit 可以将测试代码和产品代码分离。

(3) 测试代码编写容易并且功能强大。

(4) 自动检验结果并且提供立即的反馈。

(5) 易于集成到开发的构建过程中，在软件的构建过程中完成对程序的单元测试。

(6) 测试包结构便于组织和集成运行，支持图形交互模式和文本交互模式。

4.5.2 JUnit 单元测试实践

为了更好地理解如何使用 JUnit 编写测试用例，以下案例是一个简化的计算器，只实现了两个整数的加、减、乘、除功能，并且未考虑除数为 0 的情况。代码如下。

```
package edu.junit.demo;
public class Calculator {
    public int add(int a, int b) {
        return a + b;
    }
    public int substrate(int a, int b) {
        return a - b;
    }
    public int multiply(int a, int b) {
        return a * b;
    }
    public int divide(int a, int b) {
        return a/b;
    }
}
```

以下以 JUnit 4 为例，实现用 Eclipse 编写 JUnit 单元测试。

1. Eclipse 引入 JUnit

新建一个 Java 工程 JUnitStudy，打开项目 JUnitStudy 的属性对话框，选择 Build Path 选项，然后在右侧界面单击 Add Library 按钮，在弹出的 Add Library 窗口中选择 JUnit，如图 4-12 所示。在下一界面中选择 JUnit 4 后单击 Finish 按钮，这样便可把 JUnit 引入到当前项目库中。

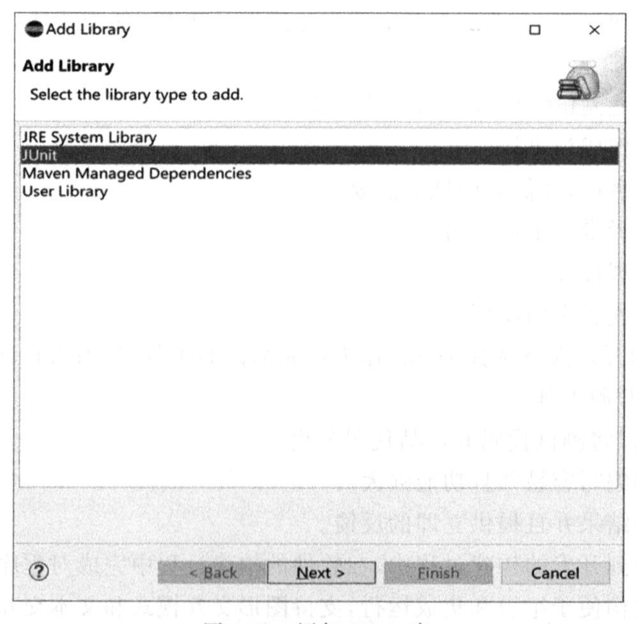

图 4-12 添加 JUnit 库

2. 编写源代码

在项目中创建 Calculator. java 文件。

3. JUnit 测试用例编写

(1) 新建单元测试目录。为了保证产品代码和测试代码的分离,最好为单元测试代码创建单独的目录,并保证产品代码和测试代码使用相同的包名。遵照这一原则,在项目 JUnitStudy 根目录下添加一个新目录 test,并加入项目源代码目录中,如图 4-13 和图 4-14 所示。

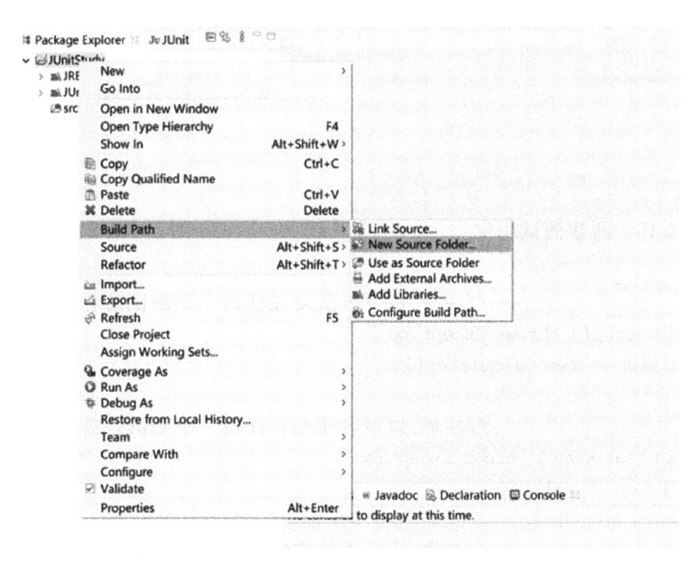

图 4-13 新建测试代码目录

(2) 新建单元测试用例框架。接下来为 Calculator 类添加测试用例。在资源管理器 Calculator. java 文件处右击并选择 New→JUnit Test Case 菜单项。如图 4-15 所示,在 Source folder 文本框选择 test 目录,单击 Next 按钮。弹出如图 4-16 所示对话框,选择要测试的 4 个方法:add、substrate、multiply、divide,最后单击 Finish 按钮完成。

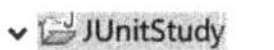

图 4-14 添加的测试代码目录

(3) 编写测试用例。在生成的代码框架的基础上,编写 add、substrate、multiply、divide 方法的测试代码。代码如下:

```
package edu. junit. demo;
import static org. junit. Assert. * ;
import org. junit. After;
import org. junit. Before;
import org. junit. Test;

//测试类
public class CalculatorTest {
    Calculator calculator;
```

JUnit Test Case
Select the name of the new JUnit test case. You have the options to specify the class under test and on the next page, to select methods to be tested.
New JUnit 3 test New JUnit 4 test New JUnit Jupiter test
Source folder: JUnitStudy/test Browse...
Package: edu.junit.demo Browse...
Name: CalculatorTest
Superclass: java.lang.Object Browse...
Which method stubs would you like to create?
setUpBeforeClass() tearDownAfterClass()
setUp() tearDown()
constructor
Do you want to add comments? (Configure templates and default value here)
Generate comments
Class under test: edu.junit.demo.Calculator Browse...
< Back Next > Finish Cancel

图 4-15　新建测试用例

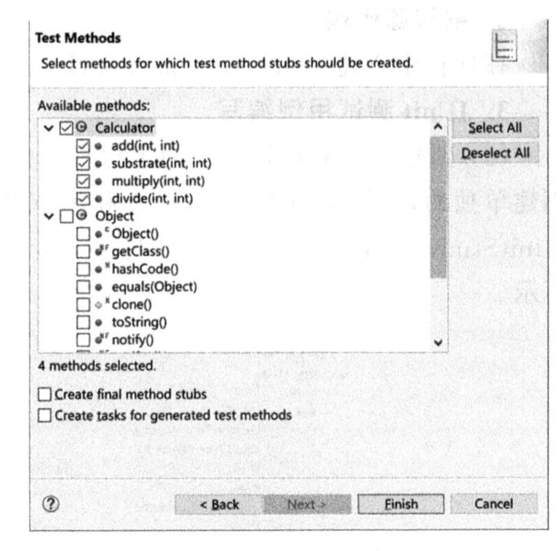

图 4-16　选择测试方法

```
    @Before                    //注解,以下方法是在任何一个测试前必须执行的代码
    public void setUp() throws Exception {
        calculator = new Calculator();
    }
    @After                     //注解,以下方法是在任何一个测试后需要进行的收尾工作
    public void tearDown() throws Exception {
        calculator = null;
    }
    @Test                      //注解,将下面的方法标注为测试方法
    public void testAdd() {
        int result = calculator.add(3,2);
        assertEquals(5,result);
    }
    @Test
    public void testSubstrate() {
        int result = calculator.substrate(3,2);
        assertEquals(1,result);
    }
    @Test
    public void testMultiply() {
        int result = calculator.multiply(3,2);
        assertEquals(6,result);
    }
    @Test
    public void testDivide() {
        try {
            int result = calculator.divide(3,2);
            assertEquals(1,result);
        }
        catch(Exception e) {
            fail("测试失败!");
        }
    }
}
```

(4) 查看运行结果。在测试类上右击,在弹出的菜单中选择 Run As JUnit Test。运行结果如图 4-17 所示,如果出现绿色进度条则提示测试运行已通过。

图 4-17 单元测试运行结果

4. 编写测试用例注意事项

从上面例子来看,JUnit 的使用并不太难,关键就是最后一步完成测试代码,即编写测试用例。在做测试写测试用例时需要注意以下几点。

(1) 测试的独立性:一次只测试一个对象,方便定位出错的位置。这有两层意思:一个 TestCase,只测试一个对象;一个 TestMethod,只测试这个对象中的一个方法。每个测试方法前面都要加@Test 注解。

(2) 每个测试方法要做一些断言,断言主要用于比较实际结果与期望结果是否相符。在断言 assert 函数中给出失败的原因,如 assertTrue("… should be true", …),方便查错。

(3) 在 setUp 和 tearDown 中的代码不应该是与测试方法相关的,而应该是与全局相关的。如针对测试方法 A 和 B,在 setUp 和 tearDown 中的代码应该是 A 和 B 都需要的代码。

(4) 测试代码的组织:相同的包,不同的目录。这样,测试代码可以访问被测试类的 protected 变量/方法,方便测试代码的编写。放在不同的目录,则方便了测试代码的管理以及代码的打包和发布。

(5) 给测试方法一个合适的名字。一般取名为原来的方法名后加 Test。

4.5.3 JUnit 4 常用注解

JUnit 4 的注解含义总结如表 4-17 所示。

表 4-17 JUnit 4 注解

注 解	含 义
@Before	初始化方法,在任何一个测试执行之前必须执行
@After	释放资源,在任何测试执行之后需要进行的收尾工作
@Test	表明这是一个测试方法
@BeforeClass	针对所有测试,在所有测试方法执行前执行一次
@AfterClass	针对所有测试,在所有测试方法执行后执行一次
@RunWith	指定使用测试的运行器
@SuiteClasses	指定运行哪些测试类
@Ignore	忽略的测试方法
@Parameter	为单元测试提供参数值

以下是 JUnit 4 常用注解的说明。

(1) @Test：表明这是一个测试方法,在 JUnit 中将会被自动执行。对于方法的声明有如下要求：名字可以随意取,没有参数没有返回值,否则抛出异常。例如：

```
@Test
public void testAdd() {
    int result = calculator.add(3,2);
    assertEquals(5,result);
}
```

(2) @Before：初始化方法,在任何一个测试之前必须执行的代码。例如：

```
@Before
public void setUp() throws Exception {
    calculator = new Calculator();
}
```

(3) @After：释放资源,在任何测试之后需要进行的收尾工作。例如：

```
@After
public void tearDown() throws Exception {
    calculator = null;
}
```

(4) @BeforeClass：针对所有测试,在所有测试方法执行前执行一次,且必须是 public static void。例如：

```
@BeforeClass
public static void setUpBeforeClass() throws Exception {
    System.out.println("@BeforeClass is called!");
}
```

(5) @AfterClass：针对所有测试,在所有测试方法执行结束后执行一次,且必须是 public static void。例如：

```
@AfterClass
```

```
public static void tearDownAfterClass() throws Exception {
    System.out.println("@AfterClass is called!");
}
```

(6) @Ignore：忽略的测试方法，标注的含义是“某些方法尚未完成，暂不参与此次测试”，这样测试结果就会提示用户有几个测试被忽略，而不是失败。一旦完成相应函数，只需要把@Ignore 标注删去，就可以进行正常的测试。例如：

```
@Ignore
@Test
public void testAdd() {
    int result = calculator.add(3,2);
    assertEquals(5,result);
}
```

4.6 JUnit 4 高级特性

4.6.1 测试运行器

JUnit 中所有的测试方法都是由测试运行器负责执行的。JUnit 为单元测试提供了默认的测试运行器，但是也可以定制自己的运行器(所有的运行器都继承自 org.junit.runner.Runner)，而且还可以为每一个测试类指定某个具体的运行器。指定方法也很简单，使用注解@RunWith 在测试类上显式地声明要使用的运行器即可。如果测试类没有显式地声明使用哪一个测试运行器，JUnit 会启动默认的测试运行器执行测试类。当使用 JUnit 提供的一些高级特性(例如套件测试和参数化测试)或者针对特殊需求定制 JUnit 测试方式时，显式声明测试运行器就必不可少了。

4.6.2 参数化测试

为了测试程序的健壮性，可能需要模拟不同的参数对方法进行测试，不可能为每个不同的参数创建一个测试方法。参数化测试能够创建由参数值供给的通用测试，从而为每个参数都运行一次，而不必创建多个测试方法。

JUnit 参数化测试包括以下 5 个步骤。

(1) 为参数化测试的测试类指定特殊的运行器 org.junit.runners.Parameterized。

(2) 测试类中声明几个变量，分别用于存放期望值和测试所用数据。

(3) 为测试类创建一个带有参数的公共构造方法，参数为期望值和测试数据，并在其中为步骤(2)中声明的几个变量赋值。

(4) 创建一个使用注解@Parameters 修饰的，返回值为 Collection 的公共静态方法，并在此方法中初始化所有需要测试的参数对。

(5) 编写测试方法，使用定义的变量作为参数进行测试。

以下以三角形判断方法为例实现参数化测试。源程序参见例 4-2。

```
package edu.junit.demo;
import static org.junit.Assert.*;
```

```
import java.util.Arrays;
import java.util.Collection;
import org.junit.Before;
import org.junit.Test;
import org.junit.runner.RunWith;
import org.junit.runners.Parameterized;
import org.junit.runners.Parameterized.Parameters;
    //步骤(1)：为测试类指定特殊的运行器 org.junit.runners.Parameterized
@RunWith(Parameterized.class)
public class TriangleTest {
    // 步骤(2)：为测试类声明几个变量,分别用于存放期望值和测试所用数据
    private String except;
    private int input1;
    private int input2;
    private int input3;
    private Triangle triangle;
    // 步骤(3)：为测试类声明一个带有参数的公共构造函数,并为以上声明的几个变量赋值
    public TriangleTest(String except, int input1, int input2, int input3) {
        this.except = except;
        this.input1 = input1;
        this.input2 = input2;
        this.input3 = input3;
    }

    @Before
    public void setUp() throws Exception {
        triangle = new Triangle();
    }
    // 步骤(4)：为测试类声明一个使用注解@Parameters 修饰的,返回值为 Collection 的
    //公共静态方法,并在此方法中初始化所有需要测试的参数对

    @Parameters
     public static Collection<Object[]> initTestData(){
         return Arrays.asList( new Object[][]{
                 {"等边三角形",6, 6, 6},
                 {"等腰三角形",8, 6, 6},
                 {"等腰三角形",6, 8, 6},
                 {"等腰三角形",6, 6, 8},
                 {"一般三角形",6, 10, 8},
                 {"不能构成三角形",2, 8, 12},
                 {"不能构成三角形",2, 12, 8},
                 {"不能构成三角形",12, 2, 8}
                 });
    }
    // 步骤(5)：编写测试方法,使用定义的变量作为参数进行测试
    @Test
    public void testIsTriangle() {
        assertEquals(except, triangle.isTriangle(input1, input2, input3));
    }
}
```

4.6.3 套件测试

随着开发规模的深入和扩大，项目越来越大，相应的测试类会越来越多，多次运行测试类会造成测试的成本增加，此时就可以使用批量运行测试类的功能——套件测试，每次运行测试类，只需要执行一次测试套件类就可以运行所有的测试类。

以下例子说明套件测试的步骤。

(1) Test1 类源代码：

```
import edu.junit.demo;
    @Test
    public void test() {
        System.out.println("this is test1");
    }
}
```

(2) Test2 类源代码：

```
import edu.junit.demo;
public class Test2 {
    @Test
    public void test() {
        System.out.println("this is test2");
    }
}
```

(3) Test3 类源代码：

```
import edu.junit.demo;
public class Test3 {
    @Test
    public void test() {
        System.out.println("this is test3");
    }
}
```

(4) 测试类源代码

```
import org.junit.runner.RunWith;
import org.junit.runners.Suite;

//指定运行器,"告诉"编译器,这个文件用于套件测试
@RunWith(Suite.class)
 //以数组的方式添加测试类,想要测试哪一个就添加哪一个类
@Suite.SuiteClasses({Test1.class,Test2.class,Test3.class})
//测试套件的入口类,这个类中不能包含任何方法
public class SuitTest {
}
```

4.6.4 超时测试

@Test 注解可以为单个测试函数设置超时时间，如@Test(timeout=100)，如果测试函

数运行超过这个时间(100ms),则被系统强制终止,并且系统汇报该函数结束的原因是超时。例如:

```
@Test(timeout = 100)
public void testAdd() {
    int result = calculator.add(3,2);
    assertEquals(5,result);
}
```

4.7 JUnit 4 生命周期

在 JUnit 4 的单元测试中,完整的生命周期包括类级资源初始化处理(@BeforeClass)、方法级资源初始化处理(@Before)、执行测试用例中的方法、方法级资源销毁处理(@After)、类级资源销毁处理(@AfterClass)5 个阶段。

在 Junit 4 生命周期中,类级初始化资源处理、类级销毁资源处理仅执行一次。方法级初始化资源处理、方法级销毁资源处理在执行测试用例中的每个方法都会运行一次,以防止测试方法之间互相影响,如图 4-18 所示。

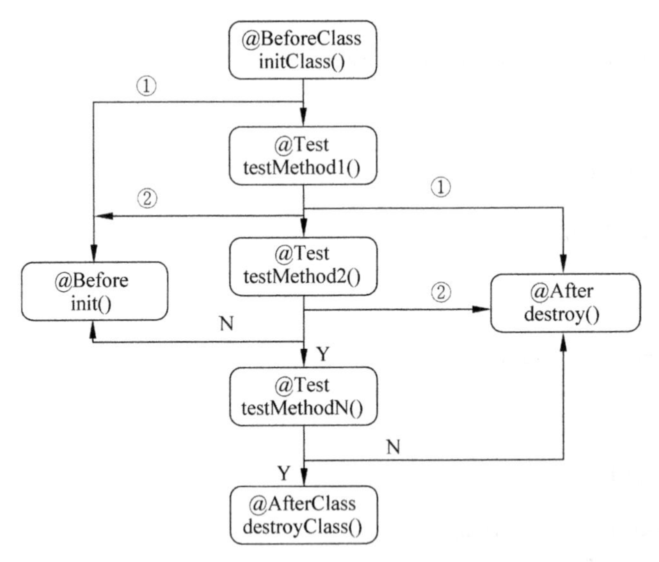

图 4-18 JUnit 4 生命周期

根据 JUnit 4 的生命周期,以下示例代码在运行过程中,@BeforeClass、@AfterClass 只运行一次,@Before、@After 各运行两次。

```
import static org.junit.Assert. * ;
import org.junit.After;
import org.junit.AfterClass;
import org.junit.Before;
import org.junit.BeforeClass;
import org.junit.Ignore;
import org.junit.Test;
```

```
public class CalculatorTest
{
   private static Calculator calculator = new Calculator();

   @BeforeClass                          //类级资源初始化处理
    public static void setUp() throws Exception
    {
        System.out.println("@BeforeClass is called!");
    }

    @AfterClass                          //类级资源销毁处理
    public static void tearDown() throws Exception
    {
        System.out.println("@AfterClass is called!");
    }

    @Before                              //方法级资源初始化处理
    public void runBeforeTestMethod() throws Exception
   {
       calculator.clear();
       System.out.println("@Before is called!");
   }

   @After                                //方法级资源销毁处理
   public void runAfterTestMethod() throws Exception
   {
      calculator.clear();
      System.out.println("@After is called!");
   }

   @Test                                 //测试方法
   public void testAdd()
   {
       calculator.add(5);
       assertEquals(5,calculator.getResult());
   }

  @Test                                  //测试方法
  public void testSubstract()
  {
       calculator.substract(1);
       assertEquals(4,calculator.getResult());
  }
}
```

4.8 单元测试流程

单元测试一般由编程人员完成，测试人员可以辅助开发人员进行单元测试。主要包括测试计划、测试设计、测试执行和测试报告 4 个阶段。

1. 测试计划

根据被测试软件的详细设计说明书、源代码和测试任务书,对被测试单元进行分析,确定以下内容。

(1) 明确被测试单元的目标和范围。

(2) 明确被测试单元的覆盖程度以及覆盖方法和技术。

(3) 确定被测试单元的环境,包括软硬件、网络、人员等。

(4) 确定被测试单元结束测试的标志和要求。

(5) 确定单元测试的进度与时间安排。

2. 测试设计

根据测试计划要求,对被测试单元进行测试用例设计,一般由测试人员和程序员共同完成。

(1) 设计测试用例。

(2) 获取测试用例需要的数据。

(3) 确定测试顺序。

(4) 获取测试资源,建立测试环境。

(5) 根据需要编写测试程序及测试说明文档。

3. 测试执行

根据测试设计阶段设计好的测试用例,由测试人员对指定的单元进行测试,记录测试结果。

(1) 配置单元测试环境。

(2) 执行测试设计阶段的测试用例,并记录执行过程。

(3) 记录测试执行结果。

4. 测试报告

根据测试执行阶段产生的测试结果,进行分析总结,得出测试结论并撰写测试报告。

(1) 根据对测试设计中的期望值与测试执行中的实际结果进行比较,判定该测试是否通过,并记录测试结果。

(2) 若测试未通过,分析原因,填写问题报告,并提出相关建议。

小结

本章重点介绍了白盒测试的基本概念、逻辑覆盖、基本路径法;还介绍了白盒测试的流程和要求,以及环复杂度的计算;最后介绍了单元测试JUnit框架的使用。

习题

1. 判断题

(1) 满足条件覆盖的测试用例一定满足判定覆盖。(　　)

(2) 环复杂度计算,三种方法得到的结果是一致的。(　　)

(3) 针对Java程序,单元测试的最小单元是一个类。(　　)

（4）单元测试主要采用白盒测试方法。（　　）

（5）单元测试的依据只有源代码。（　　）

（6）单元测试一般由程序员完成。（　　）

2. 简答题

（1）白盒测试有哪些主要方法？

（2）简述白盒测试的优缺点和白盒测试适用的场景。

（3）环复杂度计算方法有哪些？怎样计算环复杂度？

（4）阅读下列C程序，完成：①针对C程序给出满足100%DC（判定覆盖）所需的逻辑条件；②画出程序的控制流图，并计算其控制流图的环复杂度$V(G)$；③给出问题②中控制流图的独立路径。

```
int count(int x,int z){
    int y = 0;
    while(x > 0){                    //1
        if(x == 1)                   //2
            y = 7;                   //3
        else{                        //4
            y = x + z + 4;
            if(y == 7||y == 21)      //5,6
                x = 1;               //7
        }
        x -- ;                       //8
    }
    return y;                        //9
}
```

（5）单元测试框架JUnit有哪些常用的注解？如何使用这些注解？

（6）简述在Eclipse中使用JUnit进行单元测试的过程。

（7）简述在Eclipse中使用JUnit进行参数化测试的主要步骤。

集成测试

学习目标：

- 了解集成测试的概念。
- 理解集成测试的价值。
- 了解集成测试与单元测试的关系。
- 掌握集成测试的测试内容、方法和过程。

本章介绍了集成测试的基本概念、关注的主要内容、测试目的、环境、策略等，并对各种测试策略进行优缺点及适用场合范围分析，结合项目的实际环境以及各测试方案适用的范围进行合理的选择。

5.1 集成测试概述

在测试过程中经常遇到的情况是：单元测试中的每个模块都能单独工作，但是将这些模块集成到一起后，某些模块就不能正常工作了，例如，接口数据丢失、模块之间的不良影响、误差积累等。因此，单元测试无法代替集成测试，每个模块的性能最优并不能保证集成之后的指标达到最优。

集成测试由专门的测试小组来进行，测试小组是由有经验的系统设计人员和程序员组成。整个测试活动要在评审人员出席的情况下进行。

5.1.1 集成测试的定义

集成测试(Intergration Testing，IT)又称组装测试或联合测试。集成测试就是在单元测试的基础上，将所有已通过单元测试的模块按照概要设计的要求组装为子系统或系统，并进行测试的过程。其目的是确保各个单元模块组合在一起后能够按照既定意图协作运行，并确保增量的行为正确。

需要再次强调的是，第一，不经过单元测试的模块是不应该进行集成测试的，否则会给集成测试的效果和效率带来巨大的不利影响；第二，集成测试的主要工作是测试模块之间的接口，但是接口测试不等于集成测试。

5.1.2 集成测试关注的主要内容

1. 功能性测试

(1) 程序的功能测试。检查各个子功能组合起来能否满足设计所要求的功能。

(2) 模块间是否有不利影响。一个程序单元或模块的功能是否会对另一个程序单元或模块的功能产生不利影响。

(3) 单个模块的误差是否会累积放大。根据计算精度的要求，单个程序模块的误差积累起来，是否仍能够达到要求的技术指标。

(4) 程序单元或模块之间的接口测试。把各个程序单元或模块连接起来时，数据在通过其接口时是否会出现不一致的情况，是否会出现数据丢失。

(5) 全局数据结构是否有问题。检查各个程序单元或模块所用到的全局变量是否一致、合理。

(6) 对程序中可能有的特殊安全性要求进行测试。

2. 可靠性测试

根据软件需求和设计中提出的要求，对软件的容错性、易恢复性、错误处理能力进行测试。

3. 易用性测试

根据软件设计中提出的要求，对软件的易理解性、易学性和易操作性进行检查和测试。

4. 性能测试

根据软件需求和设计中提出的要求，对软件的时间特性和资源特性进行测试。

5. 维护性测试

根据软件需求和设计中提出的要求，对软件的易修改性进行测试。

6. 可移植性测试

根据软件需求和设计中提出的要求，对软件在不同操作系统环境下被使用的正确性进行测试。

5.1.3 集成测试的目的

集成测试的目的是确保各单元组合在一起后能够按既定意图协作运行，并确保增量的行为正确，所测试的内容包括单元间的接口以及集成后的功能。

在现实世界中，当开发应用程序时，它被分解为更小的模块，并且为每个开发人员分配一个模块。一个开发人员实现的逻辑与另一个开发人员完全不同，因此检查开发人员实现的逻辑是否符合预期并根据规定的标准呈现正确的结果是十分重要的。

很多时候，当数据从一个模块移动到另一个模块时，数据层面或结构会发生变化。附加或删除某些值，这会导致后续模块出现问题。

例如，有这样一个集成测试场景，如图 5-1 所示，在银行应用程序中，客户正在使用“查询余额”模块，查询到他的当前余额是 1000 元，当他跳转到“转账”模块，并将 500 元转出到另一个账户，接下来再回到“查询余额”模块，那么现在他的账户的最新余额应为 500 元。此测试涉及了多个模块，需要通过集成测试来完成。

集成测试将单个模块组合在一起并作为一个组进行测试，对模块之间的数据传输进行了全面的测试。

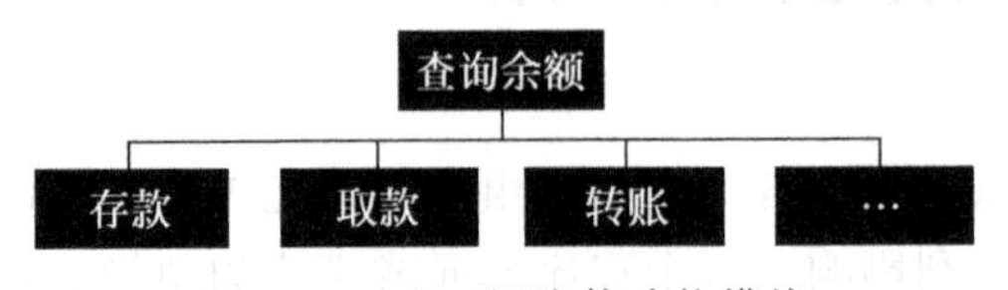

图 5-1 ATM 机取款功能模块

5.1.4 集成测试的环境

随着软件越来越复杂，一个系统往往会分布在不同的软件硬件平台，因此，其集成测试的环境也越来越复杂。在进行集成测试时，对于测试环境主要需要考虑以下几个方面。

1. 硬件环境

在集成测试时，尽可能考虑实际的环境。如果实际环境不可用时，应考虑在模拟环境下进行，并分析模拟环境与实际环境之间可能存在的差异。

2. 软件环境

(1) 操作系统环境，考虑不同机型使用的不同操作系统版本。对于实际环境可能使用的操作系统环境，尽可能都要测试到。

(2) 数据库环境，数据库系统的选择要根据实际的需要，从容量、性能、版本等多方面考虑。

3. 网络环境

一般的网络环境可以使用以太网。

5.2 集成测试的策略和方法

集成测试是在单元测试基础上做的，但不是每个模块写好系统就没问题，将多个单元集成在一起时保证接口间是协调的，这是集成测试的重点。集成测试是一个持续的过程，集成测试的基本策略分为非增量式集成测试策略和增量式集成测试策略。

5.2.1 非增量式集成测试策略

非增量式集成又称为大爆炸集成，也称为一次性集成。该集成就是在最短的时间内把所有通过单元测试的模块一次性地集成到被测系统中进行测试，不考虑组件之间的互相依赖性及可能存在的风险。

如图 5-2 所示，采用大爆炸集成测试方法，是在 A、B、C、D、E、F 各模块分别进行单元测试后，将所有模块组装在一起进行测试。此方法的优点是可以多人并行工作，需要的测试用例数目少，测试方法简单易理解。但当发现错误时，故障定位很困难。使用这种方法需要测试的接口数量众多，很容易会漏掉一些要测试的接口链接。此外，由于集成测试只能在设计完"所有"模块之后才能开始，因此测试团队在测试阶段的执行时间将减少。由于所有模块

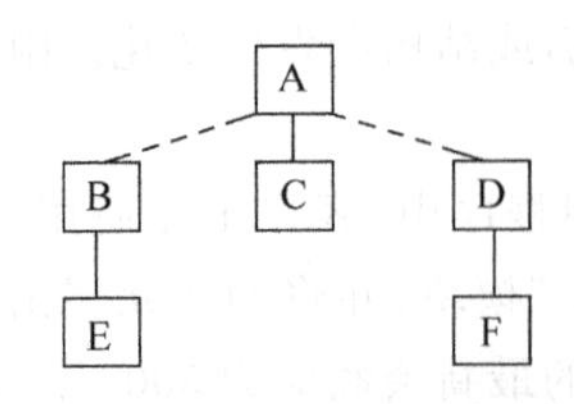

图 5-2 某系统的层次模块图

都被同时测试,因此高风险关键模块不会被隔离并优先进行测试。处理用户界面的外围模块也不是隔离的,并且不会进行优先级测试。

非增量式集成一般适用于维护型项目或一些小型系统,对于维护型项目适合于只有少数模块被增加或修改的情况,非增量集成测试前需要各个组件都要经过充分的单元测试。

5.2.2 增量式集成测试策略

增量式集成测试策略有很多种方法,主要有自顶向下集成、自底向上集成、三明治集成、基于功能的集成、基于风险的集成及分布式集成等。在这种策略下,通过加入两个或多个逻辑相关的模块完成测试,然后添加其他相关模块并测试其功能是否正常。该过程持续进行,直到所有模块都已加入并成功测试。相对于非增量式集成测试策略,该策略的最大特点是支持故障隔离,可以解决故障定位问题。

1. 自顶向下集成测试

在自顶向下集成策略中,按照系统层次结构图,以主程序模块为中心,从顶层控制模块开始,自上而下按照深度优先或者广度优先策略,对各个模块边组装边测试,测试是按照软件系统的控制流程从上到下进行的,可以验证系统的功能性和稳定性。

1) 自顶向下集成测试的步骤

(1) 对主控模块进行测试。用桩模块代替所有直接附属于主控模块的模块。

(2) 根据选定的优先策略(广度优先或深度优先),每次用一个实际模块代替一个桩模块进行测试。

(3) 结合下一模块同时进行测试。

(4) 为了保证加入的模块没有引入新的错误,需要进行回归测试。

(5) 重复(2)~(4)过程,直到所有的模块集成测试完成。

自顶向下集成测试需要借助桩模块进行测试,下面以图 5-2 所示结构为例进行说明。该结构共分为三个层次,上层包括模块 A,中层包括模块 B、C、D,下层包括模块 E、F。如果采用广度优先自顶向下测试方法,首先测试模块 A,其次将模块 A、B、C、D 集成测试,最后将所有模块 A、B、C、D、E、F 集成测试;如果采用深度优先自顶向下测试方法,首先测试模块 A,其次将模块 A、B 集成,然后将模块 A、B、E 集成测试,再将模块 A、B、E、C 集成测试、再将模块 A、B、E、C、D 集成测试,最后将所有模块 A、B、E、C、D、F 集成测试。

2) 自顶向下集成测试的优点

(1) 较早地验证主要的控制和判断点。自顶向下这种集成方式,在测试过程中可以较早地验证主要的控制和判断点,如果主要控制有问题,尽早发现它能够减少以后的返工,这是十分必要的。

(2) 功能可行性较早得到证实。

(3) 最多只需要一个驱动模块。自顶向下这种集成方式最多只需要一个驱动模块,减少了驱动模块的费用开支,也降低了后期对驱动模块的维护成本。

(4) 可以与设计并行进行测试。由于这种方式与设计的思路是一样的,所以可以与设计并行开展,如果目标环境或者设计需求改变,这种方式也可以灵活适应。

(5) 支持故障隔离。不仅故障定位更容易,还支持故障隔离,比如 A 模块测试正常,但是如果在 B 模块之后出现问题,那么可以确定问题可能出现在 B 模块或者 A 模块和 B 模块之间的接口上。

3）自顶向下集成测试的缺点

(1) 桩模块开发和维护的成本大。这种方式要求在每个测试中都必须提供桩模块，因此需要许多桩模块，桩模块的开发与维护成为了该方式的最大成本。

(2) 底层组件的一个需要的修改会导致许多顶层组件的修改。这样就破坏了部分先前构造的测试包。

(3) 底层模块较多时，会导致底层模块未得到充分测试。随着底层模块的不断增加，系统越来越复杂，导致底层模块的测试不够充分，尤其是那些被重用的模块。

4）桩模块和驱动模块

桩模块是由被测模块调用的模块。

驱动模块是调用要测试模块的模块。

增量方法使用称为桩模块和驱动模块的虚拟程序来执行。桩模块和驱动模块不实现软件模块的整个编程逻辑，而只是模拟与调用模块的数据通信。

5）自顶向下集成测试的适用范围

(1) 产品控制结构比较清晰和稳定。

(2) 产品的高层接口比较稳定，底层变化比较频繁。

(3) 产品的控制模块可能存在技术风险，需要较早被验证。

(4) 希望尽早看到产品的系统功能行为。

2. 自底向上集成测试

在自底向上的策略中，从系统层次结构图的最底层模块开始按照层次结构图逐层向上进行组装和集成测试。这种策略从具有最小依赖性的底层组件开始按照依赖关系树的结构，逐层向上集成，以验证整个系统的稳定性。它需要驱动模块的帮助进行测试。

1）自底向上集成测试的步骤

(1) 从最底层的模块开始组装测试。

(2) 编写驱动程序，协调测试用例的输入与输出。

(3) 测试集成后的构件。

(4) 使用实际模块代替驱动程序，按程序结构向上组装测试后的构件。

(5) 重复(2)～(4)过程，直到系统的最顶层模块加入到系统中完成测试为止。

自底向上集成测试需要借助驱动模块进行测试，下面以图 5-2 所示结构为例进行说明。对已分别进行了单元测试的各个模块，先分别对集成模块 B、E 和集成模块 D、F 并行进行测试，需要编写各自的驱动模块，最后将模块 A、B、C、D、E、F 集成测试。

2）自底向上集成测试的优点

(1) 较早地验证底层模块。

(2) 在工作的最初可以采用并行进行集成测试，比自顶向下的测试效率高。

(3) 集成策略小。由于驱动模块是额外编写的而不是实际的模块，所以对实际被测模块的可测试性要求比自顶向下的测试策略要小。

(4) 减少桩模块编写的工作量，支持故障隔离。

3）自底向上集成测试的缺点

(1) 驱动模块开发和维护的成本大。

(2) 对高层的验证被推迟到最后,设计上的错误不能被及时发现,尤其对于那些在整个体系中比较关键的产品。

(3) 随着集成到了顶层,整个系统将变得越来越复杂,很难覆盖底层的一些异常。

4) 自底向上集成测试的适用范围

(1) 底层接口比较稳定的产品。

(2) 高层接口变化比较频繁的产品。

(3) 底层模块较早被完成的产品。

3. 三明治集成测试

三明治集成是一种混合增殖式测试策略,是"自顶向下"和"自底向上"方法的组合。三明治集成就是把系统划分为三层,中间一层为目标层,测试时,对目标层上面的一层使用自顶向下的集成策略,对目标层下面的一层使用自底向上的集成策略,最后测试在目标层会合。

1) 三明治集成测试的步骤

(1) 首先对目标层上面的一层采用自顶向下的测试策略,对主模块 A 进行测试,对 A 调用的子模块(目标层)用桩模块代替。

(2) 其次对目标层下面的一层采用自底向上的测试策略。

(3) 最后将三层集成在一起。

三明治集成测试需要利用桩模块与驱动模块进行测试,下面以图 5-2 所示结构为例进行说明。对分别已进行了单元测试的各个模块,在下层分别对集成模块 B、E 和集成模块 D、F 进行测试,在上层对集成模块 A、B、C、D 进行测试,最后将所有模块进行集成测试。

2) 三明治集成测试的优点

三明治集成测试综合了自顶向下集成测试策略和自底向上集成测试策略的优点。不需要大量的桩模块,因为在测试开始的自底向上集成中已经验证了底层模块的正确性。

3) 三明治集成测试的缺点

三明治集成测试中间层在被集成前测试不充分。由于中间层在早期没有得到充分的测试,可能引入缺陷。同时,中间层的选择也很重要,如果中间层选择不当,可能会增加驱动模块和桩模块的设计负担。

4) 三明治集成测试的适用范围

大部分软件开发项目都可以使用这种集成策略。

5.2.3 其他集成测试策略

1. 基于功能的集成测试

基于功能的集成测试是从功能的角度出发,按照功能的关键程度对模块的集成顺序进行组织,目的是尽早地验证系统关键功能。

1) 基于功能的集成测试的步骤

(1) 确定功能的优先级。

(2) 分析优先级最高的功能路径,把该路径上的所有组件都集成到一起,必要时使用驱动模块和桩模块。

(3) 分析下一个关键功能,继续上一步骤,直到针对所有功能都进行了集成。

2）基于功能的集成测试的优点

基于功能的集成测试的优点是可以尽早地看到优先级高的功能（关键功能）被实现，并验证这些优先级高的功能的正确性；由于该方法在验证某个功能时，可能会同时加入多个组件，因此在进度上比自底向上、自顶向下或三明治集成要短；可以减少驱动的开发，原因与自顶向下的集成策略类似。

3）基于功能的集成测试的缺点

基于功能的集成测试的主要缺点是对有些接口的测试不充分，会忽略部分接口错误。如果系统比较复杂，功能之间的相互关联性难以进行分析，可能会产生比较大的冗余测试。

4）基于功能的集成测试的适用范围

此方法适用于关键功能具有较大风险的产品，如：技术探索型的项目，其功能的实现远比质量更关键或一些对于功能实现没有把握的产品。

2. 基于风险的集成测试

基于风险的集成测试是基于一种假设，即系统风险最高的模块间的集成往往是错误集中的地方。因此尽早地对这些高风险模块接口进行重点测试，有助于保证系统的稳定性。

该方法的优点是能够加速系统的稳定性，有利于加强对系统的信心，关键点在于风险的识别和评估，与基于功能的集成测试有一定的相通之处，通常与基于功能的集成测试结合使用。主要适用于系统中风险较大的模块测试。

3. 基于分布式的集成测试

基于分布式的集成测试主要是验证松散耦合的同级模块之间的交互稳定性。在一个分布式系统中，由于没有专门的控制轨迹和服务器层，所以构造测试包比较困难，主要验证远程主机之间的接口是否具有最低限度的可操作。

4. 客户/服务器的集成测试

客户/服务器的集成测试主要针对客户/服务器端系统。对客户端与服务器端的交互进行集成测试，先单独测试每个客户端和服务器端，再将第一个客户端与服务器端集成测试，加入下一个客户端与服务器端集成测试。如此下去，直到所有客户端与服务器端完成集成测试。

5. 持续集成测试

现在的软件开发中采用持续迭代模式，实际工作中将集成测试与单元测试结合的比较紧。持续集成是一种软件开发实践，即团队开发成员经常集成他们的工作，通常每个成员每天至少集成一次，也就意味着每天可能会发生多次集成。每次集成都通过自动化的构建（包括编译、发布、自动化测试）来验证，从而尽早地发现集成错误。

持续集成也叫高频集成测试，通过持续集成进行小范围高频次的测试，测试在研发过程中一直进行。比如白天开发团队进行代码开发，下班前提交代码，已经配置好的测试平台在晚上自动地把新增代码与原有基线集成到一起完成测试，并将测试结果发到各个开发人员的电子邮箱中。

1）什么是持续

“持续”用于描述遵循许多不同流程实践，不是意味着“一直在运行”，而是“随时可运行”。在软件开发领域，它包括以下几个核心概念。

（1）频繁发布：持续实践背后的目标是能够频繁地交付高质量的软件。此处的交付频率是可变的，可由开发团队或公司定义。对于某些产品，一季度、一个月、一周或一天交付一次可能已经足够频繁了。对于另一些来说，一天可能需要多次交付。所谓持续也有“偶尔”“按需”的方面。最终目标是相同的：在可重复、可靠的过程中为最终用户提供高质量的软件更新。

（2）自动化流程：实现此频率的关键是用自动化流程处理软件生产中的方方面面，包括构建、测试、分析、版本控制以及在某些情况下的部署。

（3）可重复：如果使用的自动化流程在给定相同输入的情况下始终具有相同的行为，则这个过程应该是可重复的。也就是说，如果把某个历史版本的代码作为输入，应该得到对应相同的可交付产品。这也假设有相同版本的外部依赖项（即不创建该版本代码使用的其他交付物）。理想情况下，这也意味着可以对管道中的流程进行版本控制和重建。

（4）快速迭代：“快速”在这里是个相对术语，但无论软件更新/发布的频率如何，预期的持续过程都会以高效的方式将源代码转换为交付物。自动化负责大部分工作，但自动化处理的过程可能仍然很慢。例如，对于每天需要多次发布候选版更新的产品来说，一轮集成测试（integrated testing）耗时就要大半天可能就太慢了。

2）持续集成（Continuous Integration，CI）平台的组成

（1）版本控制库。通过受控的访问库管理源代码和其他软件资产（如文档）的变更，提供“单一源代码位置”，让开发人员可从一个可靠渠道取得所有代码，也可以沿时间回溯取得源代码和其他文件的不同版本（数据库集成）。

其中，集中放置软件资产包括：组件（如源文件、库文件等），第三方组件（取决于语言和使用的平台）、配置文件、初始化应用程序和数据文件、构建脚本和环境设置及组件的安装脚本等。

（2）CI 服务器。变更提交到版本控制库后执行集成构建。可配置定时轮询检查也可按任务手动一键提交新内容，从而变更版本控制库。然后 CI 服务器取出所有源文件运行构建脚本，进行集成构建。通常 CI 服务器会提供一个显示板，构建完成后展示最新构建的结果和构建报告，同时 CI 服务器也可以减少定制脚本的数量。

CI 平台也要提供不同触发类型的触发机制，构建类型常规分为私有构建、集成构建和发布构建等。根据不同的使用情况，会有不同的触发方式需求，如用户驱动触发、定期执行、轮询变更、事件驱动等。

（3）构建脚本。由于 CI 是一个自动的过程，只使用 IDE 的构建方式不能适应 CI 的需求，所以需要用构建脚本实现过程自动化，包括编译、测试、审查、部署等。

自动化脚本制作使用步骤：确定自动化流程，创建构建脚本，利用版本控制系统将脚本分享到团队使用，利用 CI 使自动化发挥作用。

（4）反馈机制、文档及反馈。及时提供集成构建的反馈信息，尽快地修复发现的问题。不同业务的持续集成流程不同，在使用 CI 平台时会遇到各种使用问题，平台需提供使用步骤指南和常见问题答疑等文档。

（5）集成构建计算机。独立的专门用于集成构建的计算机可以确保集成位置不受过去产品的约束。

（6）对接工具平台插件脚本。研发流程通常包括开发、构建编译、部署、测试、审查及发布，流程很长，不同业务使用的工具平台不同，CI 平台可提供对应接口和插件脚本，使各个

模块可连通，数据信息可传递，从而达到自动化、一体化持续集成的效果。

3）持续集成常用工具

（1）AnthillPro：商业的构建管理服务器，提供C功能。

（2）Bamboo：商业的CI服务器，对于开源项目免费。

（3）Build Forge：多功能商业构建管理工具，特点：高性能、分布式构建。

（4）Cruise Control：基于Java实现的持续集成构建工具。

（5）http://CruiseControl.NET：基于C#实现的持续集成构建工具。

（6）Jenkins：基于Java实现的开源持续集成构建工具，现在最流行和知名度最广泛的持续集成工具。

（7）Lunt build：开源的自动化构建工具。

（8）Para Build：商业的自动化软件构建管理服务器。

5.3 案例分析

如图5-1所示，假如想测试转账后的余额，需要用到两个模块，如果这两个模块分配给不同的开发人员，当一个程序员已准备好“余额查询”模块，另一个程序员未准备好“转账”模块，但需要“转账”模块测试集成场景，在这种情况下应该如何做呢？这就用到了上述的集成测试策略。

如果使用大爆炸集成测试，在开始测试之前，需要等待所有模块开发完毕。它的主要缺点是增加了项目执行时间，因为在所有模块开发完成之前，部分测试人员会处于闲置状态，而且追踪缺陷的根本原因变得很困难。

如果使用增量方法，当模块可用时，在其中检查模块是否集成。考虑到“转账”模块尚未开发，但“当前余额”模块已准备就绪，可以创建一个测试桩，该测试桩将接收数据并将其返回给“当前余额”模块，但这不是“转账”模块的完整实现，完整模块将有许多检查，例如，转出账号是否输入正确的账号，转账金额不得超过账户可用余额等，只是模拟了两个模块之间的数据传输，以方便测试。反之，如果“转账”模块已准备就绪，但“当前余额”模块未开发，则将创建一个测试驱动程序模拟模块之间的传输，为了提高集成测试的效率，可以使用自顶向下的方法。首先测试较高级别的模块，此技术将需要创建测试桩。也可以使用自下而上的方法，首先测试较低级别的模块，例如，“存款”“取款”等下层模块，此方法需要创建测试驱动程序。

5.4 集成测试分析及工具

5.4.1 集成测试分析

集成测试分析既包括对被测软件本身的分析，如体系结构分析、模块分析和接口分析等，也包括对测试可行性和测试策略的分析。

1. 体系结构分析

体系结构分析需要从两个角度出发。第一个角度是从实际需求出发，得到系统实现的层次结构图。第二个角度是划分系统模块，得到系统模块之间的依赖关系图。

2. 模块分析

模块分析是集成测试最重要的工作之一。模块划分的好坏直接影响测试的工作量、进度以及质量。因此在集成测试时，应当确定关键模块，对这些关键模块及早进行测试。一个关键模块应具有如下特征。

(1) 一个模块与多个软件需求或者关键功能有关。

(2) 在程序的模块结构中位于较高的层次(高层控制模块)。

(3) 较复杂，较易发生错误。

(4) 含有性能需求的模块。

(5) 被频繁调用的模块。

3. 接口分析

集成测试的重点就是测试接口的功能性、可靠性、安全性、完整性和稳定性等，因此需要对被测对象的接口进行详细的分析。系统内常见的接口有函数接口、类接口、消息接口、其他接口和第三方接口等。

4. 可测试性分析

可测试性分析在项目最开始时作为一项需求提出来，并设计到系统中去。在集成测试阶段，主要是为了平衡随着集成范围的增加而导致的可测试性下降。

5.4.2　集成测试工具

能够直接用于集成测试的测试工具不是很多，而且大部分通用型工具在实际使用时要根据需求进行二次开发。集成测试主要关注接口的测试，常用的接口测试工具有POSTMan、HPPTRequest、JMeter 等。

5.5　集成测试的评价

一般可从如下 4 方面对集成测试进行评价。

(1) 测试用例的规模。测试用例数量越多，设计、执行和分析这些测试用例所花费的工作量越大，因此，测试用例的规模应越小越好。

(2) 驱动模块的设计。受到模块调用关系的影响，参与某次集成测试的模块可能被不包含在本次集成的其他模块调用，为此需要设计驱动模块，驱动模块不包含在产品代码中，因此，驱动模块的数量应越少越好。

(3) 桩模块的设计。类似地，参与某次集成测试的模块可能调用其他不包含在本次集成中的模块，为此需要设计桩模块，桩模块不应提交给用户，因此，桩模块的数量越少越好。

(4) 缺陷的定位。集成测试的主要任务是检查模块之间的接口，集成测试用例涉及的接口数量越少，越容易定位出错的接口，因此，单个集成测试设计接口的数量越少越好。

5.6　集成测试流程

根据 IEEE 标准，集成测试划分为 5 个阶段，即计划阶段、设计阶段、实施阶段、执行阶段、评估阶段。

1. 集成测试计划阶段

(1) 集成测试准备：相关文档准备，如需求规格说明书、概要设计、产品开发计划等。人员准备，包括测试人员、开发人员、质量控制人员、测试负责人、开发经理等，并明确相关人员的职责。

(2) 集成测试策略与环境：准备开展集成测试的软硬件环境、网络环境，并考虑相应的性能版本等指标。集成测试环境尽量与实际环境相一致。

(3) 集成测试日程计划：根据软件设计文档评估集成测试工作量，合理安排测试日程。一般在概要设计评审后一周开始。

(4) 活动步骤：主要包括确定测试对象与范围，评估集成测试工作量，确定角色与分工，明确测试阶段的时间、任务，制定风险分析与应急计划，准备集成测试工具，定义集成测试完成的标准。

(5) 输出：集成测试计划作为产出物，要通过概要设计阶段基线评审。

2. 集成测试设计阶段

(1) 开始时间：一般地，参照 V-model，集成测试与概要设计相对应，集成测试的设计工作在软件开发的详细设计阶段可以开始。

(2) 集成测试的依据：包括需求规格说明书、概要设计、集成测试计划。

(3) 集成测试设计的入口条件：系统的概要设计基线通过评审。

(4) 活动步骤：主要包括被测试对象体系结构分析、集成测试模块分析、接口分析、集成测试策略、集成测试工具、集成测试环境分析。

(5) 集成测试设计阶段的产物是集成测试设计方案。

(6) 集成测试设计的出口是详细设计通过基线评审。

3. 集成测试实施阶段

集成测试实施阶段的主要工作是根据集成测试计划，建立集成测试环境，完成测试设计任务。

(1) 开始时间：在系统编码阶段开始后可以进行。

(2) 集成测试实施的依据：包括需求规格说明书、概要设计、集成测试计划、集成测试设计方案。

(3) 集成测试实施阶段的入口条件是详细设计通过基线评审。

(4) 活动步骤：集成测试用例设计，根据需要开展集成测试桩模块、驱动模块设计以及代码开发。

(5) 集成测试实施阶段的产物包括集成测试用例、集成测试桩模块和驱动模块代码、集成测试脚本等。

(6) 集成测试设计的出口是集成测试用例通过基线评审。

4. 集成测试执行阶段

(1) 开始时间：集成测试的执行阶段从单元测试完成后开始。

(2) 集成测试执行的输入：需求规格说明书、详细设计、集成测试设计、集成测试用例、集成测试桩模块和驱动模块代码、源代码、单元测试报告。

(3) 集成测试执行阶段的入口条件是单元测试通过基线评审。

(4) 活动步骤：执行集成测试用例，回归测试，撰写集成测试报告。

(5) 集成测试的输出是集成测试报告。

(6) 集成测试执行阶段的出口条件是集成测试阶段基线评审。

5. 集成测试评估阶段

集成测试评估由测试设计人员负责,集成测试人员、编程人员、设计人员对集成测试结果进行统计,生成测试执行报告和缺陷记录,并对集成测试进行评估,对测试结果进行评测,形成结论。

小结

本章重点介绍了集成测试的概念,集成测试与单元测试的区别与联系,集成测试的策略与方法等内容,集成测试的方法有非增量式、增量式、混合/三明治测试等方法,并给出了实际的案例。

习题

1. 判断题

(1) 在 V-model 中,集成测试与概要设计相对应。( )

(2) 集成测试一般由专门的测试小组完成。( )

(3) 集成测试环境应尽量与实际环境相一致。( )

(4) 集成测试的主要工作是测试模块之间的接口。( )

(5) 没有经过单元测试的程序也可以进行集成测试。( )

2. 简答题

(1) 简述集成测试与单元测试的区别。

(2) 简述自顶向下集成测试的优缺点。

(3) 简述自底向上集成测试的优缺点。

(4) 简述不同集成测试策略的应用场景。

(5) 简述集成测试的流程。

第6章

系统测试

学习目标：

- 了解系统测试的概念。
- 了解系统测试与其他测试的区别。
- 理解压力测试的流程。
- 理解性能测试的分类、指标、流程。
- 掌握使用 JMeter 进行系统测试的方法。

本章介绍系统测试的基本概念，系统测试与其他测试的区别，压力测试的内容、指标和流程，性能测试的分类、方法、指标和流程，JMeter 的安装、使用、工作流程以及高级特性。

6.1 系统测试概述

6.1.1 系统测试定义

系统测试是将待测试的软件作为一个整体，与硬件、软件和系统使用人员以及其他系统元素结合在一起，验证该整体是否与软件需求规格相一致。目的是通过与系统的需求定义做比较，发现软件与需求不符或矛盾的地方。

系统测试是一种将软硬件以及系统使用人员作为一个整体的测试形式，通过测试发现系统中的错误或者不符合系统设计说明书的地方。如压力测试是测试系统长时间或超大负荷运行时，系统的稳定性和可靠性。安全测试是测试系统的安全性，通过测试保证系统不会受到安全威胁或非法入侵。系统测试的最终目的是验证软件系统是否能够满足用户的需求。

比较常见的、典型的系统测试包括恢复测试、安全测试、压力测试和性能测试。

1. 恢复测试

恢复测试主要用来测试软件运行过程中可能导致失败的原因，以及在出现失败的情况下，是否可以恢复生产，是否具有容错能力。还需验证一旦系统运行出现问题，是否可以在规定时间内恢复正常,避免较为严重的经济损失。

2. 安全测试

安全测试用来防止非法入侵,验证系统的安全性,检验系统内部的保护机制。在进行安全测试的过程中,测试人员想尽一切办法入侵系统,突破系统安全防线,达到检验系统安全性的目的。因此系统安全设计的准则是使系统无法被非法侵入或者侵入的代价非常大。

3. 压力测试

压力测试是指在系统正常运行的情况下,通过增大系统访问量和系统的使用频率来运行系统。通常情况下可以做如下的压力测试。

(1) 中断次数增加,比如系统正常情况下中断数量是每秒一到两次,设计测试用例使中断达到每秒十次。

(2) 数据量的急剧增大,如增加一个量级,验证输入功能是否响应正常。

(3) 内存使用量增加到最大或磁盘数据增加,检验系统是否可以正常使用。

4. 性能测试

性能测试是通过自动化的测试工具模拟多种正常、峰值以及异常负载条件对系统的各项性能指标进行测试。必须等到系统真正集成并运行后,在真实环境中才能进行更全面和更可靠的性能测试,这不同于单元测试,即使满足功能的需求,未必就能满足性能的需求。

6.1.2 系统测试对象

系统测试的对象是系统的全部,不仅包括软件部分,还包括系统运行所需的硬件以及和系统有数据交互的其他软件、其他的系统及相关人员,甚至包括某些数据、某些支持软件及其接口、系统需求、概要设计、详细设计、系统运行环境、文档、可运行程序和系统源代码等。系统测试要素包括质量、人员、资源、技术和流程,系统测试包括测试覆盖率和测试效率两个目标。

6.1.3 系统测试与其他测试的区别

1. 系统测试与单元测试的区别

前面提到过,单元测试是指对系统或软件中的最小可测试单元进行测试或检查。一般根据实际情况对单元测试中的单元进行定义,比如Java语言中的单元一般是指一个Java类,C语言中的单元是指一个函数,可视化操作的软件通常是指某个菜单或某个功能窗口。综上所述,单元就是系统或软件中最小的测试模块。单元测试在软件测试过程中是最低级别的测试活动,单元测试要单独进行测试,不与系统其他部分相关联。

单元测试与系统测试的主要区别如下。

(1) 测试对象:系统测试的对象是整个产品系统,单元测试的对象是最小可测单元。

(2) 测试目的:系统测试的目的是发现与系统需求不一致的地方。单元测试关注的是测试单元本身的功能实现。

(3) 测试依据:系统测试的依据是系统的需求。单元测试的依据是详细设计。

2. 系统测试与集成测试的区别

集成测试需要在单元测试的基础上进行,集成测试过程是将所有单元测试模块按照要求组装起来再进行测试,所以集成测试也叫组装测试或联合测试。集成测试作为单元测试的扩展，最简单的集成测试是将两个单元测试组合成一个组件，通过测试它们之间的接口，保证组件的正常运行。组件由多个单元组成，组件聚合到一起组成程序的片段，方法是测试程序片段的组合，多个程序片段可以扩展成进程，进程可以组成程序模块。如果程序由多个进程组成，要同时测试所有进程。

集成测试与系统测试的主要区别如下。

(1) 测试对象：系统测试的测试对象是整个产品系统，集成测试的测试对象是一系列相互交互的模块。

(2) 测试目的：系统测试从用户的角度测试整个系统的功能及非功能性，集成测试是找出模块接口上的问题。

(3) 测试依据：系统测试的依据是需求规格说明书，集成测试的依据是概要设计。

3. 系统测试与验收测试的区别

验收测试是软件部署之前的最后一个测试步骤，一般是在系统产品完成了单元测试、集成测试和系统测试之后进行的。验收测试的目的是确保软件正式上线之前可以正常运行，能够实现用户的既定功能和任务。验收测试是向未来的用户证明系统可以像最初的需求那样工作，系统经过了单元测试、集成测试后，所有的功能模块已无任何问题，可以组装成一个完整的软件系统，需要进一步验证系统的所有功能和运行性能是否和用户的最初需求保持一致。验收测试作为系统开发生命周期的最后一个阶段，在验收测试中测试人员根据测试要求和测试的结果对系统进行测试。测试结果决定用户是否接收系统，是否能够满足合同或用户规定的需求。

验收测试与系统测试的主要区别如下。

(1) 测试人员：系统测试的测试人员是专业测试人员。验收测试的测试人员是用户代表。

(2) 测试目的：系统测试的测试目的是确保软件产品与需求规格一致。验收测试的测试目的是确保软件的功能和性能如用户所期待的那样。

(3) 测试依据：系统测试的依据是系统开发之初的需求规格说明书，而验收测试的依据是是否满足用户的需求。

6.2 压力测试

6.2.1 压力测试概述

压力测试是为了保障软件系统的质量而进行的一项重要测试，通常是指在特定的软硬件环境下，模拟实际使用过程中高并发请求的情景。压力测试会模拟用户请求，逐步增大请求的数量级，模拟系统软件能够承受的最大工作负载，测试在最大系统负荷情况下系统运行的可靠性和响应的时间。在整个测试过程中收集系统的资源使用率，包括 CPU 和内存的使用率以及网络和磁盘的数据输入/输出量，通过这些数据衡量系统的性能表现，找到系统的瓶颈。

6.2.2 压力测试目的

压力测试的目的是针对系统的性能指标制定压力测试方案，执行测试用例，得出被测系统在不同的压力情况下是否满足既定值。通过测试的性能数据,测试人员可以找到被测系统的性能瓶颈在哪里,从而帮助运维人员对特定因素进行调整和优化,进而提高系统的处理性能与可靠性。被测系统的性能和并发的压力不一定是成正比的,当并发压力到达一定阈值之后,被测系统的性能表现不会随着并发压力的增大而增大,反而会有下降趋势,此时就到达了系统性能的拐点,也被称作是系统性能的故障点或瓶颈,从而确定被测系统能够提供的最大服务量级。

压力测试的目的是测出系统在超负荷情况下的响应时间和响应速度,这两项指标也是评价软件系统抗压能力的重要依据。特别是在很短时间内并发用户数量急剧增加时,软件系统的响应速度最能体现其抗压能力。如果在测试一个系统时,在负荷超量的情况下系统的响应时间过长或者系统正常功能受到影响,这种情况被称作系统瓶颈。压力测试一般从最小负荷开始模拟用户的并发数量,逐渐递增用户并发数量直到系统响应超时。当系统的响应时间超时时就达到了压力测试的终点,压力测试的终点也是软件系统的故障点。压力测试是在系统连续长期执行任务或者具有递增的并发及循环等负荷的情况下,定位系统在何时何处会产生异常,记录系统应对异常时的处理情况。使用反常数量或频率的方式运行软件系统,如果系统处理时间超时,需要明确影响系统处理超时的因素有哪些。如果系统在正常运行的情况下每秒处理事务的数量是个位数,这时需要增加每秒处理事务的个数,形成每秒处理十个甚至上百个事务的特殊测试,同时对用户的并发数量进行增加,通过模拟上万用户在同一时刻登录系统的现象,来测试软件系统的响应能力。从另外一个角度来说压力测试是一种破坏程序的行为,通过压力测试可以快速且精准地定位系统故障,防止系统正式上线后出现系统崩溃或者瘫痪的情况。

6.2.3 压力测试内容

压力测试的内容分为三部分,分别是容量测试、压力峰值测试、稳定性测试。

容量测试指的是通过增加系统的负载来预测分析出软件系统运行的各项指标的最大值是多少。通过容量测试可以找出系统不出现故障、能够正常运行的极限条件,其测试的目的是验证被测系统在不出现故障并且可以保证正常运行前提条件下的极限状态。

压力峰值测试是指被测系统可以承受的最大运行压力。在测试过程中,模拟某一强度的用户请求,监控和收集被测系统的性能指标,随后不断提高模拟请求压力的强度,当被测系统的性能不再增加甚至出现性能退化或者导致系统出现运行故障时停止加压,这时得到的就是被测系统最大的抗压能力。

稳定性测试是指对被测系统的各个组成部分进行持续的强度测试。在测试过程中,测试系统会收集被测系统的各项性能指标数据,观察这些性能指标是否在允许的合理范围内,系统是否可以正常运行。在特定压力下,模拟被测系统是否可以在特定负载下长时间稳定运行,以及是否会发生其他故障。

6.2.4 压力测试指标

压力测试的性能指标包括响应时间(Response Time,RT)、每秒点击次数(Hits Per Second,HPS)、每秒处理事务数(Transactions Per Second,TPS)、每秒处理查询数(Queries Per Second,QPS)及并发用户数等。

RT是指从用户端发起一个请求，服务器收到请求并做出回应，用户收到回应，整个过程耗费的时间。虽然因网络的原因可能会出现极端情况，但一般把请求平均处理时间的90%作为系统的响应时间。

HPS是指操作系统时每秒可以点击的次数。

TPS是指一个客户机向服务器发送请求，然后服务器做出反应的过程。客户机在发送请求时开始计时，收到服务器响应后结束计时，并记录这段时间内完成的事务个数。类似数据库的事务，压力测试的一个事务可对应多个请求。

QPS是指每秒能处理查询的次数，处理查询是指一个完整的处理过程，即客户端发起查询请求到得到查询结果。一台服务器每秒能够响应的查询次数，是对一个特定的查询服务器在规定时间内处理数据多少的衡量标准。

并发用户数(并发量)是指每秒对待测试接口发起请求的用户数量。

压力测试各性能指标的换算关系可表示如下：

QPS＝并发数/平均响应时间

并发量＝QPS×平均响应时间

3000个用户(并发量)同时访问待测试接口，在用户端统计，3000个用户平均得到响应的时间为1188.538ms。所以QPS＝3000/1.188538s＝2524.11q/s。在3000个并发量的情况下，QPS为2524.11，平均响应时间为1188.538ms。

6.2.5 压力测试流程

首先，压力测试系统会通过建立连接来模拟用户的连接，通过不断地增加连接数模拟请求用户数量的增加，访问被测系统，从而向被测系统增加压力；在并发压力不断增大的过程中，测试系统会收集消息的处理时延和被测系统的CPU使用率、内存使用率、网络输入/输出使用和磁盘输入/输出使用等情况；再根据统计结果产生测试报告，分析测试报告。

压力测试的具体流程可以概括为：编写压力测试计划、编写压力测试案例、多进程模拟多用户、设置并发点、运行测试程序并监测系统资源、分析结果、优化调整设置和提交测试报告。

1. 编写压力测试计划

编写压力测试计划分为三个阶段：分析应用系统、定义压力测试对象与目标和评审修改压力测试计划。

分析应用系统，一是分析系统中各资源的分布和使用情况，帮助确定系统性能的可能瓶颈；二是分析用户在事务中的分布，这将确定压力测试的针对点。

定义压力测试对象与目标，包括测定终端用户事务的响应时间、定义主机最优配置(如内存、CPU、缓存、适配等)、寻找瓶颈。通过压力测试，找到降低系统响应时间的因素，如资源竞争导致死锁、数据库服务器数据锁及网络传输问题等。

评审修改压力测试计划，压力测试计划完成后，要对其进行评审。压力测试计划书的评审人员应包括有经验的用户、软件需求分析员、系统设计员、系统开发员、软件测试员，然后根据评审意见修订并完成测试压力计划书。

2. 编写压力测试案例

压力测试案例是为完成一个测试目的的一组测试时间的序列，测试案例要包括以下几个要素：测试目的、测试环境、测试数据、测试运行程序和预期结果等。

3. 多进程模拟多用户

压力测试的执行通常是通过自动化工具执行脚本语言，或通过发包程序发送数据包实现的。前者是通过多进程运行相同或不同的测试脚本，模拟多个用户执行相同或不同的任务，实现压力测试。后者要求熟悉数据包的格式并进行设置。

4. 设置并发点

一个测试脚本常常包含多个事务，即使多个进程同时运行一个脚本，也难以保证脚本内的某个事务同时运行，这将影响对事务响应时间的测试。为了解决这个问题，需要设置并发点，先运行到并发点，当所有进程都运行到并发点时进行释放，使所有的进程同时运行同一个事务，这样就可以测定与实际比较接近的响应时间。

5. 运行测试程序并监测系统资源

运行压力测试时还需监测系统资源，监测的对象有网络阻塞情况、主机 CPU 使用情况、内存使用情况、缓存使用情况、数据库系统中的数据锁、回滚段和重做日志缓冲区等。监测的结果包括图像与数据文件，并且图像可以实时显示，也可运行结束后再进行分析。

6. 分析结果

压力测试运行结束后，把所有记录的数据汇总并记录到文件中。必须对测试结果进行分析，才能得到结论，也可以使用一些可视化图形比较和观察测试结果。

7. 优化调整设置

优化调整设置主要有以下几点。

(1) CPU 问题：在 CPU 受到限制的系统中，CPU 资源全被使用，并且服务响应时间会很长。这种情况下，必须提高系统的处理能力。

(2) 内存与高速缓存问题：内存的优化包括操作系统、数据库和应用程序的内存优化。磁盘输入/输出资源问题、磁盘读写速度对数据库系统是至关重要的。数据库对象在物理设备上的合理分布能改善性能。

(3) 调整配置参数：参数配置包括操作系统和数据库的参数配置，通过参数配置可以优化应用系统的网络设置。

8. 提交测试报告

当压力测试结果可以满足预期需求或优化与调整已无法改善结果时提交测试报告。在报告中要包括测试提要、测试环境和测试结果，提交的报告应该简单说明测试方法策略范围内容；测试环境应包括资源开销、环境配置等。结果测试必须包括测试是否通过并对测试的结论进行说明，对系统的性能做出评价。

6.3 性能测试

6.3.1 性能测试概述

定义 1：性能测试是对软件设计和需求规格说明书中的性能需求逐项进行测试，验证软件的性能是否满足用户的需求。

定义 2：性能测试是一类对性能相关的特征进行评价而实施和执行的测试。主要通过自动化的测试工具模拟正常负载、峰值负载以及异常负载来对系统的各项性能指标进行测试。

功能和性能是软件两个主要的特性，是软件属性的重要方面。功能一般指软件具有什么样的能力，是指软件能干什么；软件性能说的是软件能干得怎么样，标识软件的速度、精度、占用空间、稳定程度等特性，一般用性能指标标识性能的优劣、好坏。功能和性能是软件相互关联、密不可分的两个重要方面，缺一不可。

6.3.2 性能测试范畴

性能测试的范畴主要包括测试程序的处理精度、响应时间、数据量、占用空间、负荷潜力、协调性、软硬件的结合及并发处理等方面。

（1）处理精度。测试程序的处理精度是指测试在获得定量结果时程序计算的精确性，该项内容比较明确，就是对计算结果的精确性的测试，比如对浮点数运算结果的精确性测试，通过测试确定浮点数运算的结果能精确到小数点后几位。

（2）响应时间。测试程序的响应时间是指测试其时间特性和实际完成功能的时间，该项内容也比较明确，就是对软件的响应时间的测试。响应时间有两层含义，一是时间特性，可以是单个时间也可以是一组时间的变化；二是完成功能的时间。

（3）数据量。测试完成功能所处理的数据量，是对软件完成功能所处理数据量的测试，有些软件因某些特殊原因对可用的存储资源、通信资源或对算法有要求，从而对处理的数据量有要求，可根据要求执行测试。

（4）占用空间。测试程序运行所占用的空间，一是占用的内存空间；二是占用的外部存储器空间，特别是对一些存储空间有限或许多程序共享空间的系统或设备，该项指标可能关系到程序运行的效率。

（5）负荷潜力。测试程序的负荷潜力指软件可以同时执行多项同样或同性质的功能，或者多项不同性质的功能，比如服务端可以同时为多个客户端提供服务，该项要求主要是指软件在一定的基本条件下，可以提供服务的最大数量。

（6）协调性。测试软件各部分的协调性，是指对软件各个组成模块间的协调性的测试，协调性具体指的什么，需要根据具体的指标而定，一般可理解为各个模块间是否能合理有效地共同工作。

（7）软硬件结合。测试硬件和软件结合的性能，主要指的是在系统测试时不仅要考虑硬件的性能，还要考虑软件的性能，比如一定大小的数据传输的时间，包括软件打包、发送的时间，也包括无线通信链路的传输时间，在系统测试时可一起考虑。

（8）并发处理。测试系统通过对并发事务和用户进行访问，测试其处理能力，该项内容比较明确，主要测试有并发可能的程序和有并发要求的程序，测试应主要考虑两个方面，一是并发的数量，二是并发会触发的一系列操作。

6.3.3 性能测试分类

1. 根据目的分类

软件性能是软件质量保障的重要方面，也是用户能否接受软件的一个非常重要的方面，程序响应的快慢和运行是否稳定直接影响软件的使用效果。根据不同的测试要求，性能测试的目的可能不同，主要有以下三类。

第一类是对软件研制过程中明确要求的性能指标的测试和对相关标准要求的隐式指标是否达到要求的测试和验证。这类的测试指标相对明确，而且有明确的要求，比如要大于多少、小于多少或者在某个区间内。

第二类是对被测对象只测出一个结果，不进行评判而作为对软件真实性能的一个证明。

第三类是为了某种特殊目的的测试，比如性能调优、寻找某类隐藏比较深的缺陷及确认软件的稳定性可靠性等。

2. 按对象分类

不同类别的软件都需考虑性能测试。根据不同的类别来分，性能测试对象包括：软件单元、桌面软件、专用系统、手机软件、网络服务等。其中软件单元测试主要测试算法实现效率、占用空间等；桌面软件主要测试响应时间、稳定性等；专用系统主要测试响应时间、成功率等；手机软件主要测试加载速度、占用空间等；网络服务主要测试服务响应时间、用户数等。

3. 按狭义、广义分类

性能测试分类可分为狭义的性能测试和广义的性能测试。狭义的性能测试是指性能测试作为单独的测试类型存在，与其他类型的测试相对独立。广义的性能测试是指性能测试不仅是单独的一个测试类型，还是对包含性能测试在内的多种相关测试类型的统称。

4. 按通用性和网络服务性分类

性能测试从另外一个角度也可分为通用性能测试和网络服务性能测试。通用性能测试包括可靠性测试、强度测试、性能测试、余量测试和容量测试；网络服务的性能测试包括稳定性测试、压力测试、负载测试、性能测试、基准测试和并发测试。

6.3.4 不同测试类型方法对比

1. 性能测试

性能测试是按照指标要求，在规定的条件下（一般为正常条件），选取适当的测试工具，开展测试，获取并记录性能值。性能测试作为软件质量保证中的重要部分，包含丰富多样的测试内容。中国软件评测中心将应用性能测试概括为三部分：第一部分是网络性能的测试；第二部分是客户端性能的测试；第三部分是服务器端性能的测试。通常情况下，三部分的有效合理结合可以达到对系统性能的全面分析和瓶颈预测。

2. 基准测试

基准测试为其他类型的测试提供参考，通常情况下给系统施加较低压力，在系统正常运行状态下查看系统的运行状况，并记录状态数据。设计采用系统、科学的测试方法，利用测试工具对某类测试对象的某一项具体性能指标进行定量、重复和可比性的测试。举例来说对计算机 CPU 进行基准测试，主要测试数据访问的带宽、延迟等指标和浮点运算的能力，测试数据可以反映出 CPU 的运算性能及作业吞吐能力，这些数据为验证是否满足应用程序的要求提供依据；再举例来说对数据库管理系统的原子性、一致性、独立性和持久性、查询时间和联机事务处理能力等方面的性能指标进行基准测试，对使用者来说为挑选符合自己要求的数据库系统提供帮助。

基准测试的三大原则是可测量、可重复、可对比，其中可对比是指测试结果与测试对象具有线性关系，结果的大小直接决定性能的高低；可重复是指测试不受时间、地点、测试人员的影响，相同的测试执行计划，实现的结果是相同的；可测量是指测试的输入可以得到输出，测试过程完全可以实现，测试的结果可以记录、可以量化表现。

3. 余量测试

余量测试是对软件设计说明书和规格要求说明书中要求的余量进行测试，比如功能处理时间的余量、输入或输出及数据通道的吞吐能力的余量以及数据存储量的余量。

在软件测试领域内也包含余量及余量测试的概念。有时是针对时间性能的测试，比如软件、函数的执行周期或提交业务的响应速度；也有针对其他资源（例如硬盘、内存、网络传输等）使用情况的测试。

目前软件测试领域对余量测试的定义还比较笼统，在军用产品的测试中为了确保产品的可用性有时会对余量进行一定要求，一般是在20%左右，而在民品的测试中关于余量的要求则相对较为少见。但不可否认的是将余量纳入产品的需求规格要求确实有利于改善其容错能力、稳定性和易操作性，从而有效提升产品的使用质量。另外，为了提升容错能力而考虑的余量毕竟会增加资源的消耗，因此也会造成成本的增加，因此如何确定合理的余量是产品设计人员需要仔细考虑的问题，需要在产品成本和可用性之间寻求一个合理的平衡点。

考虑软件的余量，需要考虑软件的使用需求。除了主要功能及流程外，还需要考虑到效率、可靠性和易用性等因素。一方面需要细化产品的已知使用场景，另一方面还需要对可能的应用进行考量，并通过合理的规划将多方面因素进行整合。对于软件设计人员而言，需要设计能力精细化与经验的结合，而对于测试人员则需要细化考虑衡量手段、测试案例、测试指标和标准等问题。

4. 容量负载测试

容量负载测试是指系统处于正常状态下，处理数据的最大能力的测试。对软件需要的运行资源和数据吞吐量不做限制，通过测试验证系统的负载能力或者发现设计上的错误。容量负载测试中，不同的测试对象承担不同的工作量，评测、评估测试系统在不同工作量条件下的性能，以及持续正常运行的能力。负载测试的目标是确定并确保系统在超出最大预期工作量的情况下仍能正常运行。除此之外，负载测试还要评估系统的性能特征，包括响应时间、事务处理速率和其他与时间相关的方面。

5. 强度测试/压力测试

强度测试又叫压力测试，是指系统处于非正常状态下，系统处于超过最大容量、最大负载情况下，对系统的处理能力进行的一种测试。进行测试时模拟系统运行的软硬件环境及真正使用时的系统负荷，长时间或在超大负荷情况下运行软件，测试系统的性能，包括其可靠性和稳定性等。强度测试的目的是确保系统在部署之前或系统负载达到极限之前，通过重复多次执行负载测试，对系统的可靠性以及性能的瓶颈进行测试，目的是提高系统的可靠性、稳定性，减少系统的宕机时间和损失。

6. 并发测试

并发测试主要用来测试多个用户同时访问系统程序、应用或模块时，访问过程中系统是否存在死锁或者其他性能问题。当多个用户同时访问同一个程序、应用、模块时是否存在并发问题，常见的问题有资源争用、内存泄漏及线程锁问题，一般情况下几乎所有的性能测试都会涉及并发测试。并发测试不是为了获得性能指标，而是为了找到因并发而出现的问题。

在进行具体性能测试时，并发用户并不是真正的用户而是通过测试工具模拟的系统用户，这样可以降低测试的成本和测试的时间。

系统可以承担的最大在线用户数即为系统的最大并发数，比如用户最高峰在线人数、关注用户的总人数、用户平均在线人数。例如某公司的办公系统账号总的用户数是3000，最高峰同时在线的人数是1000，这个1000人并不是真正的并发用户数，不能表示服务器实际承载的压力，很有可能其中30%的人在查询资料、使用系统，10%的人只是在线，无任何操作，10%的人在页面之间跳转，50%的人在关注首页新闻或公告栏信息，这些基本操作不会对服务器造成任何的压力。所以只有真正查询资料、使用系统的用户会对服务器造成实质的影响，这300人才算真正的并发用户数。

7. 可靠性测试/稳定性测试

可靠性测试又称稳定性测试，可以检测系统的稳定可靠性，测试系统的长期稳定运行能力。为了达到检测目的，需要给系统加载一定业务压力，在这种压力下使系统运行一段时间。在系统正常运行过程中，通过对系统施压来观察系统的各项性能指标和硬件的指标。需要设定测试场景，其中要模拟实际应用中的用户数和系统的平常压力，并且要求数据库中要有数据。稳定性测试是一种概率性的测试，可以通过多次测试、延长测试时间或增大测试压力提高测试的可靠性。即使稳定性测试通过，也不能保证系统在实际运行时不出问题。稳定性测试的测试时间和压力存在一定的关系，在测试时间不能保证的情况下，可以通过加强压力保障测试的效果。

负载的强度由弱到强依次为性能测试/基准测试、余量测试、容量测试/负载测试、强度测试/压力测试。余量测试对比正常多一点的能力进行测试，压力测试对超出正常情况的处理能力进行测试，性能测试是对一般情况下的能力进行测试，容量测试对正常的最大能力进行测试。

稳定性测试和可靠性测试是长时间测试，其他测试一般是短时间测试，稳定性测试的强度一般是正常强度。

6.3.5 性能测试指标

1. 响应时间

系统响应时间，是用户对系统进行输入操作或输入的请求时，系统收到输入或请求后做出反应的时间。系统响应时间要充分考虑用户的数目，用户的数目增多时，系统的响应时间必须要减少，否则会影响用户的使用体验。响应时间和时间片的大小也有关系，通常情况下，时间片越短，响应时间越快。

响应时间是从用户发送一个请求到用户接收到系统或服务器返回的响应消息所耗费的时间；系统的响应时间与负载成正比，系统的负载增加时，相应的响应时间也会增加，一般可以利用负载和系统响应时间的拐点进行性能测试、分析和定位。

2. 吞吐量

定义1：吞吐量指的是网络端口、网络设备、电路或其他设施，在单位时间内传送数据的量，通常用比特、字节、分组等计数。

定义2：吞吐量是指单位时间内系统处理的客户端请求的数量。一般使用每秒的请求数作为吞吐量的单位，也可以使用每秒的读取页面数表示。随着负载的增加，吞吐量逐渐增加，并达到最大值，负载再增加，吞吐量会随之而下降，说明系统的一种或多种资源利用达到的极限，可以利用拐点来进行性能测试分析与定位。

吞吐量的大小主要由网络设备的内外网口硬件以及程序算法的效率决定，尤其是程序算法，一般防火墙系统需要进行大量的运算，如果算法的效率低会使通信量大幅减少。虽然大多数防火墙是百兆防火墙，但由于防火墙内部的算法一般依靠软件实现，通信量远远没有达到百兆。由于纯硬件防火墙采用硬件进行运算，因此吞吐量可以接近线速，算是真正的百兆防火墙。吞吐量和报文转发率是关系网络设备应用的主要指标，一般采用64字节数据包的全双工吞吐量进行衡量，该指标既包括报文转发率指标，也包括吞吐量指标。

吞吐量的测试方法是：在测试中以一定速率发送一定数量的帧，并计算待测设备传输的帧，如果发送的帧与接收的帧数量相等，那么将发送速率提高并重新测试；如果接收帧少于发送帧则降低发送速率重新测试，直到得出最终结果。吞吐量测试结果以比特每秒或字节每秒表示。

3. 并发用户数

并发用户数是指在同一时刻与服务器进行数据交互的所有用户数量，这里的同一时刻表示用户同时对服务器进行访问；与服务器交互是指要有信息交互。系统用户数是指系统注册的总用户数；在线用户数是指某段时间内访问系统的用户数，在线但不一定同时提交请求。通常情况下系统用户数≥在线用户数≥并发用户数。

并发用户数量，有两种常见的错误观点，一种错误观点是把并发用户数量理解为使用系统的全部用户的数量，理由是这些用户可能同时使用系统；另一种比较接近正确的观点是把用户在线数量理解为并发用户数量。通常情况下在线用户不一定会和其他用户发生并发，例如正在浏览网页的用户对服务器是没有任何影响的。但是用户在线数量是统计并发用户数量的主要依据之一。并发主要是针对服务器而言，是否并发的关键是看用户操作是否对服务器产生了影响。因此，并发用户数量的正确理解是在同一时段与服务器进行了交互的在线用户数量。这些用户的最大特征是和服务器产生了交互，这种交互既可以是单向的传输数据，也可以是双向的传送数据。

并发用户数量的统计方法还没有准确的公式，因为不同系统会有不同的并发特点。例如办公OA系统统计并发用户数量的经验公式为：使用系统用户数量×(5%～20%)。对于这个公式是没有必要拘泥于计算的结果，为了保证系统的扩展空间，测试时的并发用户数量要稍微大一些，除非是要测试系统能承载的最大并发用户数量。如果一个办公OA系统的期望用户为2000个，只要测试出系统能支持400个并发用户就可以了。

4. 资源利用率

资源利用率指的是在系统中不同的硬件资源被使用的程度，包括CPU利用率、内存利用率、网络利用率和磁盘利用率。

$$\text{资源利用率}=\frac{\text{资源实际使用量}}{\text{总的可用资源量}}$$

CPU使用率指的是计算机运行的程序占用的CPU资源，表示机器在某个时间点的运行程序的情况。CPU使用率越高，说明机器在某时间段上运行的程序越多，反之越少。CPU使用率的高低与CPU强弱有直接关系。计算机系统中所有软件层的操作，最终都将通过指令集映射为CPU的操作。CPU对线程的响应并不是连续的，通常会在一段时间后自动中断线程。未响应的线程增加，就会不断加大 CPU 的占用，从而使 CPU 使用率增加。在给定时间内 CPU 执行与事务相关的计算越多，该时间内的吞吐量就越高。只要事务吞吐量高，并与 CPU 利用率成正比，则表示计算机 CPU 正在被最大程度地利用。另一方面，当 CPU 利用率很高但与事务吞吐量不成比例时，则表示 CPU 不能有效地处理事务或者从事与事务处理没有直接关系的活动。

CPU 周期正在转向内部日常管理任务，例如内存管理，内存不是作为单个组件管理的，而是作为称为页的小型组件的集合进行管理。根据操作系统的不同，内存中典型页的大小范围可为 1～8KB。内存 64MB、页大小 2KB 的计算机包含的页大约有 32000 页。当操作系统需要为进程使用分配内存时，它将清除内存中所有可找到的未使用的页。如果不存在可用页，内存管理系统就必须选择其他进程仍在使用，但短期内最不可能使用的页。需要使用 CPU 周期选择这些页并定位此类页的过程称为页扫描，需要页扫描时，CPU 利用率将提高。

信道利用率是指某信道有百分之几的时间有数据通过。网络利用率是全网络的信道利用率的加权平均值。信道或者网络利用率过高会产生非常大的时延。磁盘利用率是指可支配、使用的磁盘空间，当磁盘利用率过高时会影响程序的运行速度。

6.3.6 性能测试流程

性能测试主要流程包括需求分析，确定方法、选择工具，用例设计、脚本编写，场景设计、搭建环境，测试执行和测试总结。

1. 需求分析

需求分析确定指标，性能指标主要包括 4 类。第 1 类是软件需求和设计中明确要求的指标；第 2 类是相关标准或行业默认的指标，比如一般的网络指标包括延时、吞吐量及丢包率等；第 3 类是用户的使用模式和容量确定的指标，比如 12306 购票系统；第 4 类是根据特殊目的进行的测试，比如软件的行业要求或者公司的惯例等。

确定指标后要理解指标，主要包括指标的具体含义、指标的条件及指标的精度要求等。

2. 确定方法，选择工具

在需求分析的基础上，确定测试方法，选择合适可用的测试工具。根据不同的指标特点，设计适当的测试方法。有些结果可能不能直接获取，需要通过中间结果计算获得。有些因为环境、工具的限制，不能选用最佳的测试方法，需要经过换算或推导，不同的方法产生的结果可能略有不同或差异较大，所以方法的确定需根据实际情况仔细考虑、斟酌。根据测试方法的需要和可选择的范围，选择使用的测试工具，确定了工具后要对工具的精度、是否经过校准以及测量误差等进行确认，以保证测试结果真实可靠，偏差在控制范围内。

3. 用例设计，脚本编写

设计性能测试用例，并编写测试脚本，准备测试数据。按照测试方法，设计测试步骤、输入数据、获取结果时机和预期结果。根据选择的工具不同，编写测试脚本，包括测试数据的读取、测试的调度和测试结果获取等。

4. 场景设计，搭建环境

根据用例和脚本，设计测试执行的场景，搭建软硬件环境，测试运行脚本。按照测试用例要求，设计测试场景，比如并发操作的集合点设计，响应时间的插入事务、事务的开始点和结束点、为确认正确性的检查点设计等。按需配置硬件环境、网络环境和软件环境，确认测试工具的状态，准备测试数据，试着执行一下测试脚本，确定各项准备就绪。

5. 测试执行

执行脚本，观察测试运行情况，分析测试结果，并进行记录。启动测试脚本，执行测试。可根据测试需要采用无人值守、定期观察记录或实时观察记录的执行方式。做好测试记录，数据要准确，必要时可截图。对测试结果的分析要尽可能做到边执行边分析，观察系统的运行情况、资源的使用情况，对测试的效果、接下来开展的测试及是否达到预期做到心中有数，减少漏测和补测情况的发生。

6. 测试总结

测试完成后，应及时对测试结果进行整理分析和确认，测试环境有时很难搭建、测试工具很难协调，可能机会只有一次。整理分析结果后，如果发现数据不合理或者数据量不够，可及时进行补充测试或调整测试方法再进行测试。对最后的测试结果进行描述可以是文字，也可以是表格、图形，对数据较多的结果尽量使用表格和图形，清晰直观地表述。经验总结是总结测试方法、测试数据和测试中遇到问题的解决方案，积累经验。

6.3.7 性能测试实例

1. 项目资源加载响应时间测试实例

该实例中的指标要求、需求分析、测试工具、测试脚本、测试执行具体要求如下。

(1) 指标要求：项目管理系统加载包含100个项目或1000条项目资源数据的平均响应时间不大于3s。

(2) 需求分析：该指标是一个响应时间测试，测试首先要确定加载数据的开始点和结束点，时间点确定要准确，指标要求平均响应时间不大于3s，计时工具的精度至少是0.1s级的，要测试多次，计算平均值。

(3) 测试工具：选用功能自动化测试工具，使用自动化测试工具的事务处理时间作为计时工具。

(4) 测试脚本：录制脚本，在加载操作前增加事务开始语句，在加载操作结束后增加事务结束语句。在加载结束后增加加载完成检查点，以判断数据加载是否成功。

(5) 测试执行：执行10次，分别记录响应时间。

测试结果如表6-1所示。

表6-1 响应时间表

序号	测试结果/s	是否通过	序号	测试结果/s	是否通过
1	1.9514	√	6	1.3947	√
2	1.3841	√	7	1.3875	√
3	1.3670	√	8	1.3985	√
4	1.3777	√	9	1.3753	√
5	1.4321	√	10	1.3806	√
结果分析：平均1.444s，最大1.9514s					

2. 专用移动通信系统接通率

(1) 指标要求：某专用移动通信系统由中心站、基站和手持机组成，要求系统接通率大于 99%。

(2) 需求分析：该指标是一个成功率的测试，主要是要确定执行接通操作的次数，因为指标要求大于 99%，所以至少要进行 100 次接通测试，考虑测试时间和精度要求，测试中执行 300 次接通操作，计算成功率。

(3) 测试工具：不使用测试工具，人工操作。

(4) 测试执行：调试好测试环境，呼叫 300 次，记录呼叫是否成功，计算接通率。

3. 专用移动通信系统呼叫建立时间

(1) 指标要求：首次呼叫建立时间小于 500ms。

(2) 需求分析：该指标也是一个时间的测试，而且时间精度要求比较高，开始时间和结束时间都需要精确判断，测试需要使用仪表，测试中选用示波器进行测试，通过开始建立到建立成功的波形变化确定开始时间和结束时间点。

(3) 测试工具：示波器。

(4) 测试脚本：用示波器观察波形，确定呼叫建立的开始点和结束点的波形特征。

(5) 测试执行：执行 10 次，分别记录建立时间。

测试结果如表 6-2 所示。

表 6-2　呼叫建立时间表

序号	测试结果/s	是否通过	序号	测试结果/s	是否通过
1	1.9514	√	6	1.3947	√
2	1.3841	√	7	1.3875	√
3	1.3670	√	8	1.3985	√
4	1.3777	√	9	1.3753	√
5	1.4321	√	10	1.3806	√
结果分析：平均 1.444s，最大 1.9514s					

6.4 JMeter 基本概念和主要元素介绍

6.4.1 JMeter 简介

Apache JMeter 是 Apache 组织开发的基于 Java 的压力测试工具，是一款用于进行负载测试的应用软件，也可以进行功能测试和性能测试。JMeter 是开源软件，最初由 Apache Software Foundation 的斯特凡诺·马佐奇(Stefano Mazzocchi)开发，主要用于对软件做压力测试。它最初被设计用于 Web 应用测试，后来扩展到其他测试领域。它可以用于测试静态和动态资源，例如静态文件、Java 小服务程序、CGI 脚本、Java 对象、数据库及 FTP 服务器等。JMeter 可以用于对服务器和网络进行测试，模拟不同压力类别下的巨大负载，测试服务器和网络的强度并分析它们的整体性能，对它们的性能做图形分析。在性能测试和负载测试方面，主要用于替代商用测试工具 LoadRunner。另外，JMeter 能够对应用程序做功能和回归测试，通过创建带有断言的脚本验证程序是否返回了期望的结果。为了最大限度的灵活性，JMeter 允许使用正则表达式创建断言。

1. JMeter 的作用

(1) 能够对 HTTP 和 FTP 服务器进行压力和性能测试,也可以对任何数据库进行同样的测试(通过 JDBC)。

(2) 完全的可移植性,完全使用 Java 开发。

(3) 完全支持 Swing 图形 API 和轻量组件(预编译的 JAR 使用 Javax. swing. *)包。

(4) 完全多线程框架允许通过多个线程并发取样并通过单独的线程组对不同的功能同时取样。

(5) 精心的 GUI 设计允许快速操作和更精确的计时。

(6) 支持缓存、离线分析及回放测试结果。

2. JMeter 的高可扩展性

(1) 可链接的取样器,允许无限制的测试能力。

(2) 各种负载统计表和可链接的计时器可供选择。

(3) 数据分析和可视化插件提供了很好的可扩展性以及个性化。

(4) 具有提供动态输入到测试的功能(包括 JavaScript)。

(5) 支持脚本编程的取样器(在 1.9.2 及以上版本支持 BeanShell)。

在设计阶段,JMeter 能够作为 HTTP PROXY(代理)记录 IE/NETSCAPE 的 HTTP 请求,也可以记录 Apache 等 WebServer 的 log 文件重现 HTTP 流量。当这些 HTTP 客户端请求被记录以后,测试运行时可以方便地设置重复次数和并发度(线程数)来产生巨大的流量。JMeter 还提供可视化组件以及报表工具把服务器在不同压力下的性能展现出来。

相比其他 HTTP 测试工具,JMeter 最主要的特点在于扩展性强。JMeter 能够自动扫描其 lib/ext 子目录下.JAR 文件中的插件,并且将其装载到内存,方便用户通过不同的菜单调用。

3. JMeter 历史版本

1998 年 12 月:V1.0。

2004 年 4 月:V2.0。

2015 年 3 月:V2.13,支持 Java 6。

2016 年 5 月:V3.0,支持 Java 7。

2017 年 4 月:V3.2,支持 Java 8。

2018 年 2 月:V4.0,支持 Java 8/9。

2018 年 9 月:V5.0,支持 Java 8+。

2020 年 5 月:V5.3,支持 Java 8+。

6.4.2 JMeter 基本工作流程

JMeter 作为 Web 服务器与浏览器之间的代理网关,通过代理方式截获客户端和服务器之间交互的数据流,这样服务器和客户端都以为是在一个真实运行环境中。JMeter 通过线程组模拟真实用户对服务器的访问压力,而线程组提供了各种属性设置对线程组的调度作用和产生不同的压力。JMeter 也提供了各种监控脚本对服务器的响应结果等各项指标进行收集统计及展现。

JMeter 基本工作流程如下。

(1) JMeter模拟用户向服务器发送请求。

(2) 服务器对请求进行响应。

(3) JMeter获取并存储所有服务器的响应。

(4) JMeter收集并计算响应统计信息，通过丰富的可视化方式，给出性能统计结果。

6.4.3 JMeter下载与安装

(1) 官网下载：https://jmeter.apache.org，单击Download Releases选择需要下载的版本，如图6-1和图6-2所示。

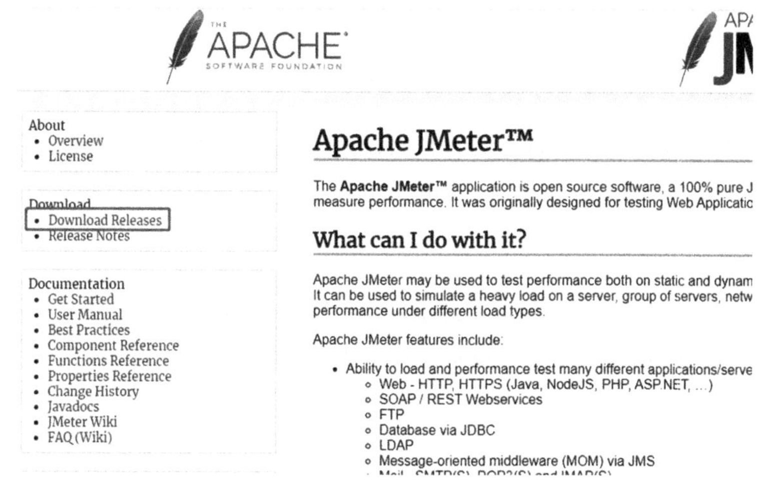

图6-1 JMeter下载页面

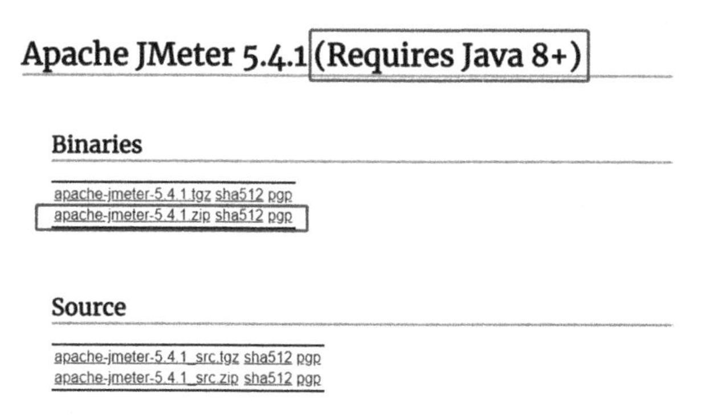

图6-2 选择JMeter版本

(2) 安装与运行。解压下载的压缩包，比如解压到D：apache-JMeter-5.3，在系统环境变量中新增JMeter_HOME环境变量，变量值为JMeter解压的路径，编辑CLASSPATH变量，加%JMeter_HOME%\lib\ext\ApacheJMeter_core.jar；%JMeter_HOME%\lib\jorphan.jar；%JMeter_HOME%\lib\logkit-2.0.jar；双击运行bin\ApacheJMeter.jar或JMeter.bat运行程序，运行程序的前提是系统已安装Java运行环境，如图6-3所示。

(3) 目录结构。其中，bin文件夹为可执行文件目录；docs文件夹为帮助文件目录；extras文件夹为扩展插件目录；lib文件夹为库文件目录，全是jar包；printable docs文件

名称	修改日期	类型	大小
examples	2021/8/17 8:43	文件夹	
report-template	2021/8/17 8:43	文件夹	
templates	2021/8/17 8:43	文件夹	
ApacheJMeter.jar	1980/2/1 0:00	JAR 文件	14 KB
BeanShellAssertion.bshrc	1980/2/1 0:00	BSHRC 文件	2 KB
BeanShellFunction.bshrc	1980/2/1 0:00	BSHRC 文件	3 KB
BeanShellListeners.bshrc	1980/2/1 0:00	BSHRC 文件	2 KB
BeanShellSampler.bshrc	1980/2/1 0:00	BSHRC 文件	3 KB
create-rmi-keystore	1980/2/1 0:00	Windows 批处理...	2 KB
create-rmi-keystore.sh	1980/2/1 0:00	SH 文件	2 KB
hc.parameters	1980/2/1 0:00	PARAMETERS 文...	2 KB
heapdump	1980/2/1 0:00	Windows 命令脚本	2 KB
heapdump.sh	1980/2/1 0:00	SH 文件	1 KB
jaas.conf	1980/2/1 0:00	CONF 文件	2 KB
jmeter	1980/2/1 0:00	文件	9 KB

图 6-3　JMeter 运行

夹为用户手册目录；licenses 文件夹为许可目录；backups 文件夹为测试计划备份目录。

6.4.4　JMeter 基本操作

1. 语言设置

打开 JMeter 解压后文件下的 bin 目录，找到 JMeter. properties 文件并用编辑器打开，在＃language＝en 下面插入一行 language＝zh_CN，修改后保存，重启 JMeter 界面默认显示为中文简体。

2. 界面

界面修改如图 6-4 所示。

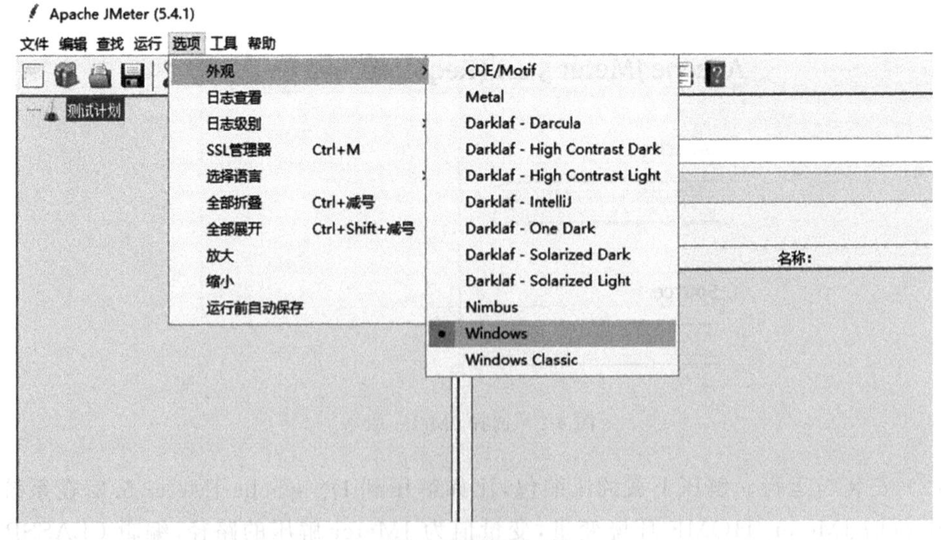

图 6-4　界面修改

3. 界面区域

界面区域如图 6-5 所示。

（1）测试计划树形编辑区可以设计测试任务和场景，添加/删除测试过程中使用到的元素。

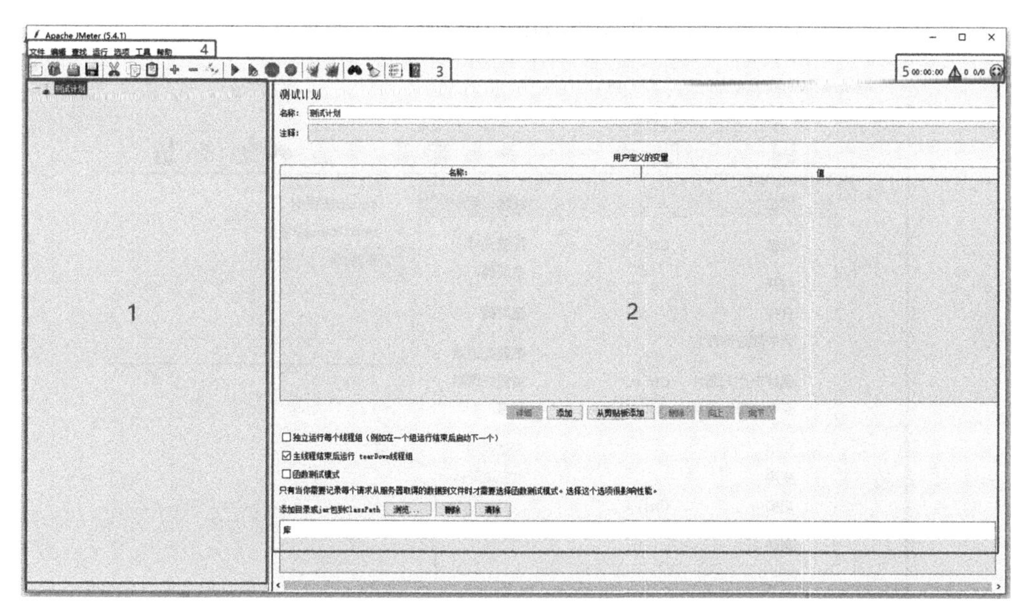

图 6-5　界面区域介绍

（2）测试计划详细编辑/查看区可以详细编辑各元素的属性信息，查看测试结果。

（3）工具栏给出了主要功能的快捷按钮。

（4）菜单栏列出全部功能菜单。

（5）测试执行标签可以查看测试的执行情况。

4．第一个测试实例

（1）新建测试计划，如图 6-6 所示。

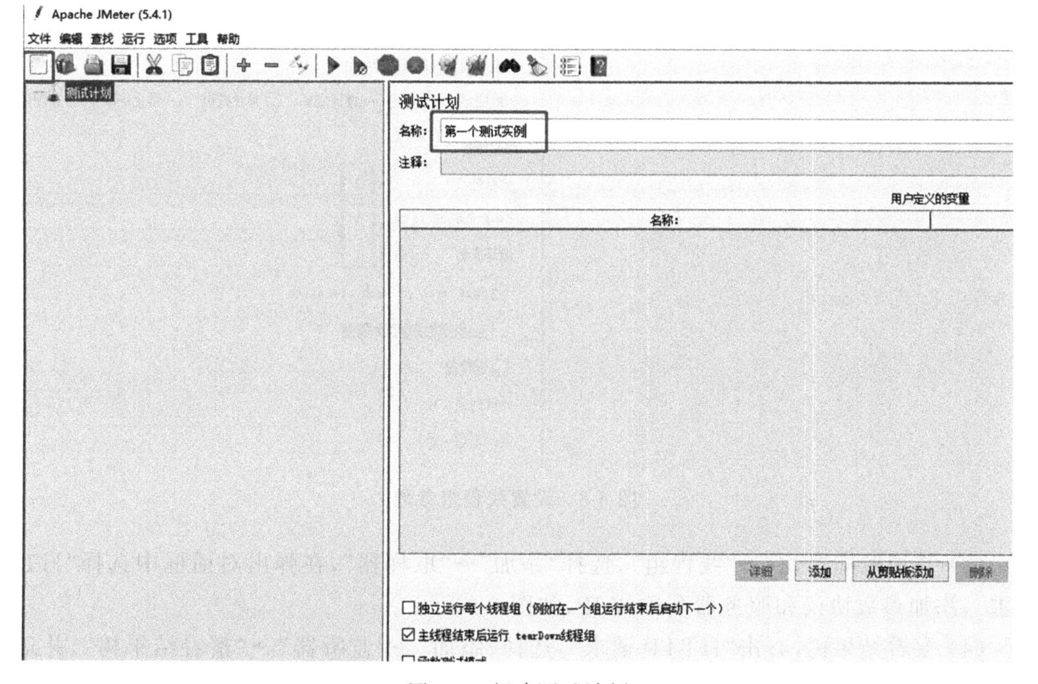

图 6-6　新建测试计划

(2) 添加线程组,并设置线程组参数,如图 6-7 和图 6-8 所示。

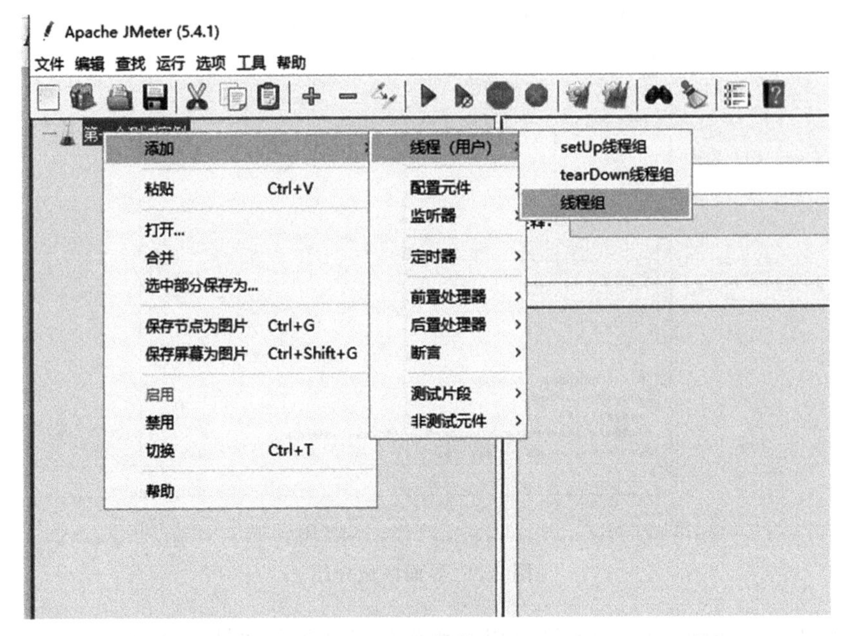

图 6-7　添加线程组

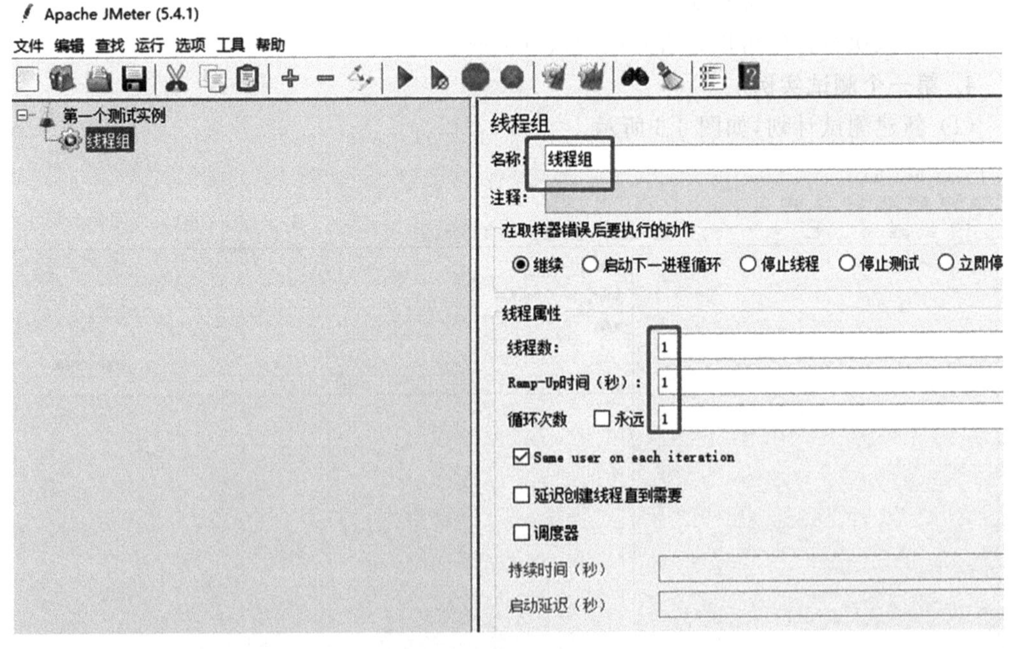

图 6-8　设置线程组参数

(3) 添加取样器,右击"线程组",选择"添加"→"取样器",在弹出对话框中选择"HTTP 请求",添加参数协议和服务器名称或 IP,如图 6-9 所示。

(4) 察看结果树,右击"HTTP 请求",选择"添加"→"监听器"→"察看结果树",并运行

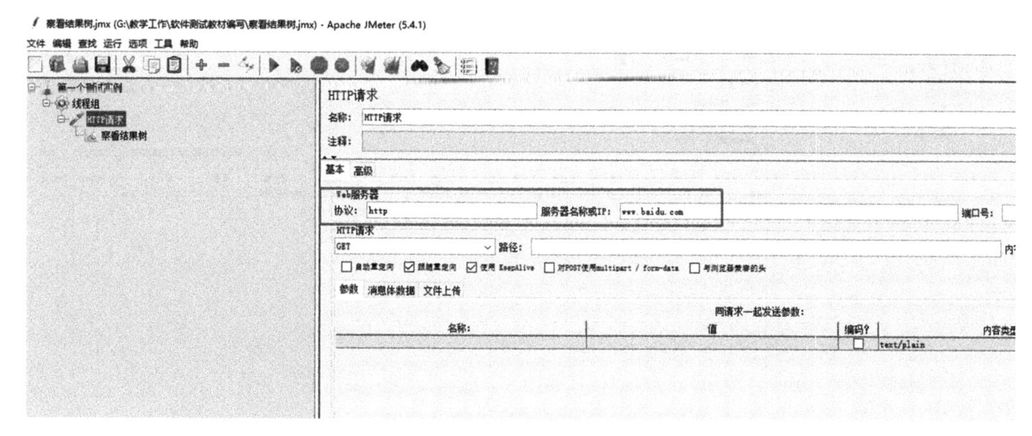

图 6-9　添加取样器

测试,如图 6-10 所示。

察看结果树.jmx (G:\教学工作\软件测试教材编写\察看结果树.jmx) - Apache JMeter (5.4.1)
文件 编辑 查找 运行 选项 工具 帮助
第一个测试实例
线程组
HTTP请求
察看结果树
察看结果树
名称: 察看结果树
注释:
所有数据写入一个文件
文件名
查找: 区分大小写 正则表达式 查找 重置
Text
HTTP请求
HTTP请求
HTTP请求
HTTP请求
取样器结果 请求 响应数据
Thread Name:线程组 1-1
Sample Start:2021-08-17 09:37:14 CST
Load time:79
Connect Time:41
Latency:73
Size in bytes:2497
Sent bytes:163
Headers size in bytes:116
Body size in bytes:2381
Sample Count:1
Error Count:0
Data type ("text"|"bin"|""):text
Response code:200
Response message:OK
HTTPSampleResult fields:
ContentType: text/html
DataEncoding: null

图 6-10　察看结果树并运行测试

(5) 添加聚合报告,右击"HTTP 请求",选择"添加"→"监听器"→"聚合报告",如图 6-11 所示。

(6) 添加图形结果,右击"HTTP 请求",选择"添加"→"监听器"→"图形结果",如图 6-12 所示。

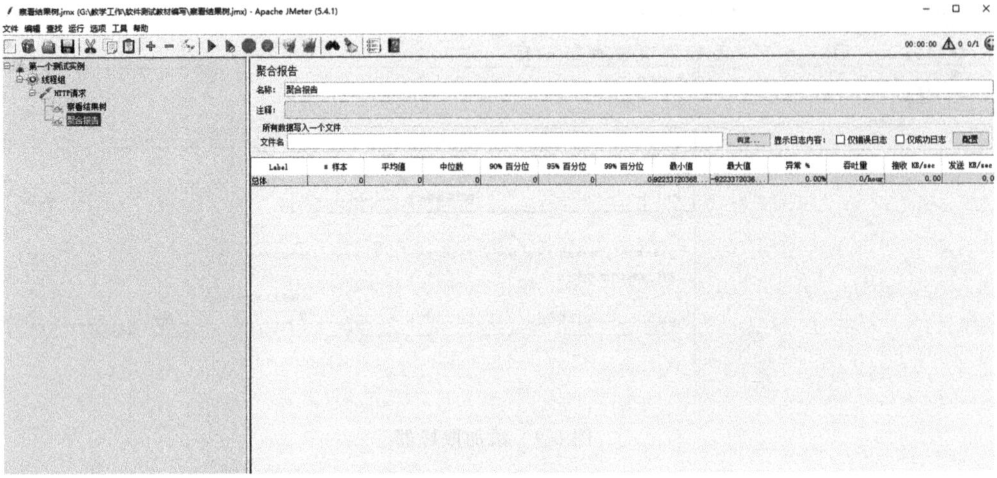

图 6-11 聚合报告

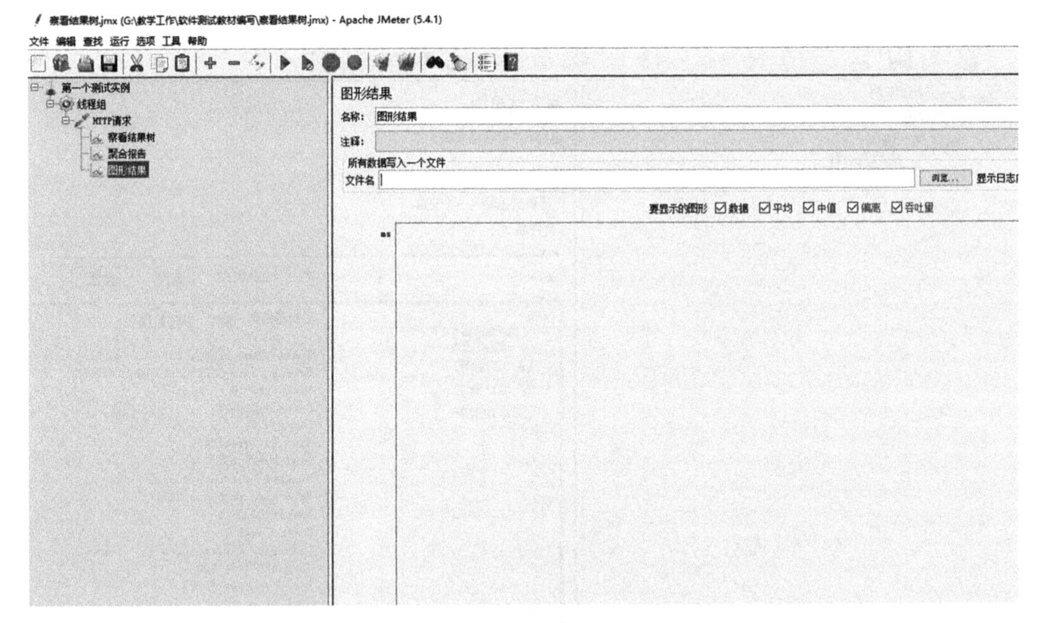

图 6-12 图形结果

(7) 如图 6-13 所示修改线程组,执行测试,观察聚合报告和图形变化结果,如图 6-14 和图 6-15 所示。

6.4.5 JMeter 各模块介绍

1. 测试计划

Element 可译为元素、元件或组件,JMeter 的不同组件称为 Element,每个元素都是为特定目的而设计的。测试计划是所有元素的根节点,是使用 JMeter 进行测试的起点,测试计划描述了一系列 JMeter 运行时要执行的步骤。一个完整的测试计划包含一个或多个线程组、逻辑控制器、取样器、监听器、定时器及断言等元素。

察看结果树.jmx (G:\教学工作\软件测试教材编写\察看结果树.jmx) - Apache JMeter (5.4.1)

文件 编辑 查找 运行 选项 工具 帮助

第一个测试实例
线程组
HTTP请求
察看结果树
聚合报告
图形结果

线程组
名称：线程组
注释：
在取样器错误后要执行的动作
◉ 继续 ○ 启动下一进程循环 ○ 停止线程 ○ 停止测试 ○ 立即停止测试
线程属性
线程数：100
Ramp-Up时间（秒）：2
循环次数 □ 永远 10
☑ Same user on each iteration
□ 延迟创建线程直到需要
□ 调度器
持续时间（秒）
启动延迟（秒）

图 6-13　修改线程组

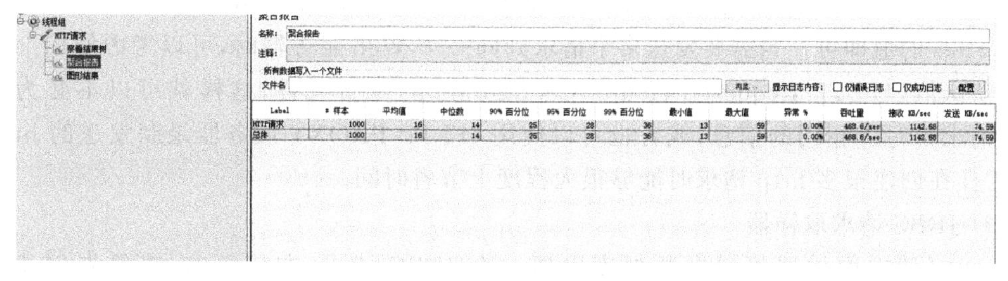

Label	# 样本	平均值	中位数	90% 百分位	95% 百分位	99% 百分位	最小值	最大值	异常 %	吞吐量	接收 KB/sec	发送 KB/sec
HTTP请求	1000	16	14	25	28	36	13	59	0.00%	468.6/sec	1142.68	74.59
总体	1000	16	14	25	28	36	13	59	0.00%	468.6/sec	1142.68	74.59

图 6-14　聚合报告变化

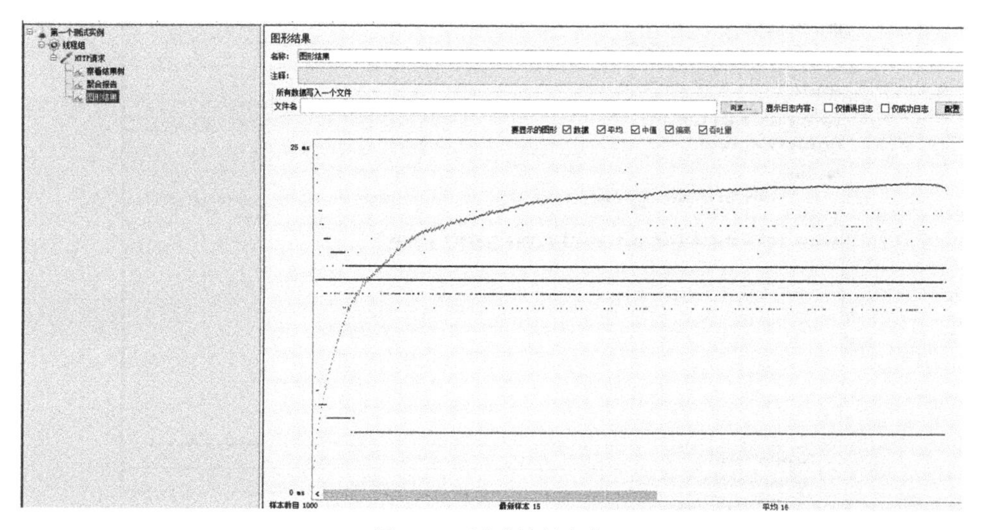

图 6-15　图形结果变化

测试计划的编辑包括名称、注释、变量及运行方式等；测试计划的操作包括添加元素、删除元素、合并测试计划、打开及保存等；测试计划的运行控制包括运行、停止及清除等。

2. 线程组

线程组是线程的集合，每个线程代表一个用户，每个线程模拟一个到服务器的真实用户请求。线程组的编辑主要包括名称、注释、线程数、Ramp-UP 时间及循环次数等。处理每个 JMeter 测试计划的第一步就是添加线程组。这个线程组会告诉 JMeter 想要模拟的用户数量、用户应该发送请求的频率和应该发送的数量。

3. 取样器

取样器是允许 JMeter 将特定类型的请求发送到服务器的组件，模拟用户对目标服务器的请求。取样器的编辑主要包括名称、注释以及取样器的参数等，不同的取样器可配置的参数不同。取样器类型包括 HTTP、FTP、JDBC、TCP 等。

1）HTTP 请求取样器

HTTP 请求取样器可以发送一个 http/https 的请求给 Web 服务器，可以通过配置控制是否需要 JMeter 解析 html 文件中的图片和其他内嵌资源，并发送 http 请求下载这些资源。如下类型的内嵌资源可以被检索：image、applets、stylesheets、external scripts、frames、iframes、background images（body、table、TD、TR）、background sound。

默认使用的解析器是 htmlparser，如果需要更换 htmlparser 的类，修改 JMeter.properties 的值即可。当需要发送多个请求到同一个 Web 服务器时，可以考虑使用 HTTP 请求默认值（HTTP Request Defaults Configuration）配置元件，这样就可以不必为每个 http 请求都写入相同的信息，或者也可以使用 HTTP PROXY 服务器录制发送的 http 请求，这样在创建很多 http 请求时能够很大程度上节省时间。

2）JDBC 请求取样器

JDBC 请求取样器可以向数据库发送一个 JDBC 请求，在使用前，需要先创建一个 JDBC Connection Configuration 配置元件，如图 6-16 所示。

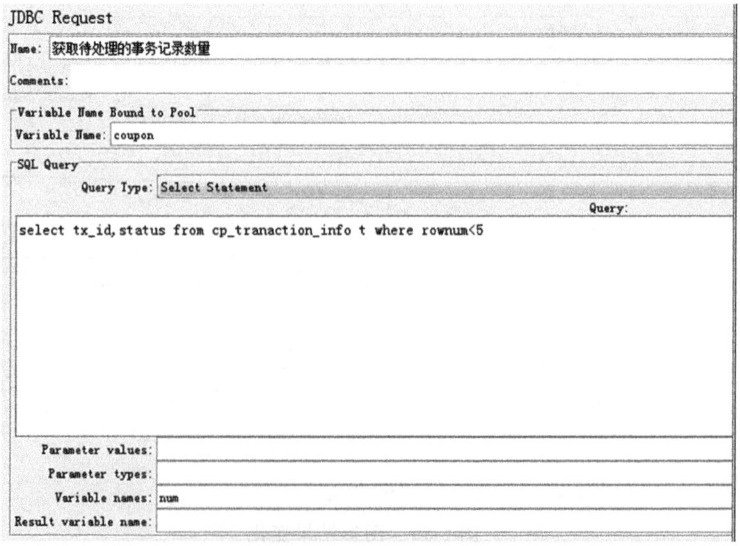

图 6-16　JDBC 请求

(1) Variable Name 是绑定的连接池名称，此处填写的是 JDBC Connection Configuration 配置元件所定义的数据库连接名称。Query Type 包含 Select Statement、Update Statement、Callable Statement、Prepared Select Statement、Prepared Update Statement、Commit、Rollback、AutoCommit(false)和 AutoCommit(true)。

(2) Query 选项填写 sql 查询语句，不需要输入最后的分号，这里需要注意 xxx Statement 和 Prepared xxx Statement 在用法上的区别。xxx Statement 需要填写的 sql 是一句完整可执行的 sql，而 Prepared xxx Statement 允许用户在 sql 中使用"?"，然后在 Parameter values 和 Parameter types 中填写参数和类型，最终执行时替代 sql 中的"?"，形成一句完整的 sql 语句。

(3) Parameter values 和 Parameter types 成对出现，且 sql 语句中有多少个"?"，这里就必须有多少对参数键值对，假设 sql 语句为 select * from cp_tranaction_info t where t.tx_id=?，那么可以设置 Parameter values 为 ${tid}，Parameter types 为 VARCHAR。

(4) Variable names：有多个字段返回时，可以使用逗号隔开，用于存放 select 操作返回的查询结果。

3) Webservice 请求

Webservice 请求是经常使用的取样器，与 Loadrunner 中的 Webservice 协议一样，均是为了测试 Webservice 服务而使用的测试元件。可以看到该测试元件目前被打上 deprecated 待废弃标志，JMeter 提出的 Webservice 服务脚本也可以使用 http 请求进行发送。

4. 监听器

监听器负责收集、显示测试结果，它们可以以不同的格式显示结果，如树、表、图形或日志文件。监听器的编辑主要包括名称、注释以及监听器的配置等，不同的监听器可配置的参数不同。监听器类型包括察看结果树、聚合报告、响应时间图及图形结果等。

6.5 JMeter 高级特性

6.5.1 JMeter 关键元素

1. 配置元件

配置元件用来配置取样器需要的配置信息，设置默认值和变量供取样器使用；配置元件不发送请求，仅对所在测试分支有效；配置元件类型包括 HTTP 请求默认值、CSV 数据文件设置、HTTP 信息头管理器等。

(1) HTTP 请求默认值。HTTP 请求默认值测试元件可以为 HTTP 请求取样器设置默认值，例如当创建的测试计划中有 25 个 HTTP 请求取样器且这些请求都发往同一个服务器时，可以添加一个 HTTP 请求默认值测试元件，设置 Server Name or IP，然后添加的 25 个 HTTP 请求取样器则可以不填写 Server Name or IP 字段，保留空值，则实际在 HTTP 请求发起时，会自动从 HTTP 请求默认值测试元件中继承 Server Name or IP 字段的值。

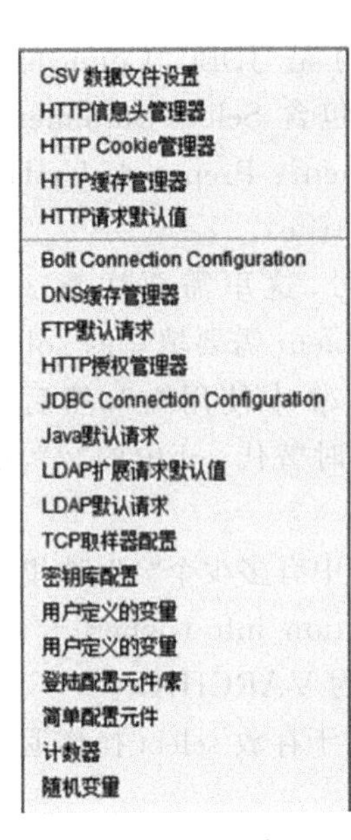

图 6-17　配置元件(1)

(2) CSV 数据文件设置。CSV 数据文件设置用来从文件中读取数据行,拆分后存储到变量中。这个工具很适合用来处理大数据量。在执行过程中生成唯一的随机数会占用大量的 CPU 和内存,不建议在压力测试中使用,如果要使用,可以从文件中读取随机数,再与运行时产生的动态参数结合串联起来,这比运行过程中直接生成随机数的消耗来得小。

(3) HTTP 信息头管理器。允许添加并重写 HTTP 请求头,每个取样器只能支持一个 HTTP 信息头管理器,如果一个取样器有多个 HTTP 请求头管理器,那么只有最后一个会被使用。新版本的 JMeter 支持多个 HTTP 请求头管理器,所有请求头管理器设置的内容将会被合并后作用于取样器,合并时如果发现有同名的设置信息,则会用最后的值取代前面的值,除非后面的值为空,替代后前面的值会被删除。

配置元件,右击"线程组",选择"添加"→"配置元件"→"HTTP 请求默认值",如图 6-17～图 6-19 所示。

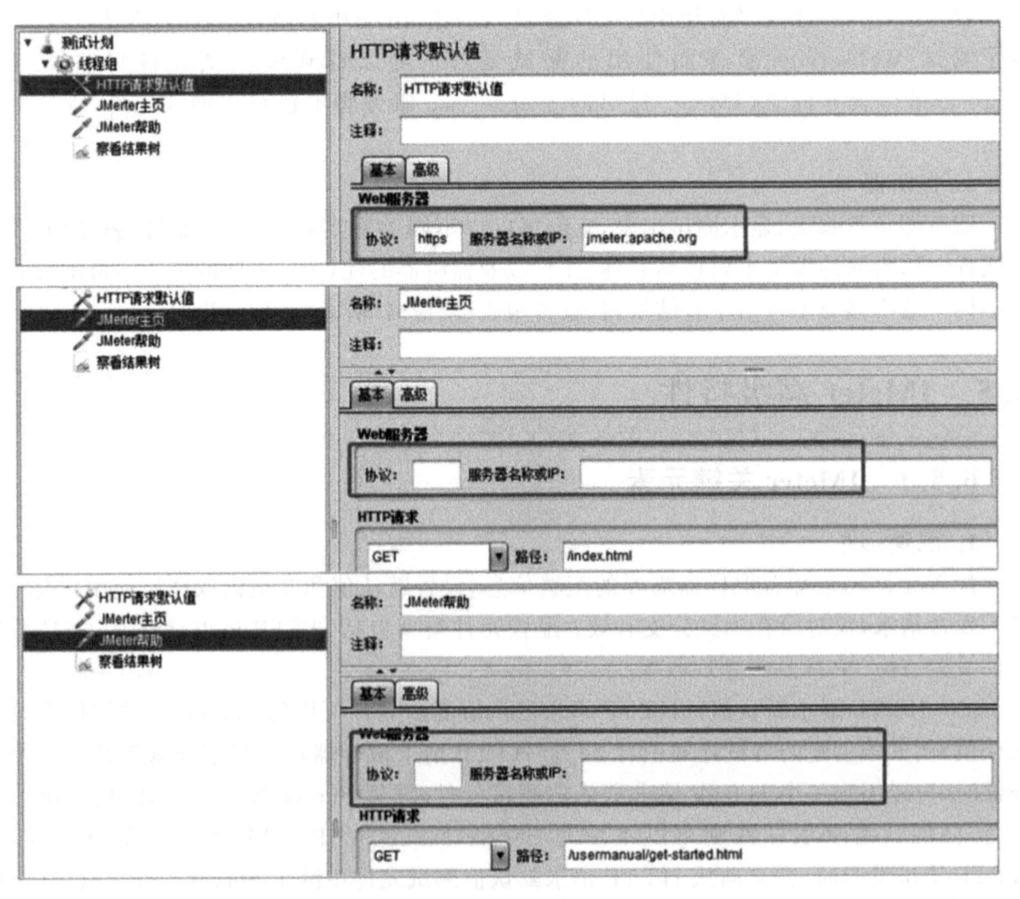

图 6-18　配置元件(2)

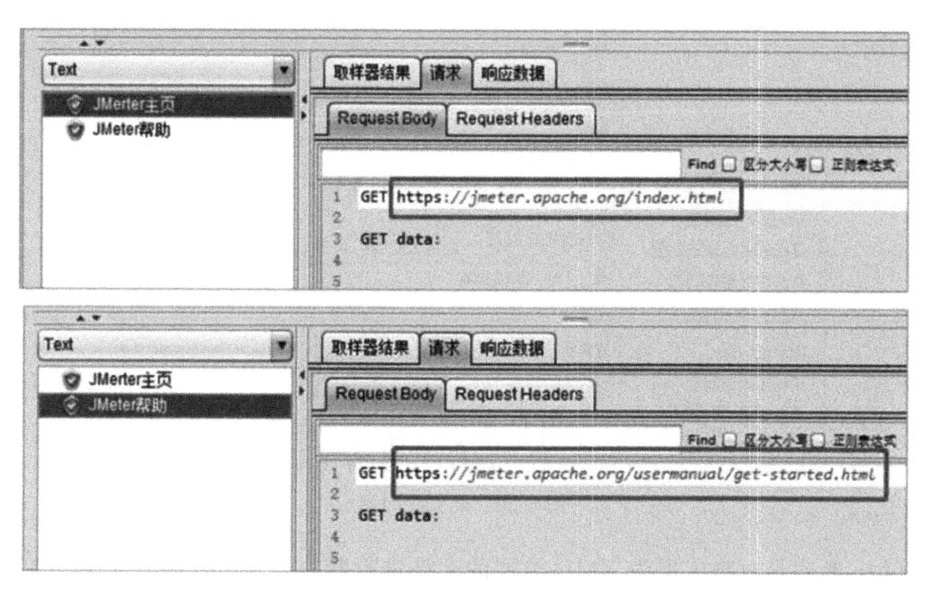

图 6-19 配置元件(3)

2. 定时器

定时器可以在 JMeter 在线程发出的每个请求之间设置延迟。实际应用中,访问者以不同时间间隔到达,使用定时器有助于模拟实际行为。定时器类型包括固定定时器、常数吞吐量定时器、统一随机定时器、同步定时器及高斯随机定时器等。

当需要让每个线程在请求之间按相同的指定时间停顿时,可以使用固定定时器。

常数吞吐量定时器的吞吐量值是不需要恒定的,可以定义成变量或函数调用,在测试过程中,该值可以用不同的方式进行改变。一般使用计数器变量、Javascript 或者 BeanShell 函数提供一个不断变化的值。可以使用远程 BeanShell 服务器改变 JMeter 的一个属性。

同步定时器的目标是阻塞线程,直到指定数量的线程数到达此定时器,然后再一起释放掉,从而模拟瞬间大量负载不断地同时发起请求的场景。

如果需要让每个线程在请求之间按随机的时间停顿,那么可以使用高斯随机定时器,下面表示暂停时间分布为 100～400,计算公式参考: Math. abs((this. random. nextGaussian() * 300) + 100)。定时器配置如图 6-20 所示。

3. 断言

断言用来验证服务器是否返回预期结果。断言会影响作用域的所有采样器,如果要让断言只影响某个采样器,需要将断言作为该采样器的子项,用于对取样器执行额外的检查。为了确保断言作用在特定的取样器中,需要将断言添加到取样器的子节点。除非有文档标识,否则断言不会作用到子节点的取样器,仅会作用在父节点的取样器。在高版本的 JMeter 中,有些断言提供了作用域选项:父节点、子节点、父子节点,默认是作用于父节点。如果断言提供了这个选项,那么对应的面板上就会有设置入口,断言类型包括响应断言、大小断言、HTML 断言及 XPath 断言等。

响应断言用于检查测试中得到的响应数据等是否符合预期,用以保证性能测试过程中的数据交互与预期一致。使用断言的目的是在 request 的返回层面增加一层判断机制,因为 request 成功了并不代表结果一定正确,所以通过断言查看请求是否真正成功。

固定定时器
统一随机定时器
准确的吞吐量定时器
常数吞吐量定时器
JSR223 定时器
同步定时器
泊松随机定时器
高斯随机定时器
BeanShell 定时器

固定定时器
名称: 固定定时器
注释:
线程延迟(毫秒): 300

统一随机定时器
名称: 统一随机定时器
注释:
线程延迟属性
Random Delay Maximum (in milliseconds): 100.0
Constant Delay Offset (in milliseconds): 0

图 6-20　配置定时器

HTML 断言是对响应类为 XML 类型的文件进行断言。XPath 断言是测试文档是否具有良好格式,如果 XPath 存在,断言会返回 true。使用“/”将会匹配任何格式良好的文档,默认为 XPath 表达式。大小断言用来测试每个响应是否包含了正确数量的字节数,可以指定等于、不等于、大于及小于多种选项,高版本的 JMeter 指定空响应字节数为 0 而非抛出错误。断言配置如图 6-21 所示。

响应断言
JSON断言
大小断言
JSR223 断言
XPath2 Assertion
HTML断言
JSON JMESPath Assertion
MD5Hex断言
SMIME断言
XML Schema断言
XML断言
XPath断言
断言持续时间
比较断言
BeanShell断言

测试计划
线程组
HTTP请求默认值
JMerter主页
响应断言
JMeter帮助
察看结果树
响应时间图
聚合报告

响应断言
名称: 响应断言
注释:
Apply to:
Main sample and sub-samples　Main sample only　Sub-samples only　JMeter Var
测试字段
响应文本　响应代码　响应信息
请求头　URL样本　文档(文本)
请求数据
模式匹配规则
包括　匹配　相等　字符串　否　或者
测试模式
测试模式
20

(a) 配置一

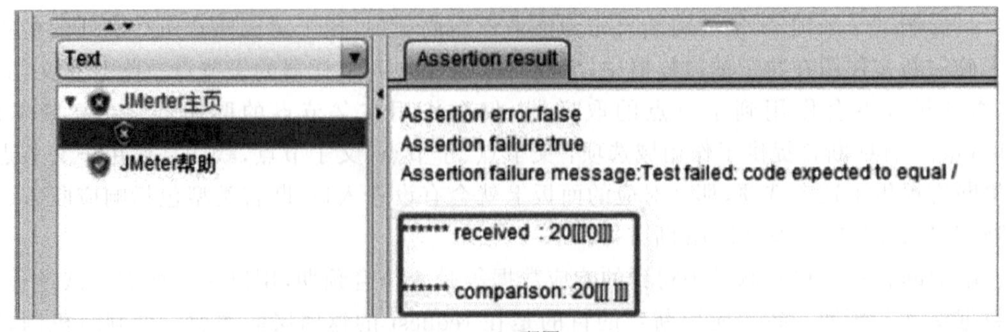

(b) 配置二

图 6-21　断言配置

4. 逻辑控制器

逻辑控制器用来控制线程处理请求的顺序。逻辑控制器和取样器一起使用,一个逻辑控制器下的所有取样器被当作一个整体,执行时一起执行。

逻辑控制器主要分为两类:一类是控制执行顺序类,如 if 控制器、循环控制器;另一类是对测试脚本进行分组类,如简单控制器、模块控制器。

if 控制器允许用户控制其子节点所表示的测试步骤是否执行,条件可以使用函数(默认是 JavaScript 语句)或变量,只要运行结果为 true 或 false 即可。循环控制器下的子节点会根据指定的次数重复执行,假设指定了循环次数为 2,且线程组的循环次数为 2,那么循环控制器下的子节点会重复执行 2×2=4 次。简单控制器不像其他的逻辑控制器,简单控制器只能存储但不提供功能。逻辑控制器配置如图 6-22 所示。

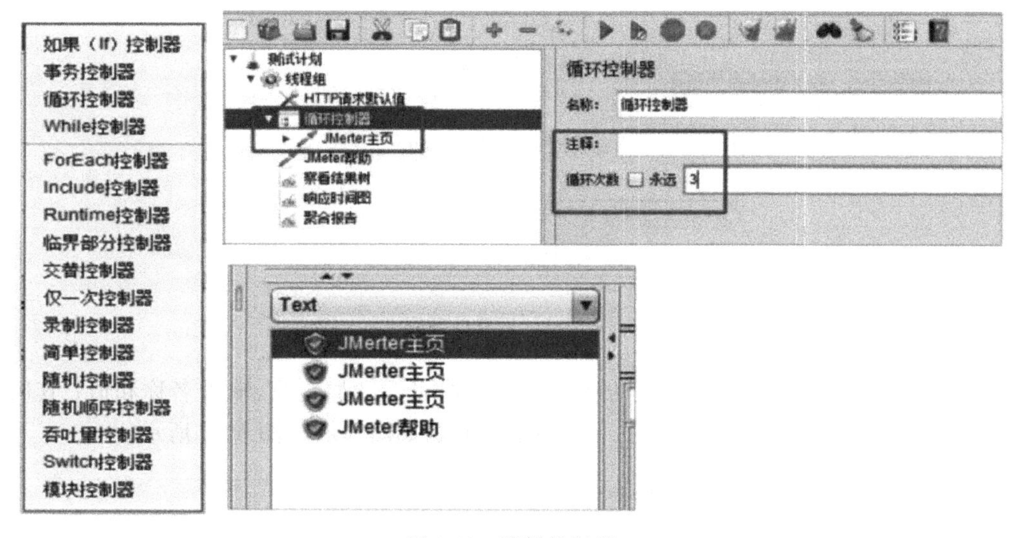

图 6-22　逻辑控制器

5. 处理器

处理器用于修改其范围内的取样器,分为前置处理器和后置处理器两类。前置处理器在发送请求之前会执行一系列的操作,用来修改它所作用范围内的取样器发送出去的报文;后置处理器在发出请求之后执行一系列操作,允许用户从服务器的响应中通过使用 Perl 的正则表达式提取值。如图 6-23 所示,后置处理器会作用在指定范围的取样器,应用正则表达式,提取所需要的值,生成模板字符串,并将结果存储到给定的变量名中。

6.5.2 脚本参数化

参数化(parameterized)测试是使用不同的参数多次运行同一测试,并将测试的控制流与数据分开处理,用数据驱动测试。测试数据与测试流程松耦合,可以单独进行设计,保持控制流的稳定性,便于大规模测试和回归测试。

JMeter 参数化方法包括用户自定义变量和 CSV 数据文件。测试对象 http://httpbin.org 是一个开源免费的测试网站,测试其 get 方法,使用浏览器的访问方法为 http://httpbin.org/get?key=key1&value=valuel。

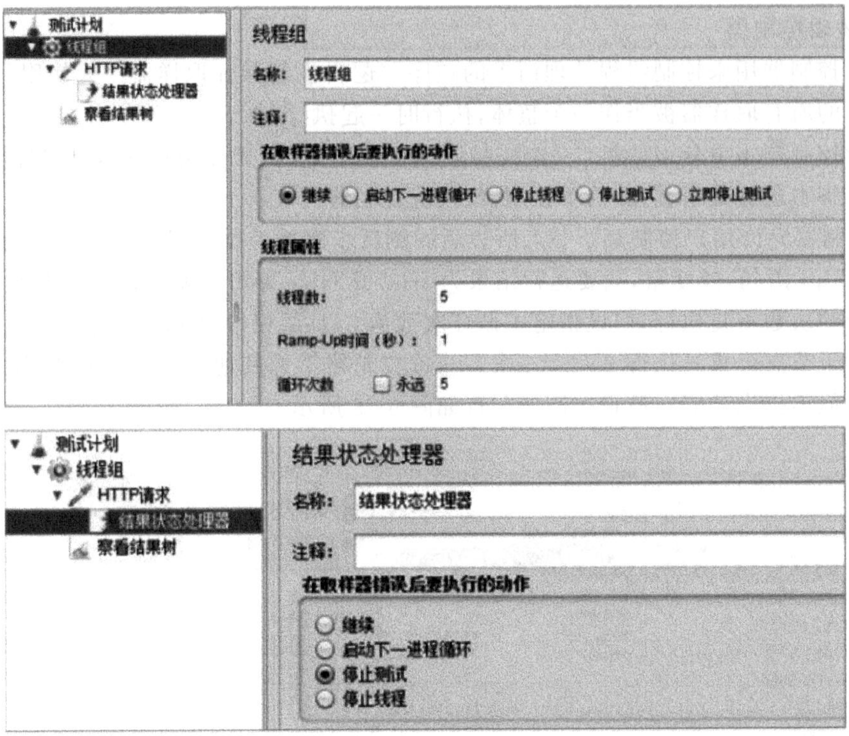

测试计划
线程组
HTTP请求
结果状态处理器
察看结果树

线程组
名称: 线程组
注释:
在取样器错误后要执行的动作
继续 启动下一进程循环 停止线程 停止测试 立即停止测试
线程属性
线程数: 5
Ramp-Up时间（秒）: 1
循环次数 永远 5

测试计划
线程组
HTTP请求
结果状态处理器
察看结果树

结果状态处理器
名称: 结果状态处理器
注释:
在取样器错误后要执行的动作
继续
启动下一进程循环
停止测试
停止线程

图 6-23 后置处理器

(1) 在线程组中添加用户定义的变量元素。首先是添加变量,输入名称和值;其次是 HTTP 请求,增加参数,设置线程组。最后执行测试,如图 6-24～图 6-26 所示。

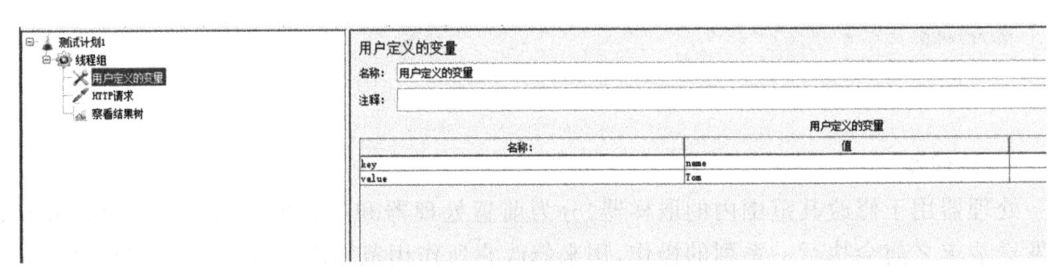

图 6-24 处理器配置界面一

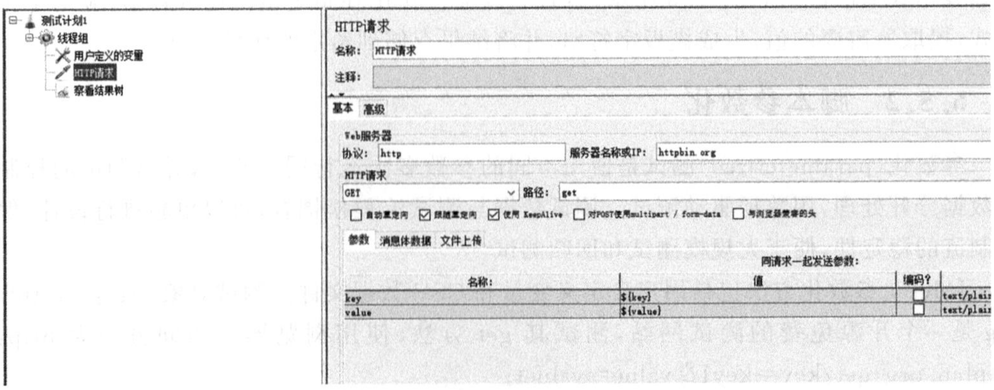

测试计划1
线程组
用户定义的变量
HTTP请求
察看结果树

HTTP请求
名称: HTTP请求
注释:
基本 高级
Web服务器
协议: http 服务器名称或IP: httpbin.org
HTTP请求
GET 路径: get
自动重定向 跟随重定向 使用 KeepAlive 对POST使用multipart / form-data 与浏览器兼容的头
参数 消息体数据 文件上传
同请求一起发送参数:

名称:	值	编码?	
key	${key}		text/plai
value	${value}		text/plai

图 6-25 处理器配置界面二

图 6-26　处理器配置界面三

（2）CSV 数据文件实例如图 6-27 所示。编辑 CSV 文件，以逗号分隔。在线程组中添加 CSV 数据文件设置，新建一个 data.csv，如图 6-28 所示。CSV 数据文件执行后结果如图 6-29 所示。

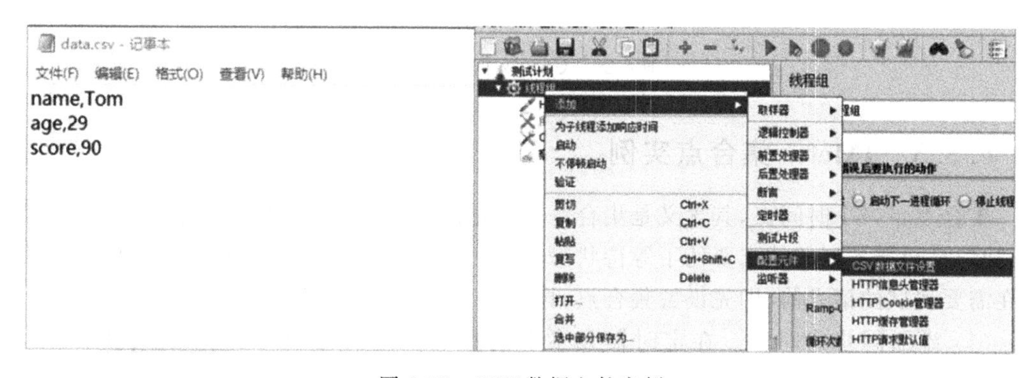

图 6-27　CSV 数据文件实例

CSV 数据文件设置

名称：CSV 数据文件设置

注释：

设置 CSV 数据文件

文件名:	G:/教学工作/软件测试教材编写/data.csv
文件编码:	UTF-8
变量名称(西文逗号间隔):	key,value
忽略首行(只在设置了变量名称后才生效):	False
分隔符（用'\t'代替制表符):	,
是否允许带引号？:	False
遇到文件结束符再次循环？:	True
遇到文件结束符停止线程？:	False
线程共享模式:	所有现场

图 6-28　CSV 数据文件设置

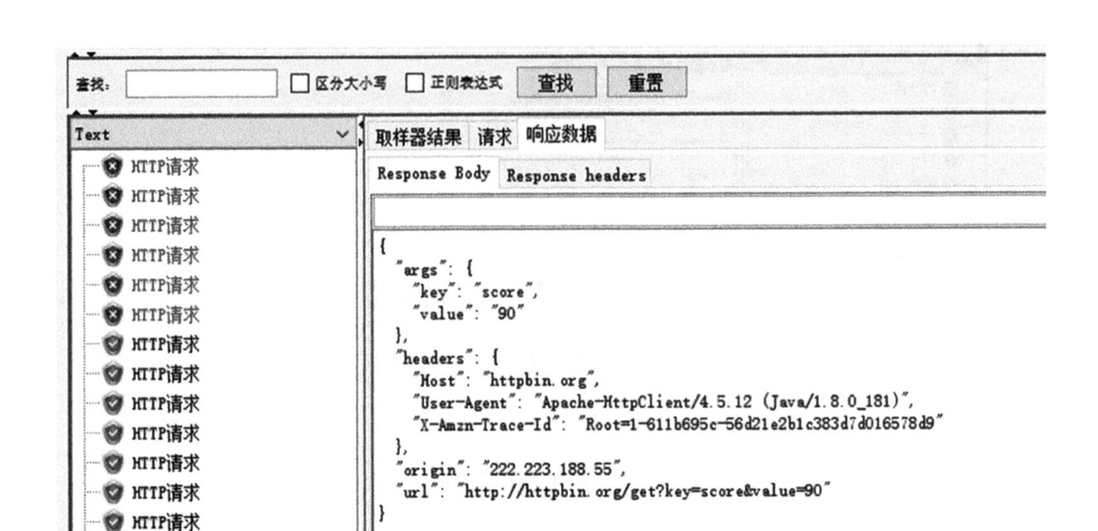

图 6-29　CSV 文件执行结果

6.5.3　JMeter 集合点实例

集合点是一个时间点，其含义是集合一定数量的请求在某个时间点一起执行，在不满足条件时，已经准备好的请求要处于等待状态。通过集合点可以实现并发测试。集合点要添加在需要测试的请求前，即先设置集合点，再发送请求，具体步骤如下。

(1) 添加同步定时器。在定时器元素下选择同步定时器(Synchronizing Timer)，如图 6-30 所示。

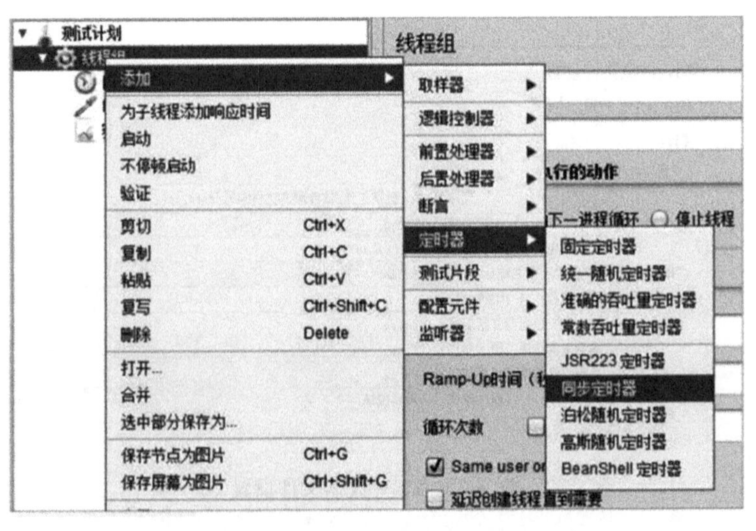

图 6-30　添加同步定时器

(2) 设置同步定时器,如图 6-31 所示。

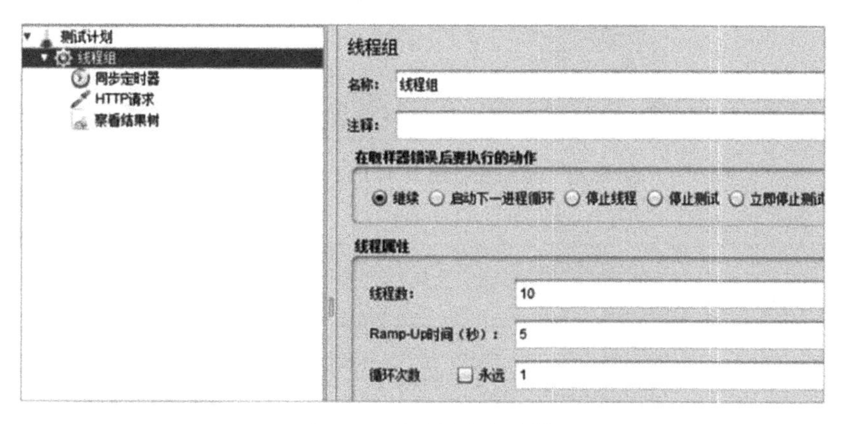

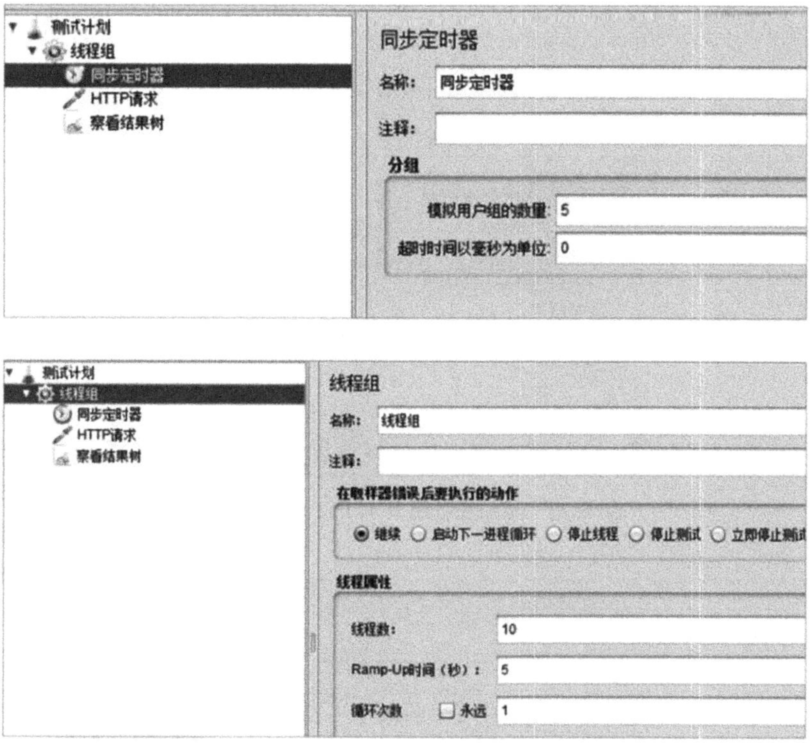

图 6-31 设置同步定时器

模拟用户组的数量指的是需要集合的用户数,设置的数量要与线程组中设置的线程数相协调,线程数是总的“池子”,同步定时器只是从“池子”中取用;超时时间是指集合等待的时间,单位是毫秒。如果超时时间设置为 0,表示无限等待,设置为具体的时间,表示在规定的时间内启动的线程。如果时间到了,线程数量不够,则启动超时时间,且与线程的 Ramp-up 时间匹配。

6.5.4 测试脚本录制

1. 录制原理

JMeter 内置了一个测试脚本录制器,用于录制测试计划,测试脚本录制器也称为代理服务器。浏览器发送给服务器的请求先通过 JMeter 代理,再由 JMeter 代理发送给服务器。服务器返回的响应,也先通过 JMeter 代理,再由 JMeter 代理发给浏览器。JMeter 代理记录“观察”到的各种操作,存储为测试计划,即 jmx 文件。

2. 录制过程

步骤 1: 如图 6-32 所示,右击“测试计划”,在弹出对话框中选择“添加”→“非测试元件”→“HTTP 代理服务器”,添加线程组及 HTTP 代理服务器。如图 6-33 所示对“HTTP 代理服务器”进行设置,最后单击“启动”按钮。

步骤 2: 设置浏览器/操作系统代理,如图 6-34 所示。

图 6-32 添加线程组及 HTTP 代理服务器

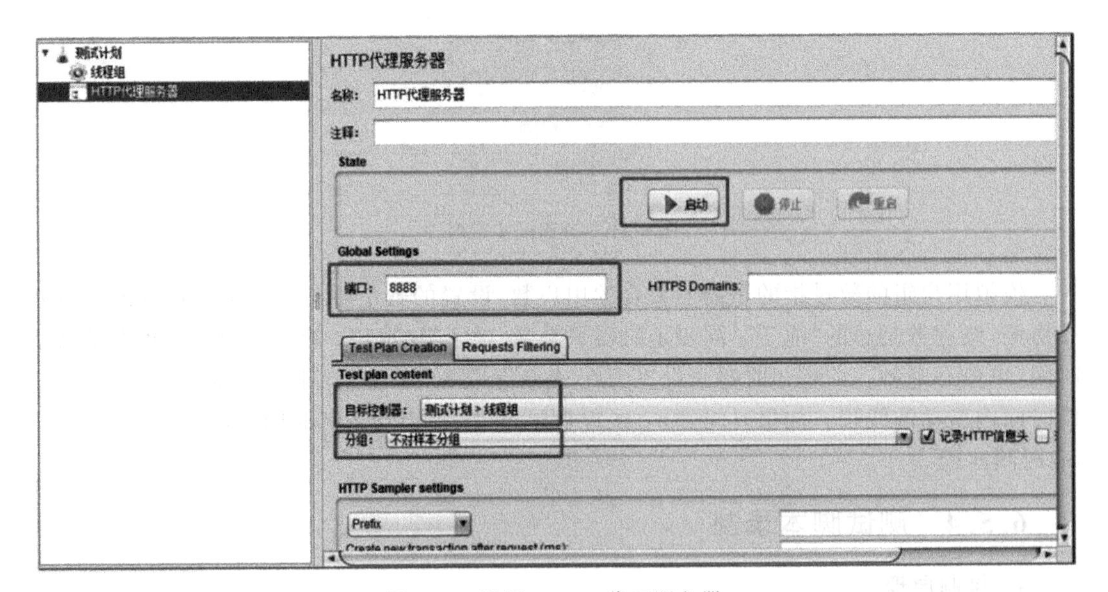

图 6-33 设置 HTTP 代理服务器

步骤 3：启动录制，弹出如图 6-35 所示单对话框，单击“确定”按钮，即可生成如图 6-36 所示的证书。

步骤 4：设置证书，在图 6-37 所示界面中，选择“管理证书”，弹出如图 6-38 所示的对话框，单击“导入”按钮，即可导入刚生成的证书。

步骤 5：录制，在浏览器中执行如图 6-39 和图 6-40 所示的操作。

步骤 6：停止录制，查看录制结果并删除无用步骤，具体如图 6-41 和图 6-42 所示。

步骤 7：如图 6-43 所示，运行测试，检查是否可以正常运行。

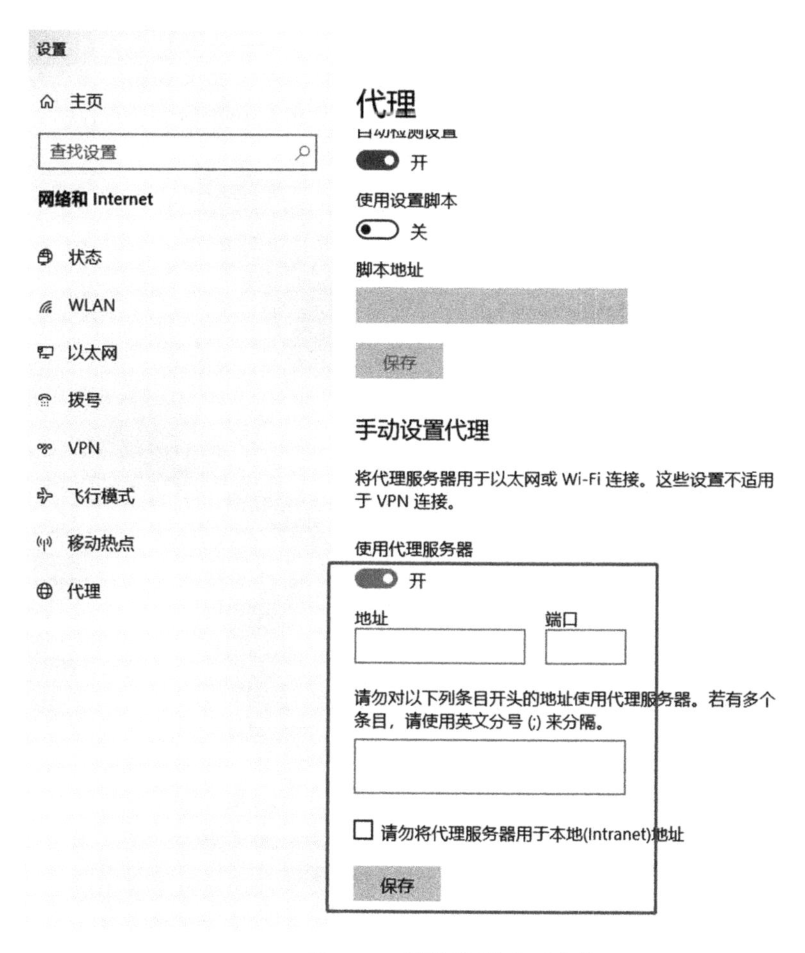

图 6-34　浏览器/操作系统代理

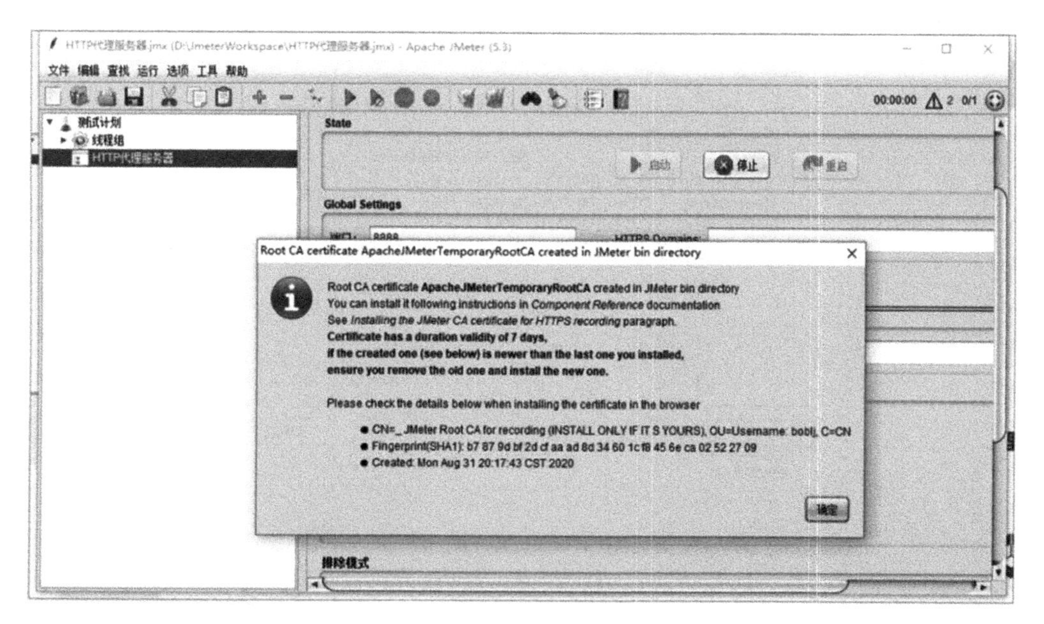

图 6-35　启动录制

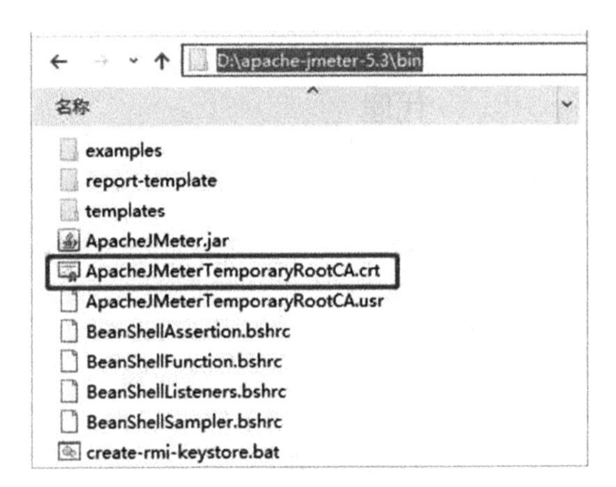

图 6-36 生成证书

图 6-37 管理证书

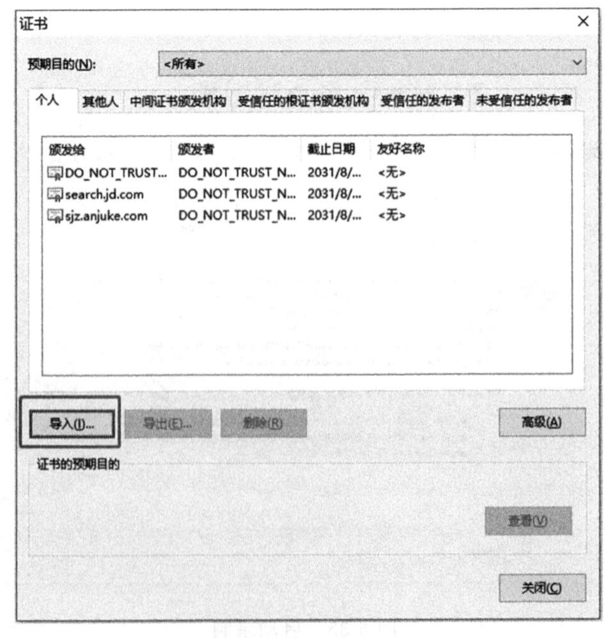

图 6-38 导入证书

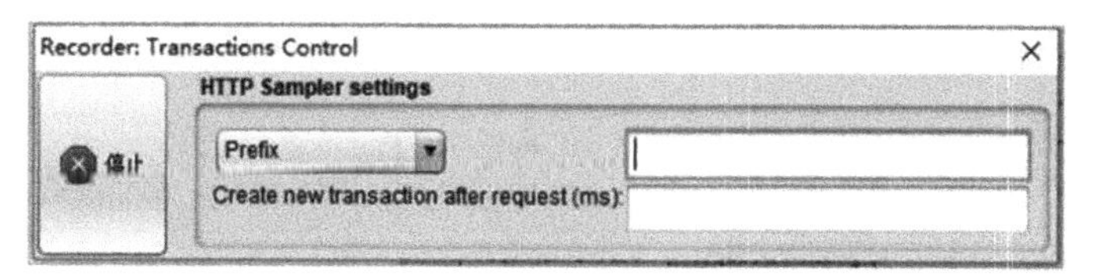

图 6-39　浏览器中执行操作一

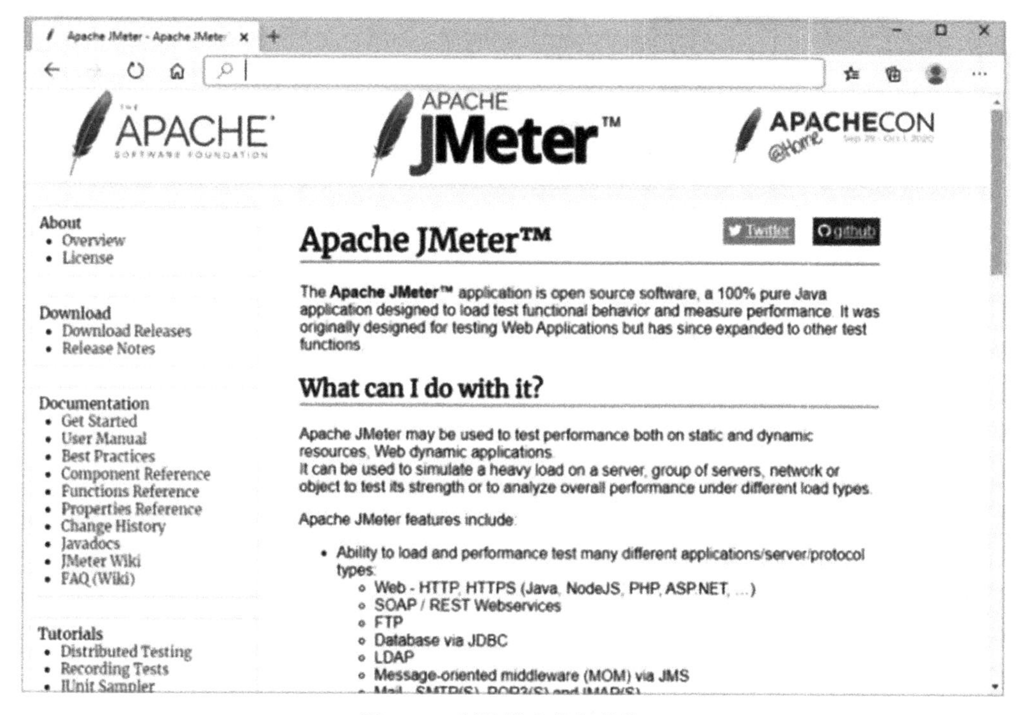

图 6-40　浏览器中执行操作二

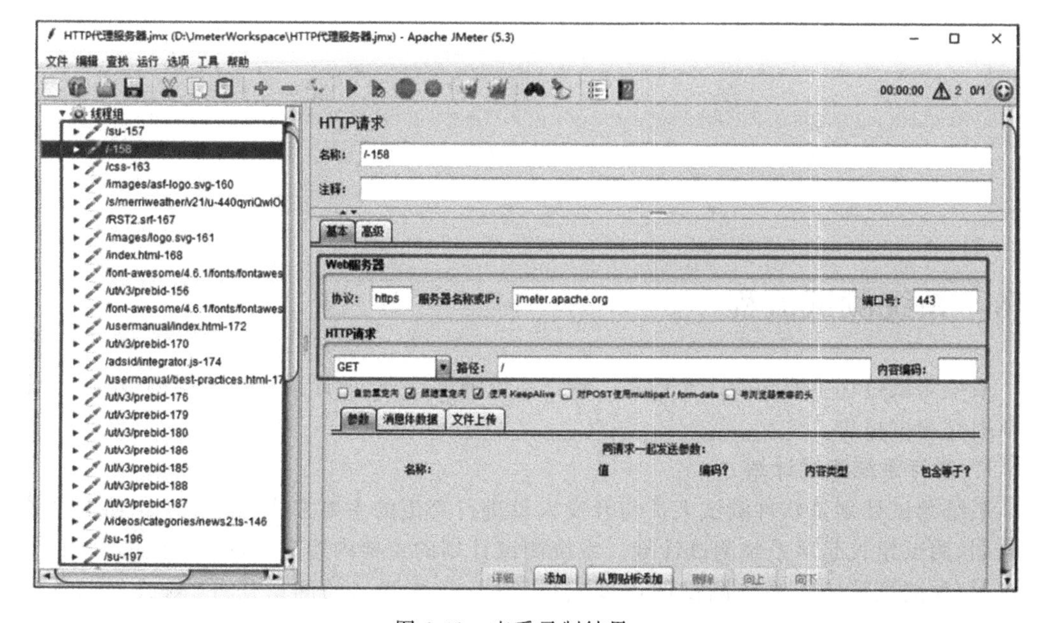

图 6-41　查看录制结果一

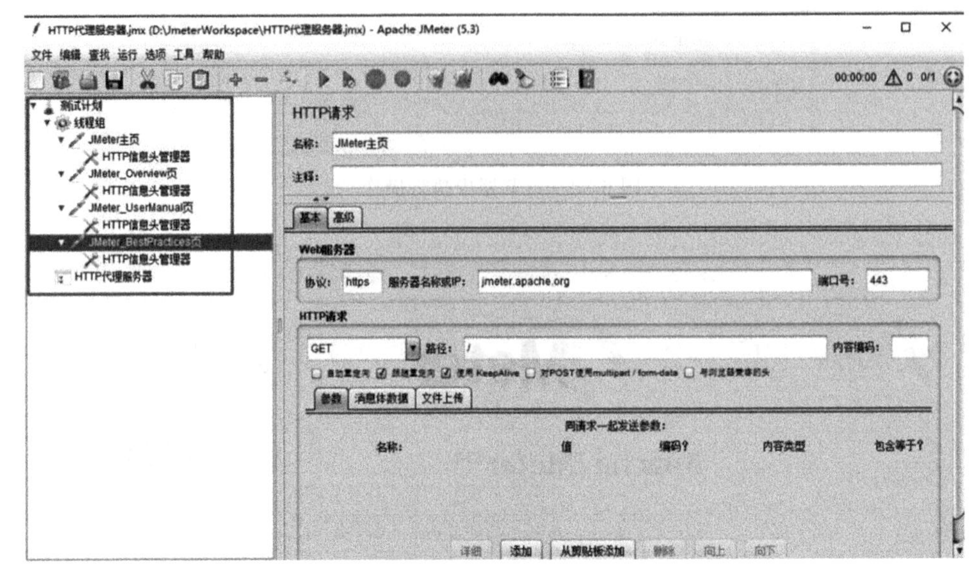

图 6-42 查看录制结果二

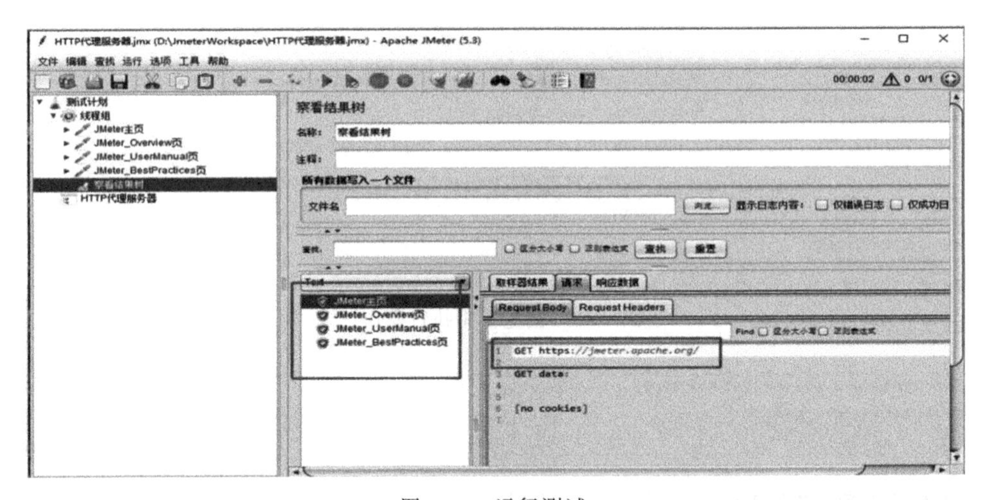

图 6-43 运行测试

6.6 系统测试流程

系统测试过程主要包含 4 个阶段：制订系统测试计划、设计系统测试用例、执行系统测试及提交测试报告。

1. 制订系统测试计划

系统测试计划是软件测试人员与开发人员进行交流的主要方式。测试小组协商系统测试计划，测试组长起草系统测试计划。系统测试计划的主要内容有：系统测试的范围、方法和资源（如测试环境），系统测试的进度安排，以及系统测试的测试任务、测试分工及责任人等。

2. 设计系统测试用例

系统测试小组人员根据模板和系统测试计划,设计测试用例。系统测试的测试用例一般包括以下内容。

(1) 标识符:测试用例的唯一标识符。

(2) 测试项:描述被测试的详细特性和代码模块等。

(3) 输入说明:列举测试用例的所有输入内容和条件。

(4) 输出说明:描述测试用例的预期结果。

(5) 环境要求:指执行测试用例的软硬件、工具及人员等。

(6) 特殊过程要求:描述执行测试用例必需的特殊要求。

(7) 用例之间的依赖性:说明测试用例是否与其他测试用例有依赖关系。

3. 执行系统测试

系统测试人员根据系统测试计划和系统测试用例进行测试,将测试结果记录在系统测试报告中,并及时将缺陷反馈给开发人员。开发人员及时改正已发现的缺陷,并由测试人员进行回归测试,确保不会引入新的缺陷。

4. 提交测试报告

系统测试执行完成后,提交系统测试报告文档。

小结

本章主要介绍了系统测试的概念、系统测试的对象以及与其他测试方法的区别;压力测试的概念、主要内容、指标以及测试的流程;性能测试的概念、范畴、分类、不同测试类型的方法对比、测试的指标、流程和具体的实例应用;性能测试工具 JMeter,包括 JMeter 的安装使用、基本操作、各模块的使用以及 JMeter 的高级特性。

习题

1. 判断题

(1) 系统测试一定要追溯到用户需求。(　　)

(2) 系统测试的对象是系统的全部,包括软硬件及各种环境。(　　)

(3) 系统测试一般包括恢复测试、安全测试、压力测试、性能测试。(　　)

(4) 压力测试是模拟系统软件能够承受的最大工作负载的测试。(　　)

(5) 性能测试是在规定的条件下对软件性能指标进行的测试。(　　)

(6) 系统测试主要由测试小组完成。(　　)

2. 简答题

(1) 简述系统测试与验收测试的区别。

(2) 简述性能测试的基本原理和流程。

(3) 简述 JMeter 的工作原理和基本工作流程。

(4) 简述 JMeter 进行并发测试的主要操作步骤。

(5) 简述系统测试流程。

测试报告与管理

学习目标：

- 理解软件缺陷的严重等级以及优先级。
- 了解软件缺陷的生命周期。
- 理解测试报告的内容。
- 了解测试管理工具。

本章介绍测试报告的管理，包括缺陷跟踪方法、缺陷优先级、生命周期、测试报告撰写及测试管理系统等。

7.1 缺陷跟踪

7.1.1 软件缺陷分类

软件测试是为了尽早地发现缺陷，换句话说，缺陷的发现可以看作是测试工作的主要成果之一。在报告软件缺陷时，一般要讲明它们将产生什么后果。测试人员要对软件缺陷分类，以简明扼要的方式指出其影响。常用方法是给软件缺陷划分严重性和优先级。

严重性表示软件缺陷的恶劣程度，是指因缺陷引起的故障对软件产品的影响程度，当用户碰到该缺陷时受影响的可能性和程度。其判断完全从用户的角度出发，由测试人员决定。

一般地，按照软件缺陷的严重程度进行划分，通常划分为致命缺陷、严重缺陷、一般缺陷和较小缺陷。从软件缺陷修复的角度说，软件缺陷越严重，需要修复的优先级越高。软件缺陷严重等级如表 7-1 所示。

表 7-1　软件缺陷严重等级

缺陷严重等级	描　述
致命 (Fatal)	系统任何一个主要功能完全丧失、用户数据受到破坏、系统崩溃、悬挂、死机，或者危及人身安全
严重 (Critical)	系统的主要功能部分丧失、数据不能保存，系统所提供的功能或服务受到明显的影响。例如：程序接口错误 、数据流错误 、轻微数据计算错误

续表

缺陷严重等级	描　　述
一般(Major)	系统的部分功能没有完全实现,但不影响用户的正常使用。例如:格式错误、删除操作未给出提示,数据输入没有边界值限定或不合理
较小(Minor)	使操作者不方便或遇到麻烦,但它不影响功能的操作和执行。例如:显示格式不规范,系统处理未优化,时间操作未给用户进度提示

优先级表示缺陷被修复的重要程度和紧迫程度,主要取决于缺陷的严重程度、产品对业务的实际影响,需要考虑开发过程中的需求(比如对测试进展的影响)和技术限制等因素,由项目管理组(产品经理、测试/开发组长)决定。一般分为"立即解决""高优先级""正常排队""低优先级"四个等级,如表 7-2 所示。

表 7-2　软件缺陷优先级等级

缺陷优先级	描　　述
立即解决(P1 级)	缺陷导致系统几乎不能使用或测试不能继续,需立即修复
高优先级(P2 级)	缺陷严重,影响测试,需要优先考虑
正常排队(P3 级)	缺陷需要正常排队等待修复
低优先级(P4 级)	缺陷可以在开发人员有时间时被纠正

严重性和优先级决定哪些软件缺陷应该修复,以何种顺序修复,对测试人员和小组都极其重要。一般来讲,缺陷的严重等级和优先级相关性很强,测试员应该从最严重的软件缺陷开始,而不是只修复最容易的。但是,低优先级和高严重性的缺陷也是存在的,反之亦然。例如,网页上的产品徽标很重要,一旦丢失,这个缺陷的严重程度应该是"严重",但是优先级可能是"低优先级"。因为,修正这个缺陷不影响其他任何地方,重新设计徽标可以留到最后再做。软件缺陷的优先级在项目期间也会发生变化,原来标记为高优先级的软件缺陷随着时间即将用尽以及软件发布日期的临近,可能变成低优先级。

7.1.2　软件缺陷的生命周期

软件缺陷的生命周期指的是一个软件缺陷被发现并报告到这个缺陷被修复、验证直至最后关闭的完整过程。为了描述软件生命周期,可设定不同的软件缺陷状态来体现缺陷不同的生命阶段。因此,对于一个软件测试人员来讲,需要关注软件缺陷状态的变化,并和开发人员保持良好的沟通,使缺陷能及时得到处理或修正。

在实际的软件开发过程中,软件缺陷生命周期不是一个简单的线性过程:发现→报告→修复→验证→关闭,实际上在缺陷修复过程中还要考虑以下情况。

(1) 缺陷描述不清楚,需要更多的补充信息。

(2) 缺陷不能再现,需要和测试人员的进一步合作。

(3) 缺陷需要审查,在即将要发布的版本中,有些缺陷不一定需要修复。

(4) 开发人员认为缺陷修正了,但是经过测试人员验证,缺陷还存在,需要重新置于激活或打开状态。

所以,通用的软件缺陷生命周期状态如图 7-1 所示。

对应软件生命周期中的软件缺陷状态如表 7-3 所示。

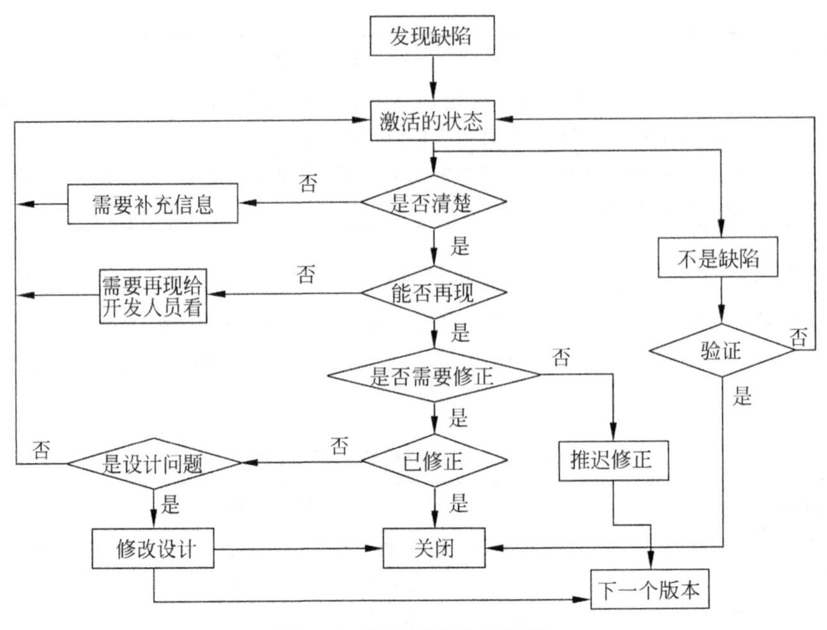

图 7-1 软件缺陷生命周期

表 7-3 软件缺陷状态

缺陷状态	描述
激活或打开	缺陷的起始状态，问题还没有解决，存在源代码中，等待修正
已修正的或已修复的	已被开发人员检查、修复过的缺陷，通过单元测试，认为已解决但还需要测试人员验证
关闭或非激活	测试人员验证后，确认缺陷不存在之后的状态
重新打开	测试人员验证后，还依然存在的缺陷，等待开发人员进一步修复
推迟	这个缺陷不严重并被推迟修正，可以再下一个版本中解决
保留	由于技术原因或第三者软件的缺陷，开发人员目前不能修复的缺陷
功能增强	该问题符合当前的软件规格说明书，是一个有待改进的问题
不是缺陷	开发人员认为这不是问题，是测试人员误报的缺陷
不能重现	开发人员不能重现这个软件缺陷，需要测试人员检查缺陷重现的步骤
需要更多信息	开发重现这个软件缺陷，但开发人员需要一些信息，例如：缺陷的日志文件、图片等

在生命周期中，缺陷历经各种状态的变化，最终通过测试人员关闭软件缺陷结束其生命周期。软件缺陷一旦被发现，便会受到严密跟踪和监控，直至关闭，这样可以保证在较短时间内高效修复，缩短软件测试的进程，减少开发和维护成本。

7.1.3 基于软件缺陷的质量评估

软件质量是反映软件与用户需求之间相符程度的指标，缺陷被认为是软件与需求不一致的某种表现。所以，通过对测试过程中所有已发现的缺陷进行评估，可以了解软件的质量情况。缺陷评估是对测试过程中缺陷达到的比率或发现的比率提供的一个软件可靠性指标。

1. 缺陷发现率

缺陷发现率是将发现的缺陷数量作为时间的函数进行评估，并创建缺陷趋势图或缺陷报告，如图7-2所示。随着时间和修复缺陷数的增加，发现缺陷的数量在减少，而测试成本在增加。

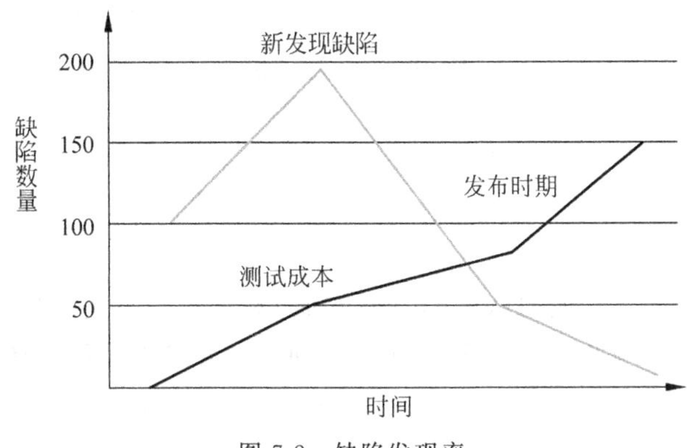

图7-2　缺陷发现率

2. 缺陷潜伏期

缺陷潜伏期是一种特定类型的缺陷分布报告，其含义显示了缺陷在特定状态下的时间长短。在实际工作中，发现缺陷的时间越晚，这个缺陷所带来的损害越大，修复这个缺陷的成本也越高。

3. 缺陷密度

缺陷密度是指缺陷在软件规模（组建、模块等）上的分布情况，如每千行代码或每个功能点（或对象）的缺陷数。缺陷密度是一种以平均值估算法来计算软件缺陷分布的方法：

软件缺陷密度＝软件缺陷数量/代码行或功能点数量

若当前版本的缺陷密度较上一个版本没有明显的变化或降低，要分析当前版本的测试效率是否降低了。如果缺陷密度明显降低说明当前版本的软件质量得到了改善；否则需要加强测试，对开发和测试过程进行改进。

如果当前版本的缺陷密度大于上一个版本，应进一步提高软件测试效率，并加强测试力量，否则，就会发生软件质量难以保证的情况。

4. 整体缺陷清除率

软件的整体缺陷清除率指的是软件产品开发过程中发现的缺陷数占软件产品所有缺陷数的比率。

设定 F 为描述软件规模的功能点数量，D_1 为在开发过程中发现的所有缺陷数，D_2 为软件发布后发现的缺陷数，D 为发现的缺陷总数，$D=D_1+D_2$。对于一个软件项目，有如下的计算：

$$\text{质量}=D_2/F$$

$$\text{缺陷注入率}=D/F$$

$$\text{整体缺陷清除率}=D_1/D$$

假设某项目有100个功能点，在开发过程中发现15个错误，软件发布后又发现了5个

错误,则 $F=100, D_1=15, D_2=5, D=D_1+D_2=20$,则有:

$$质量 = D_2/F = 5/100 = 5\%$$

$$缺陷注入率 = D/F = 20/100 = 20\%$$

$$整体缺陷清除率 = D_1/D = 15/20 = 75\%$$

软件整体缺陷清除率越高,软件的产品质量越好,反之,软件的产品质量越差。一般而言,CMM 等级越高,软件整体缺陷清除率也相应比较高。例如,美国统计的平均整体缺陷清除率目前只达到大约 85%。而像 IBM、惠普公司的顶级项目,通过实施 CMM,其软件整体缺陷清除率可以达到 99%。

7.2 测试报告

测试需要测试团队与其他团队之间不断沟通,测试报告是实现这种沟通的一种手段。在测试过程中不断报告所发现的问题,其中有些缺陷被开发人员很快修正,但有时又产生新的缺陷,需要对新的缺陷进行报告,呈现一个缺陷动态变化的过程,直到所有的需要修正的缺陷已被处理完成,产品准备发布。

在产品验收或发布之前,测试人员需要对软件产品质量有一个完整、准确的评价,最后提交测试报告。测试报告为纠正软件存在的质量问题提供依据,并为软件验收和交付打下基础。为了完成测试报告,需要对测试过程和测试结果进行分析和评估,确认测试计划是否正确执行、测试覆盖率是否能够达到预定要求,以及对产品质量是否有信心,最终在测试报告中给出测试和产品质量的结论。

软件测试报告(参考模板)如下。

---

1 引言

1.1 编写目的

说明测试报告的具体编写目的,指出预期的阅读范围,如:

(1) 通过对测试结果的分析得到对软件的评价;

(2) 为纠正软件缺陷提供依据;

(3) 使用户对系统运行建立信心。

1.2 项目背景

对被测试对象的简要介绍、说明,如:

(1) 被测软件系统的名称;

(2) 该软件的任务提出者、开发者、用户,指出测试环境与实际运行环境之间可能存在的差异以及这些差异对测试结果的影响。

1.3 定义

列出本文件中用到的或所涉及的专业术语、缩写词的定义。

1.4 参考资料

说明软件测试所需要的资料(需求分子、设计规范等),列出要用到的参考资料,如:

(1) 本项目经核准的测试计划书和测试需求分析报告;

(2) 属于本项目其他已批准的文件,如需求文档规格说明和系统设计等文档;

(3) 本文件中各处引用的文件、资料,包括所用到的软件开发和测试标准。

2 测试对象和概要

包括测试项目、测试类型、测试阶段、测试方法和测试时间等。

用表格的形式列出每一项测试的标识符及其测试内容,并指明实际测试工作内容与测试预先设计的内容之间的差别,说明做出这种改变的原因。

3 测试结果及发现

3.1 测试1(标识符)

把本测试中实际得到的动态输出(包括内部生成数据输出)结果与动态输出的要求进行比较,陈述其中的各项发现。

3.2 测试2(标识符)

用类似3.1条的方式给出第2项及其以后各项测试内容的测试结果和发现。

4 对软件功能的结论

4.1 功能1(标识符)

4.1.1 能力

阐述该项功能,说明为满足此项功能而设计的软件能力以及经过一系列测试已证实的能力。

4.1.2 限制

说明测试数据值的范围(包括动态数据和静态数据),列出就这项功能而言,测试期间在该软件中查出的缺陷和局限性。

4.2 功能2(标识符)

用类似4.1的方式给出第2项及其后各项功能的测试结论。

5 分析摘要

5.1 测试结果分析

列出测试结果的分析记录,并按所定义的模板产生缺陷分布表和缺陷分布图,用从软件测试中发现的并最终确认的错误点等级数量来评估,如:

5.1.1 对比分析

若非首次测试,将本次测试的结果与首次测试、前一次的测试的结果进行对比分析。

5.1.2 测试评估

通过对测试结果的分析提出一个对软件能力的全面分析方案,需标明遗留缺陷、局限性和软件的约束限制等,并提出改进建议。

5.2 能力

陈述经测试证实了的本软件的能力,如果所进行的测试是为了验证一项或几项特定性能要求的实现,应提供这方面的测试结果与要求之间的比较,并确定测试环境与实际运行环境之间可能存在的差异,以及对能力的测试所带来的影响。

5.3 缺陷和限制

陈述经测试证实的软件缺陷和限制,说明每项缺陷和限制对软件性能的影响,并说明测得的全部性能缺陷的累积影响和总影响。

5.4 建议

对每项缺陷提出改进建议,如:

(1) 各项修改可采用的修改方法;

(2) 各项修改的紧迫程度;

(3) 各项修改预计的工作量;

(4) 各项修改的负责人。

5.5 评价

说明该项软件的开发是否已达到预定目标,能否交付使用。

6 测试资源消耗

总结测试工作消耗资源数量,如工作人员的水平级别数量和机时消耗等。

此模板只作为参考,应根据具体情况对相关内容进行删除或增加。

公司根据测试总结报告作出是否发布产品的决策。在理想情况下,公司希望发布零缺陷的产品,但现实情况下是不可能的,市场的压力可能导致发布带有缺陷的产品。如果产品中残留缺陷的优先级和影响度都很低,或出现这些缺陷的条件不现实,公司可能决定发布带有这些缺陷的产品。但必须在征求客户支持、开发团队和测试团队的意见之后,公司高层管理才可以做出这样的决定。

7.3 测试管理工具

测试管理包含的内容有:测试框架、测试计划与组织、测试过程管理、测试分析与缺陷管理。测试管理是为了创建一个所有测试团队成员都能使用的控制点和测试资源库。测试资源库容纳测试用例、测试脚本、测试环境、测试度量与报告等。控制点可以清晰地监控管理,从确定测试需求到创建测试用例、制订测试计划、定义测试环境、测试执行,直至跟踪缺陷这一整个测试流程,还可以支持测试过程中数据的分析和测试结果需求覆盖的统计,从而提供测试活动生命周期中每个测试里程碑的监管和目标测试软件的质量信息。

7.3.1 测试管理系统

测试管理系统是测试人员和测试管理人员对软件产品测试过程进行管理的平台。测试管理系统不仅管理测试过程中的各种测试资源、测试用例、测试环境、测试数据及测试执行结果,而且与缺陷管理、配置管理及其他开发工具等集成在一起,形成一个有机的整体。对软件测试过程中的各个步骤和各个阶段进行了有效的控制和管理,规范了软件测试流程,保证整个测试过程处于可控状态,并且提供测试结果的统计和分析。测试管理系统的构成如图 7-3 所示。

测试管理的核心是测试用例和缺陷,要建立测试用例和缺陷之间必要的映射关系。

(1) 当知道一个缺陷,就知道由哪个测试用例发现的。

(2) 可以列出任何一个测试用例所发现的缺陷的情况,据此可以知道哪些测试用例发现的缺陷较多,哪些测试用例从来没有发现过缺陷,发现过缺陷的测试用例更有价值,应优先得到执行。

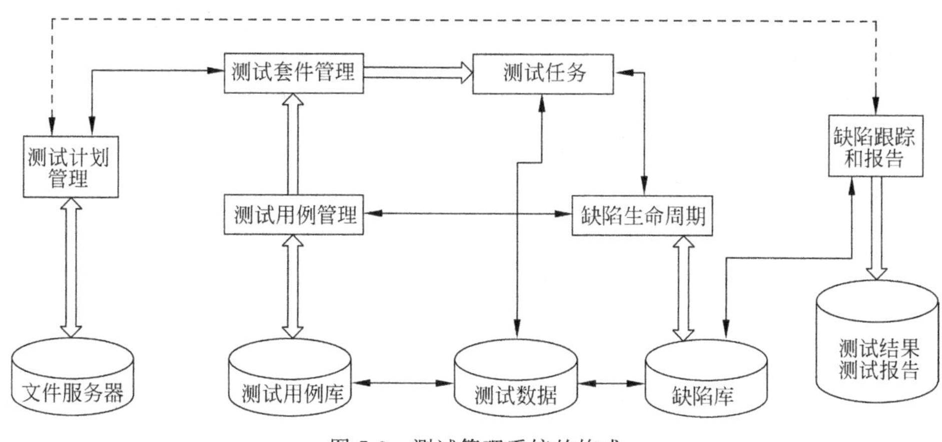

图 7-3 测试管理系统的构成

所以，测试管理系统以测试用例库、缺陷库为核心，覆盖整个测试过程所需要的组成部分。

由于测试脚本由源代码配置管理系统控制，所以不包括测试脚本的管理，且资源、需求、变更控制等项目方面的管理，属于整个软件管理过程，不属于测试管理系统。

7.3.2 测试管理工具简介

测试过程涵盖单元测试、集成测试、系统测试、回归测试、交付测试等各个阶段，如何有效地组织管理起不同阶段的测试尤为重要，测试管理工具就是在软件开发过程中，对测试需求、计划、用例和实施过程进行管理，对软件缺陷进行跟踪的工具。

下面重点介绍三种测试管理软件。

1. 禅道

禅道是第一款国产的开源项目管理软件，它的核心管理思想基于敏捷方法 scrum，scrum 是一种注重实效的敏捷项目管理方式，它规定了核心的管理框架，但具体的细节还需要团队自行扩充。禅道在遵循其管理方式基础上，又融入了国内研发现状的很多需求，比如缺陷管理、测试用例管理、发布管理及文档管理等，完整地覆盖了项目管理的核心流程。因此禅道不仅仅是一款 scrum 敏捷项目管理工具，更是一款功能完备的项目管理软件。基于 scrum，又不局限于 scrum。

禅道最大的特色是创造性地将产品、项目和测试三者的概念明确分开，互相配合，又互相制约。通过需求、任务、缺陷进行交相互动，最终通过项目拿到合格的产品。

禅道的功能具体如下所述。

(1) 产品管理：包括产品、需求、计划、发布、路线图及需求矩阵等功能。

(2) 项目管理：包括项目迭代/阶段、团队、干系人、代码库及版本等功能；项目阶段甘特图、项目周报、里程碑报告；评审管理、配置管理及项目估算；项目度量、过程定义和裁剪、QA 计划；问题管理、风险管理、机会管理及资产库管理等。

(3) 执行管理：项目的迭代(或阶段)执行过程的管理，包括任务、看板、燃尽图、分组视图、树状图、迭代需求、任务甘特图、工时明细表、任务日历及工作日志等功能。

(4) 看板管理：多空间、多看板管理、自定义看板、在制品设置及卡片归档。

（5）测试管理：用例库、用例、测试套件、测试单、测试报告及缺陷等功能。

（6）运维管理：包括制定上线计划、管理主机、机房、服务和账号等信息的功能。

（7）反馈管理：接收用户反馈，经评审可以转入需求/缺陷/任务/待办等研发流程中，并可跟踪进度；FAQ列表管理，编辑常见问答，提供更便捷的问题解答方式。

（8）文档管理：产品文档库、项目文档库、自定义文档库及文档版本对比等功能。

（9）DevOps：关联SVN、Git、GitLab代码库，代码对比、代码与需求/任务/缺陷关联多种方式触发GitLab、Jenkins中CI/CD的构建；增强GitLab集成，GitLab Server管理、关联GitLab账户、导入GitLab issue。

（10）统计报表：丰富的产品/项目/测试/组织相关的统计报表。

（11）组织管理：维护公司、部门、用户信息，设置用户权限组、视图权限、操作权限等功能。

（12）工作流：扩展内置流程，增加流程字段、动作，更匹配实际使用需求；增加自定义工作流，打造个性化流程。

（13）扩展机制：开放API接口，方便与其他系统集成；功能模块的二次开发文档。

2. JIRA

JIRA是澳大利亚Atlassian公司开发的一款问题跟踪及管理软件的工具，是集项目计划、任务分配、需求管理和缺陷跟踪于一体的软件。它是基于Java架构的管理系统，广泛应用于缺陷跟踪、客户服务、需求收集、流程审批、任务跟踪、项目跟踪和敏捷管理等工作领域。

JIRA可以对各种类型的问题进行跟踪管理，涉及的问题类型包括新功能（New Feature）、缺陷、任务（Task）和改进（Improvement），也可以自定义。JIRA是一个过程管理系统，同时融合了项目管理、任务管理和缺陷管理。JIRA功能强大，可配合组件及工具一起使用，例如Confluence用于Wiki管理需求，JIRA管理任务、进度和缺陷。

JIRA设计以项目为主线，产品、测试结合管理，通过事务控制管理。因此它的核心诉求还是围绕事务展开的，以事务驱动管理、分工以及团队协作，进而实现项目的规划、建设，最终完成产品开发。

JIRA的功能具体如下所述。

（1）问题追踪和管理。用它管理项目，跟踪任务、缺陷、需求，通过JIRA的邮件通知功能进行协作通知，在实际工作中使工作效率提高很多。

（2）问题跟进情况的分析报告。可以随时了解问题和项目的进展情况。

（3）项目类别管理功能。可以将相关的项目分组管理。

（4）组件/模块负责人功能。可以将项目的不同组件/模块指派相应的负责人，来处理所负责的组件的事务。

（5）项目Email地址功能。每个项目可以有不同的Email（该项目的通知邮件从该地址发出）。

（6）无限制的工作流：可以创建多个工作流为不同的项目使用。

3. Mantis

Mantis是一个缺陷跟踪系统，具有易安装、易操作、基于Web、支持任何可运行PHP的平台（Windows、Linux、Mac、Solaris、AS400/i5等）等特性。Mantis已经被翻译成68种语言，支持多个项目。Mantis为每一个项目设置不同的用户访问级别，提供以下功能：跟踪缺陷变更历史，定制视图页面，提供全文搜索功能，内置报表生成功能（包括图形报表），通过Email报告缺陷，用户可以监视特殊缺陷，附件可以保存在Web服务器上或数据库中（还可以备份到FTP服务器上），自定义缺陷处理工作流，支持输出格式包括CVS、Microsoft Excel、Microsoft Word，集成源代码控制（SVN与CVS），集成Wiki知识库与聊天工具（可选/可不选），支持多种数据库（MySQL、MSSQL、PostgreSQL、Oracle、DB2），提供Web Service（SOAP）接口，提供Wap访问。其基本特性如下。

（1）个人可定制的Email通知功能，每个用户可根据自身的工作特点只订阅相关缺陷状态邮件。

（2）支持多项目、多语言。

（3）权限设置灵活，不同角色有不同权限，每个项目可设为公开或私有状态，每个缺陷可设为公开或私有状态，每个缺陷可以在不同项目间移动。

（4）主页可发布项目相关新闻，方便信息传播。

（5）具有方便的缺陷关联功能，除重复缺陷外，每个缺陷都可以链接到其他相关缺陷。

（6）缺陷报告可打印或输出为CSV格式，支持可定制的报表输出，可定制用户输入域。

（7）有各种缺陷趋势图和柱状图，为项目状态分析提供依据，如果不能满足要求，可以把数据输出到Excel中做进一步分析。

（8）流程定制方便且符合标准，满足一般的缺陷跟踪。

小结

本章主要介绍软件测试报告与测试管理，以及软件缺陷跟踪相关知识，介绍了几种常见的测试管理工具。

习题

1. 判断题

（1）软件缺陷按照严重程度，划分为致命缺陷、严重缺陷、一般缺陷、较小缺陷。（ ）

（2）一般而言，最严重的缺陷应该最先被修复。（ ）

（3）软件测试中发现的任何缺陷，都应该被修复。（ ）

（4）软件测试中发现的任何缺陷，都应该被跟踪和管理。（ ）

2. 简答题

（1）软件缺陷的优先级分为哪几级？

（2）测试管理主要包含哪些内容？

（3）结合自己的理解，简述如何撰写测试报告。

第8章

智能软件测试

学习目标：

- 了解人工智能的概念、发展以及研究领域。
- 了解自动化测试的概念、条件、场景及原则等。
- 了解利用人工智能如何进行软件自动化测试。
- 了解智能软件的概念。
- 理解智能软件测试与普通软件测试的区别。
- 理解智能软件测试的典型应用。

本章介绍人工智能的基本概念，利用人工智能如何进行软件测试，智能软件的概念，智能软件测试与普通软件测试的区别，智能软件测试的典型应用。

8.1 智能软件测试概述

随着人工智能的发展，人类社会必将迈入智能时代，软件测试技术也必将由人工测试阶段走向自动化测试阶段，进而发展到智能化测试阶段。

诚然，智能软件测试现在还处于起步阶段，特别是如何在人工智能技术的帮助下，开展软件测试，是一个值得研究的课题。当下，人工智能技术在自动识别程序版本、程序变化、用户需求、软件界面等方面有一些尝试性的应用，在相关的软件测试领域也有一些探索，但总体而言尚处于起步阶段。机器人流程自动化(Robotic Process Automation，RPA)在财务软件的测试中扮演了重要角色。

着眼未来，在人工智能技术的帮助下，采用智能测试机器人开展自动化软件测试是非常值得期待的事情，测试人员可以将更多的精力投入到测试技术研究、测试理论探索和软件测试创新工作中去。

8.2 人工智能发展

8.2.1 人工智能概念

人工智能是以计算机科学为基础，研究开发用于模拟、延伸和扩展人的智能的理论、方法、技术及应用系统的一门新的技术科学。人工智能可以对人的意识、思维的信息处理过程进行模拟。人工智能不是人的智能，但能像人那样思考，也可能超过人的智能。人工智能是计算机科学的一个分支，通过了解智能的实质，生产出一种新的能以人类智能相似的方式做出反应的智能机器，该领域的研究包括机器人、语言识别、图像识别、自然语言处理和专家系统等。人工智能从诞生以来，理论和技术日益成熟，应用领域也不断扩大，未来人工智能带来的科技产品，将会是人类智慧的“容器”。

人工智能是一门极富挑战性的科学，也是一门十分广泛的科学，由不同的领域组成，包含机器学习、图像处理、图像识别等领域。从事人工智能工作的人必须懂得计算机、心理学和哲学的知识。人工智能研究的主要目标是使机器能够胜任一些通常需要人类才能完成的复杂工作。

人工智能是研究使计算机来模拟人的某些思维过程和智能行为(如学习、推理、思考、规划等)的学科，主要包括计算机实现智能的原理、制造类似于人脑智能的计算机，使计算机能实现更高层次的应用。人工智能将涉及计算机科学、心理学、哲学和语言学等学科，其范围已远远超出了计算机科学的范畴。

8.2.2 人工智能的研究领域

目前，随着人工智能研究的发展和计算机网络技术的广泛应用，人工智能技术已经应用到越来越多的领域，特别是人工智能产业链正在迅速发展，下面简要介绍几个主要研究领域。

1. 博弈

诸如下棋、打牌、战争等一类竞争性的智能活动称为博弈(game playing)。下棋是一个斗智斗策的过程，不仅要求参赛者具有超凡的记忆能力、丰富的下棋经验，而且要求有很强的思维能力，能对瞬息万变的随机情况迅速地做出反应，及时采取有效的措施。对于人类来说，博弈是一种智能性很强的竞争活动。

人工智能研究博弈的目的并不是为了让计算机与人进行下棋、打牌之类的游戏，而是通过对博弈的研究检验某些人工智能技术是否能实现对人类智慧的模拟，促进人工智能技术深入一步的研究。正如俄罗斯人工智能学者亚历山大·克隆罗德所说“象棋是人工智能中的果蝇”，将象棋在人工智能研究中的作用类比于果蝇在生物遗传研究中作为实验对象所起的作用。

2. 模式识别

模式识别(pattern recognition)是一门研究对象描述和分类方法的学科，它分析和识别的模式可以是信号、图像或者普通数据。

模式是对一个物体或者某些其他感兴趣实体定量或者结构的描述，而模式类是指具有某些共同属性的模式集合。用机器进行模式识别的主要内容是研究一种自动技术,依靠这种技术,机器可以自动或者尽可能少人工干预地把模式分配到它们各自的模式类中去。

传统的模式识别方法有统计模式识别与结构模式识别等类型。近年来迅速发展的模糊数学及人工神经网络技术已经应用到模式识别中,形成了模糊模式识别和神经网络模式识别等方法,展示了巨大的发展潜力。

3. 机器视觉

机器视觉(machine vision)或者计算机视觉(computer vision)是用机器代替人眼进行测量和判断,是模式识别研究的一个重要方面。计算机视觉通常分为低层视觉与高层视觉两类。低层视觉主要执行预处理功能,如边缘检测、移动目标检测、纹理分析、立体造型以及曲面色彩等,主要目的是使看见的对象更突出。高层视觉主要是理解对象,需要掌握与对象相关的知识。机器视觉的前沿课题包括:实时图像的并行处理,实时图像的压缩、传输与复原,三维景物的建模识别,动态和时变视觉等。

机器视觉系统是指通过图像摄取装置将被摄取的目标转换成图像信号,传送给专用的图像处理系统,根据像素分布和宽度、颜色等信息,转换成数字信号,图像系统对这些信号进行各种运算,抽取目标的特征,进而根据判断的结果来控制现场的设备动作。

机器视觉的主要研究目标是使计算机具有通过二维图像认知三维环境信息的能力,能够感知与处理三维环境中物体的形状、位置、姿态及运动等几何信息。

机器视觉与模式识别存在很大程度的交叉性,两者的主要区别是机器视觉更注重三维视觉信息的处理,而模式识别仅仅关心模式的类别。此外,模式识别还包括听觉等非视觉信息。

在国外,机器视觉的应用相当普及,主要集中在半导体及电子、汽车、冶金、食品饮料、零配件装配及制造等行业。机器视觉系统在质量检测的各个方面已经得到广泛的应用。在国内由于近年来机器视觉产品刚刚起步,目前主要集中在制药、印刷、包装及食品饮料等行业。但随着国内制造业的快速发展,对于产品检测和质量要求不断提高,各行各业对图像和机器视觉技术的工业自动化需求将越来越大,在未来制造业中将会有很大的发展空间。

4. 自然语言理解

目前人们使用计算机时,大多是用计算机的高级语言(如C、Java等语言)编制程序告诉计算机“做什么”以及“怎么做”。这对计算机的利用带来了诸多不便,严重阻碍了计算机应用的进一步推广。如果能让计算机“听懂”“看懂”人类自身的语言(如汉语、英语等),将使计算机具有更广泛的用途,特别是大大推进机器人技术的发展。自然语言理解(natural language understanding)就是研究如何让计算机理解人类自然语言,是人工智能中十分重要的一个研究领域。它是研究能够实现人与计算机之间用自然语言进行通信的理论与方法。具体地说,它要达到如下三个目标。

(1) 计算机能正确理解人们用自然语言输入的信息,并能正确回答输入信息中的有关问题。

(2) 对输入信息,计算机能够产生相应的摘要,能用不同词语复述输入信息的内容。

(3) 计算机能把用某一种自然语言表示的信息自动地翻译为用另一种自然语言表示的相同信息。

关于自然语言理解的研究可以追溯到20世纪50年代初期。当时由于通用计算机的出现，人们开始考虑把一种语言翻译成另一种语言的可能性，在此之后的十多年间，机器翻译一直是自然语言理解中的主要研究课题。起初，主要是对“词对词”的翻译，当时人们认为翻译工作只要进行“查字典”及简单的“语法分析”就可以了，通过这一举措完成翻译。出于这一认识，人们把主要精力用于在计算机内构造不同语言对照关系的词典上。但是这种方法并未达到预期的效果，以致闹出了一些阴差阳错、颠三倒四的笑话。

进入20世纪70年代后，一批采用语法、语义分析技术的自然语言理解系统脱颖而出，在语言分析的深度和难度方面都比早期的系统有了长足的进步。这期间，有代表性的系统主要有维诺格拉德(T. Winograd)于1972年研制的SHRDLU，伍兹(W. Woods)于1972年研制的LUNAR，夏克(R. Schank)于1973年研制的MARGIE等。其中，SHRDLU是一个在“积木业界”中进行英语对话的自然语言理解系统，系统模拟一个能操作桌子上一些玩具积木的机器人手臂，用户通过与计算机对话命令机器人操作积木块，如拿起或放下某个积木等。LUNAR是一个协助地质学家查找、比较和评价阿波罗-11飞船带回来的月球岩石和土壤标本化学分析数据的系统，是第一个实现了用普通英语与计算机对话的人机接口系统。MARGIE是夏克根据概念依赖理论建成的一个心理学模型，目的是研究自然语言理解的过程。

20世纪80年代后，更强调知识在自然语言理解中的重要作用，1990年8月在赫尔辛基召开的第13届国际计算机语言学大会上，首次提出了处理大规模真实文本的战略目标，并组织了“大型语料库在建造自然语言系统中的作用”“词典知识的获取与表示”等专题讲座，预示着语言信息处理的一个新时期的到来。

近年来在自然语言理解的研究中，一个值得注意的事件是语料库语言学(corpus linguistics)的崛起，它认为语言学知识来自于语料，人们只有从大规模语料库中获取理解语言的知识，才能真正实现对语言的理解。目前，基于语料库的自然语言理解方法还不成熟，正处于研究之中，但它是一个应引起重视的研究方向。

2012年11月，微软公司在天津公开演示了全自动的同声传译系统，讲演者用英语演讲，后台的计算机一气呵成自动完成语音识别、英中机器翻译以及中文语言合成，效果非常流畅。

5. 智能信息检索

数据库系统是存储大量信息的计算机系统。随着计算机应用的发展，存储的信息量越来越庞大，研究智能信息检索系统具有重要的理论意义和实际应用价值。

智能信息检索系统应具有下述功能。

(1) 能理解自然语言，允许用户使用自然语言提出检索要求和询问。

(2) 具有推理能力，能根据数据库存储的事实，推理产生用户要求和询问的答案。

(3) 系统拥有一定的常识性知识，根据这些常识性知识和专业知识能演绎推理出专业知识中没有包含的答案。例如，某单位的人事档案数据库中有下列事实：“张强是采购部工作人员”“李明是采购部经理”。如果系统具有“部门经理是该部门工作人员的领导”这一常识性知识，就可以对询问“谁是张强的领导”演绎推理出答案为“李明”。

6. 数据挖掘与知识发现

随着计算机网络的飞速发展，计算机处理的信息量越来越大。数据库中包含的大量信息无法得到充分的利用，造成信息浪费，甚至变成大量的数据垃圾。因此，人们开始考虑以数据库作为新的知识源。数据挖掘(data mining)和知识发现(knowledge discovery)自 20 世纪 90 年代初期开始成为活跃的研究领域。

知识发现系统通过各种学习方法，自动处理数据库中大量的原始数据，提炼出具有必然性且有意义的知识，从而揭示出蕴含在这些数据背后的内在联系和本质规律，实现知识的自动获取。知识发现是从数据库中发现知识的全过程，而数据挖掘则是这个全过程的一个特定的关键步骤。

数据挖掘的目的是从数据库中找出有意义的模式。这些模式可以是一组规则、聚类、决策树、依赖网络或其他方式表示的知识。一个典型的数据挖掘过程可以分为 4 个阶段：数据预处理、建模、模型评估及模型应用。数据预处理阶段主要包括数据的理解、属性选择、连续属性离散化、数据中噪声及丢失值处理、实例选择等。建模包括学习算法的选择和算法参数的确定等。模型评估是进行模型训练和测试，对得到的模型进行评价。在得到满意的模型后，就可以运用此模型对新数据进行解释。

7. 专家系统

专家系统是目前人工智能中最活跃、最有成效的一个研究领域。自 1965 年 E. Feigenbaum 等研制出第一个专家系统 DENDRAL 以来，它获得了迅速的发展，广泛地应用于医疗诊断、地质勘探、石油化工、教学等各个方面，产生了巨大的社会效益和经济效益。

专家系统是一个智能的计算机程序，运用知识和推理步骤来解决只有专家才能解决的困难问题。因此，可以这样来定义：专家系统是一种具有特定领域内大量知识与经验的程序系统，它应用人工智能技术、模拟人类专家求解问题的思维过程求解领域内的各种问题，其水平可以达到甚至超过人类专家的水平。

8. 机器人

机器人是指可模拟人类行为的机器。人工智能的所有技术几乎都可以在它身上得到应用，因此，它可作为人工智能理论、方法、技术的实验场地。反过来，对机器人的研究又可大大地推动人工智能研究的发展。

自 20 世纪 60 年代初研制出尤尼梅特和沃莎特兰这两种机器人以来，机器人的研究已经从低级到高级经历了三代的发展历程。从程序控制机器人(第一代)到自适应机器人(第二代)，目前发展到智能机器人，即具有类似于人的智能机器人。它具有感知环境的能力，配备有视觉、听觉、触觉和嗅觉等感觉器官，能从外部环境中获取有关信息。智能机器人具有思维能力，能对感知到的信息进行处理，以控制自己的行为。智能机器人具有作用于环境的行为能力，能通过传动机构使自己的“手”“脚”等肢体行动起来，正确、灵巧地执行思维机构下达的命令。目前研制的机器人大都只具有部分智能，真正的智能机器人还处于研究之中，但现在已经迅速发展为新兴的高技术产业。

目前，机器人已经活跃在各种生产线，涉及自动化、金属加工、食品和塑料等诸多行业。亚马逊机器人物流系统中，机器人取代仓库工人，从早到晚不断地抬起 150 磅的重物，分类后装上卡车。柯马(COMAU)公司开发的生产线上分布着 250 个机器人，没有一个工人。每个工位的机器人相互合作，对生产线源头进入的汽车空壳进行焊接、上底板、上螺丝等。目前，已有公司已经用机器人生产机器人。

自动驾驶作为轮式机器人的典型应用已经走向实用化。2012 年 3 月 1 日美国内华达州立法机关允许自动驾驶车辆上路生效。2012 年 5 月 7 日，内华达州机动车辆管理局

(DMV)批准了美国首个自动驾驶车辆许可证。据专家预测,到2026年,无人驾驶汽车将占全美汽车总量的10%。到2050年,大多数货车将实现无人驾驶。无人驾驶汽车拥有巨大潜力,可大幅增加安全性,减少温室气体排放,同时改变交通模式。

9. 人工神经网络

人工神经网络是一个用大量简单处理单元经广泛连接而组成的人工网络,用来模拟大脑神经系统的结构和功能。早在1943年,神经和解剖学家麦卡洛克(McCulloch)和数学家皮茨(Pitts)就提出了神经元的数学模型(MP模型),从此开创了神经科学理论研究的时代。20世纪60年代至70年代,由于神经网络研究自身的局限性,致使其研究陷入了低潮。特别是著名人工智能学者马文·明斯基(Marvin Minsky)等在1969年以批评的观点编写的很有影响的*Perceptrons*,直接导致神经网络的研究进入萧条时期。具有讽刺意味的是Bryson和Ho在1969年就已经提出了BP算法,而直到1974年哈佛大学的保罗·韦伯斯(Paul Werbos)才发明BP算法。20世纪80年代,对神经网络的研究取得突破性进展,特别是鲁梅尔哈特(Rumelhart)和麦克莱兰(McClelland)等于1985年提出多层前向神经网络的BP学习算法,霍普菲尔德提出霍普菲尔德神经网络模型,有力地推动了神经网络的研究,由此又使人工神经网络的研究进入了一个新的发展时期,取得了许多研究成果。

现在,神经网络已经成为人工智能中一个极其重要的研究领域。对神经网络模型、算法、理论分析和硬件实现的大量研究,为神经网络走向应用提供了物质基础。神经网络已经在模式识别、图像处理、组合优化、自动控制、信息处理、机器人学等领域获得日益广泛的应用。

10. 智能仿真

智能仿真就是将人工智能技术引入仿真领域,建立智能仿真系统。我们知道,仿真是对动态模型的实验,即行为产生器在规定的实验条件下驱动模型,从而产生模型行为。具体地说,仿真是在三种类型知识——描述性知识、目的性知识及处理知识的基础上产生另一种形式的知识——结论性知识。因此可以将仿真看作一个特殊的知识变换器,从这个意义上讲,人工智能与仿真有着密切的关系。

利用人工智能技术能对整个仿真过程(包括建模、实验运行及结果分析)进行指导,能改善仿真模型的描述能力,在仿真模型中引进知识表示将为研究面向目标的建模语言打下基础,提高仿真工具面向用户、面向问题的能力。从另一方面讲,仿真与人工智能相结合可使仿真更有效地用于决策,更好地用于分析、设计及评价知识库系统,从而推动人工智能技术的发展。正是基于这些方面,近年来,将人工智能特别是专家系统与仿真相结合,就成为仿真领域中一个十分重要的研究方向,引起了大批仿真专家的关注。

11. 智能管理与智能决策

智能管理是现代管理科学技术发展的新动向。智能管理是人工智能与管理科学、系统工程、计算机技术及通信技术等多学科、多技术互相结合、互相渗透而产生的一门新技术、新学科。

智能管理就是把人工智能技术引入管理领域,建立智能管理系统,研究如何提高计算机管理系统的智能水平,以及智能管理系统的设计理论、方法与实现技术。

智能管理系统是在管理信息系统、办公自动化系统、决策支持系统的功能集成和技术集成的基础上,应用人工智能专家系统知识工程、模式识别、人工神经网络等方法和技术,进行智能化、集成化、协调化,设计和实现的新一代的计算机管理系统。

智能决策就是把人工智能技术引入决策过程,建立智能决策支持系统。智能决策支持系统是在20世纪80年代初提出的。它融合了决策支持系统与人工智能,特别是专家系统中知识处理的特长,既可以进行定量分析,又可以进行定性分析,能有效地解决半结构化和非结构化的问题。从而,扩大了决策支持系统的范围,提高了决策支持系统的能力。据专家预测,2026年,首台人工智能机器将加入公司董事会,作为决策工具。人工智能可吸收过去经验,并根据数据和过去的经验进行科学决策。

智能决策支持系统是在传统决策支持系统的基础上发展起来的,由传统决策支持系统再加上相应的智能部件就构成了智能决策支持系统。智能部件可以有多种模式,例如专家系统模式或知识库模式等。专家系统模式是把专家系统作为智能部件,这是目前比较流行的一种模式。该模式适合于以知识处理为主的问题,但它与决策支持系统的接口比较困难。知识库系统模式是以知识库作为智能部件。在这种情况下,决策支持系统就是由模型库方法库、知识库数据库组成的系统。这种模式接口比较容易实现,其整体性能也较好。

一般来说,智能部件中可以包含如下一些知识。

(1) 建立决策模型和评价模型的知识。

(2) 如何形成候选方案的知识。

(3) 建立评价标准的知识。

(4) 如何修正候选方案,从而得到更好候选方案的知识。

(5) 完善数据库,改进对它的操作及维护的知识。

12. 人工生命

1987年计算机科学家克里斯托夫·朗顿(Christopher Langton)博士在美国洛斯·阿莫斯国家实验室(Los Alamos National Laboratory)召开的“生成以及模拟生命系统的国际会议”上首先提出人工生命(Artificial Life,AL)的概念。

人工生命是以计算机为研究工具,模拟自然界的生命现象,生成表现自然生命系统行为特点的仿真系统。主要研究天体生物学、宇宙生物学、自催化系统、分子自装配系统及分子信息处理等的生命自组织和自复制;同时研究多细胞发育、基因调节网络、自然和人工的形态形成理论;研究生命系统的复杂性;研究进化的模式和方式、人工仿生学、进化博弈、分子进化、免疫系统进化、学习等;具有自治性、智能性、反应性、预动性和社会性的智能主体的形式化模型、通信方式协作策略;研究生物感悟的机器人、自治和自适应进化机器人、人工脑。

8.3 自动化测试

自动化测试是把以人为驱动的测试行为转化为机器执行的一种过程。通常,在设计了测试用例并通过评审之后,由测试人员根据测试用例中描述的规程一步步执行测试,得到实际结果与期望结果的比较。在此过程中,为了节省人力、时间或硬件资源,提高测试效率,出现了自动化测试的概念。

8.3.1 自动化测试条件

实施自动化测试之前需要对软件开发过程进行分析，以观察其是否适合使用自动化测试。通常需要同时满足以下条件。

1. 需求变动不频繁

测试脚本的稳定性决定了自动化测试的维护成本。如果软件需求变动过于频繁，测试人员需要根据变动的需求来更新测试用例以及相关的测试脚本，而脚本的维护本身就是一个代码开发的过程，需要修改、调试，必要的时候还要修改自动化测试的框架，如果所花费的成本不低于利用其节省的测试成本，那么自动化测试便是失败的。

项目中的某些模块相对稳定，而某些模块需求变动性很大。我们便可对相对稳定的模块进行自动化测试，而变动较大的仍是用手工测试。

2. 项目周期足够长

自动化测试需求的确定、自动化测试框架的设计、测试脚本的编写与调试均需要相当长的时间来完成，这样的过程本身就是一个测试软件的开发过程，需要较长的时间来完成。如果项目的周期比较短，没有足够的时间去支持这样一个过程，那么自动化测试便成为笑谈。

3. 自动化测试脚本可重复使用

如果费尽心思开发了一套近乎完美的自动化测试脚本，但是脚本的重复使用率很低，致使其所耗费的成本大于所创造的经济价值，自动化测试便成为了测试人员的练手之作，而并非真正可产生效益的测试手段了。

另外，在手工测试无法完成，需要投入大量时间与人力时也需要考虑引入自动化测试。比如性能测试、配置测试、大数据量输入测试等。

8.3.2 自动化测试场合

一般地，自动化测试适用于以下场合。

(1) 回归测试，重复单一的数据录入或是击键等测试操作造成了不必要的时间浪费和人力浪费。

(2) 测试人员对程序的理解和对设计文档的验证通常也要借助于测试自动化工具。

(3) 采用自动化测试工具有利于测试报告文档的生成和版本的连贯性。

(4) 自动化工具能够确定测试用例的覆盖路径，确定测试用例集对程序逻辑流程和控制流程的覆盖。

软件测试自动化的研究领域主要集中在软件测试流程的自动化管理以及动态测试的自动化(如单元测试、功能测试以及性能)。在这两个领域，与手工测试相比，测试自动化的优势是明显的。首先自动化测试可以提高测试效率，使测试人员更加专注于新的测试模块的建立和开发，从而提高测试覆盖率。

其次，自动化测试便于测试资产的数字化管理，使得测试资产在整个测试生命周期内可以得到复用，这个特点在功能测试和回归测试中尤其具有意义。

此外，测试流程自动化管理可以使机构的测试活动开展更加过程化，这符合 CMMI 过程改进的思想。根据 OppenheimerFunds 的调查，全球范围内由于采用了测试自动化手段所实现的投资回报率高达 1500%。

8.3.3 自动化测试原则

自动化测试存在优势是否就一定意味着选择自动化测试方案都能为企业带来效益回报呢？也不尽然，任何一种产品化的测试自动化工具，都可能存在与某具体项目不甚贴切的地方。再加上，在企业内部通常存在许多不同种类的应用平台，应用开发技术也不尽相同，甚至在一个应用中可能就跨越了多种平台，或同一应用的不同版本之间存在技术差异。所以选择软件测试自动化方案必须深刻理解这一选择可能带来的变动、来自诸多方面的风险和成本开销。

企业用户进行软件测试自动化方案选型的参考性原则，这些原则是从实际工作中凝练而成的，主要有6方面。

(1) 选择尽可能少的自动化产品覆盖尽可能多的平台，以降低产品投资和团队的学习成本。

(2) 测试流程管理自动化通常应该优先考虑，以满足为企业测试团队提供流程管理支持的需求。

(3) 在投资有限的情况下，性能测试自动化产品将优先于功能测试自动化。

(4) 在考虑产品性价比的同时，应充分关注产品的支持服务和售后服务的完善性。

(5) 尽量选择趋于主流的产品，以便通过行业间交流甚至网络等方式获得更为广泛的经验和支持。

(6) 应对测试自动化方案的可扩展性提出要求，以满足企业不断发展的技术和业务需求。

8.3.4 自动化测试过程

自动化测试与软件开发过程从本质上来讲是一样的，无非是利用自动化测试工具(相当于软件开发工具)，经过对测试需求的分析(软件过程中的需求分析)，设计出自动化测试用例(软件过程中的需求规格)，从而搭建自动化测试的框架(软件过程中的概要设计)，设计与编写自动化脚本(详细设计与编码)，测试脚本的正确性，从而完成该套测试脚本(即主要功能为测试的应用软件)。

1. 自动化测试需求分析

当测试项目满足了自动化的前提条件，并确定在该项目中需要使用自动化测试时，我们便开始进行自动化测试需求分析。此过程需要确定自动化测试的范围以及相应的测试用例、测试数据，并形成详细的文档，以便于自动化测试框架的建立。

2. 自动化测试框架的搭建

所谓自动化测试框架便是像软件架构一般，定义了在使用该套脚本时需要调用哪些文件、结构，调用的过程以及文件结构如何划分。

而根据自动化测试用例，能够定位出自动化测试框架的典型要素。

(1) 公用的对象。不同的测试用例会有一些相同的对象被重复使用，比如窗口、按钮和页面等。这些公用的对象可被抽取出来，在编写脚本时随时调用。当这些对象的属性因为需求的变更而改变时，只需要修改该对象的属性即可，而无须修改所有相关的测试脚本。

(2) 公用的环境。各测试用例也会用到相同的测试环境，将该测试环境独立封装，在各个测试用例中灵活调用，也能增强脚本的可维护性。

(3) 公用的方法。当测试工具没有需要的方法时，而该方法又会被经常使用，便需要自己编写该方法，以方便脚本的调用。

(4) 测试数据。也许一个测试用例需要执行很多个测试数据，便可将测试数据放在一个独立的文件中，由测试脚本执行到该用例时读取数据文件，从而达到数据覆盖的目的。

在框架中需要将这些典型要素考虑进去，在测试用例中抽取出公用的元素放入已定义的文件，设定好调用的过程。

8.3.5 自动化测试典型应用 Selenium

Selenium 是一个用于 Web 应用程序自动化测试的工具。Selenium 测试直接运行在浏览器中，就像真正的用户在操作一样。支持的浏览器包括 IE、Mozilla Firefox、Safari、Google Chrome、Opera 及 Edge 等。这个工具的主要功能包括：测试与浏览器的兼容性——测试应用程序是否能够很好地工作在不同浏览器和操作系统上。测试系统功能——创建回归测试检验软件功能和用户需求。支持自动录制动作和自动生成.Net、Java、Perl 等不同语言的测试脚本。

1. Selenium 功能

框架底层使用 JavaScript 模拟真实用户对浏览器进行操作。测试脚本执行时，浏览器自动按照脚本代码做出点击、输入、打开、验证等操作，就像真实用户所做的一样，从终端用户的角度测试应用程序，使浏览器兼容性测试自动化成为可能。尽管在不同的浏览器上依然有细微的差别。使用简单，可使用 Java 和 Python 等多种语言编写用例脚本。

2. Selenium 优势

与其他测试工具相比，使用 Selenium 的最大好处是 Selenium 测试直接在浏览器中运行，就像真实用户所做的一样。Selenium 测试可以在 Windows、Linux 和 Macintosh 上的 Internet Explorer、Chrome 和 Firefox 中运行。其他测试工具都不能覆盖如此多的平台，使用 Selenium 和在浏览器中运行测试还有很多其他好处。

Selenium 完全开源，对商业用户也没有任何限制，支持分布式，拥有成熟的社区与学习文档。通过编写模仿用户操作的 Selenium 测试脚本，可以从终端用户的角度测试应用程序。通过在不同浏览器中运行测试，更容易发现浏览器的不兼容性。Selenium 的核心，也称 browser bot 是用 JavaScript 编写的，这使得测试脚本可以在受支持的浏览器中运行。browser bot 负责执行从测试脚本接收到的命令，测试脚本要么是用 HTML 的表布局编写的，要么是使用一种受支持的编程语言编写的。

3. Selenium 应用-以 Python 为例

(1) Selenium 安装。在 Python 环境下使用安装命令：

```
pip install selenium
```

针对不同的浏览器，需要安装不同的驱动。

(2) 定位页面元素，具体代码如下：

```
#打开指定页面
from selenium import webdriver
```

```
option = webdriver.ChromeOptions();
option.add_experimental_option("detach", True);
driver = webdriver.Chrome(chrome_options = option);
driver.get('https://www.csdn.net/');
#id 定位
driver.find_element_by_id("toolbar - search - input");
#name 定位
driver.find_element_by_name("keywords");
#class 定位
driver.find_element_by_class_name("toolbar - search - container");
#tag 定位
driver.find_element_by_tag_name("div");
#xpath 定位
driver.find_element_by_xpath("/html/body/div/div/div[2]/div/div/input");
#css 定位
driver.find_element_by_css_selector('html > body > div > div > div > div > div > div > input');
```

(3) 浏览器控制。

```
#修改浏览器窗口的大小:
driver.set_window_size(600, 800);
#实现页面的后退与前进:
driver.back();
driver.forward();
#浏览器刷新:
driver.refresh()
#浏览器窗口切换
windows = driver.window_handles;                    //获取打开的多个窗口句柄
driver.switch_to.window(windows[ - 1]);             //切换到当前最新打开的窗口
```

(4) 鼠标控制。

```
# 单击
button = = driver.find_element_by_xpath('// * /span');              //定位搜索按钮
button.click();                                                     //执行单击操作
# 右击
from selenium.webdriver.common.action_chains import ActionChains
ActionChains(driver).context_click(button).perform();
# 双击
ActionChains(driver).double_click(button).perform();
# 拖动
ActionChains(driver).drag_and_drop(source, target).perform();
# 悬停
ActionChains(driver).move_to_element(collect).perform();
```

(5) 键盘控制。

```
from selenium.webdriver.common.keys import Keys
#定位输入框并输入文本
driver.find_element_by_id('xxx').send_keys('Dream、killer');
#模拟 Enter 进行跳转
driver.find_element_by_id('xxx').send_keys(Keys.ENTER);
```

```
#使用 Backspace 来删除一个字符
driver.find_element_by_id('xxx').send_keys(Keys.BACK_SPACE);
#Ctrl + A 全选输入框中内容
driver.find_element_by_id('xxx').send_keys(Keys.CONTROL, 'a');
#Ctrl + C 复制输入框中内容
driver.find_element_by_id('xxx').send_keys(Keys.CONTROL, 'c');
#Ctrl + V 粘贴输入框中内容
driver.find_element_by_id('xxx').send_keys(Keys.CONTROL, 'v');
```

8.4 基于人工智能的软件测试

相较于手工测试，自动化测试有了很大的效率提高，但自动化测试是基于脚本录制、编写、回放的机制进行的，其脚本的编写效率和可维护性等方面还存在很多问题，特别是对于非 IT 专业人员进行自动化测试是有一定难度的。

基于人工智能的软件测试，其核心是引进人工智能算法，对软件测试进行建模，可以是基于软件界面进行建模，通过模型产生大量的具有业务逻辑的测试步骤组合，即测试用例。

在自动化测试的基础上，通过人工智能算法，对海量的测试用例根据测试覆盖率和缺陷发现率两个目标进行优选，优先执行高价值的测试用例，这样就使得原来的功能测试脚本执行动态化了，也就是说，以前基于脚本的自动化测试无论执行多少次，脚本所验证的测试点和运行路径都是完全一样的，但是在基于人工智能优化后的模型下，每次测试的测试路径都是根据上一次测试的数据结果决定的。

8.4.1 基于人工智能的软件测试概述

软件测试的过程如图 8-1 所示，利用人工智能实现测试自动化在发现问题、记录问题、修复问题、再现问题方面面临着困难与挑战，只有跟踪问题才可以实现自动化。

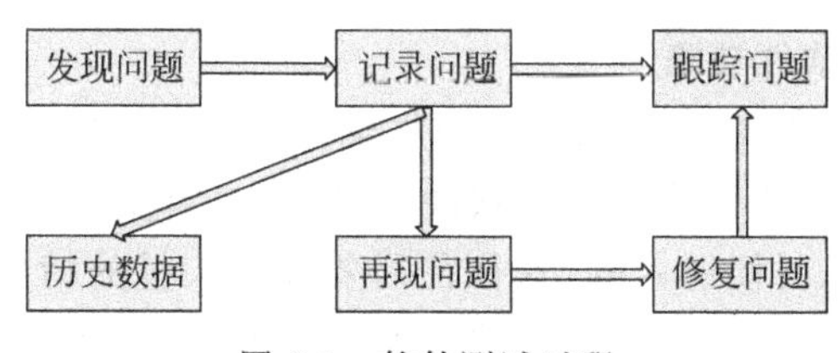

图 8-1 软件测试过程

利用人工智能实现测试自动化需要自动判定测试运行结果的对错、自动验证测试报告、自动挑选测试报告、对程序进行自动的修复。

人工智能时代，软件测试可能会发生巨大变化，大多数情况下的测试活动是对软件已经进行过的重复测试，进行这样的测试会浪费大量的人力和时间，这种现象在软件测试中十分普遍。随着系统软件、应用及项目的不断扩大，涉及的参数也会增加，从而会导致给测试团队带来额外的工作量，往往会超出测试团队的能力和工作时间的范畴。同时手动测试还会面临可伸缩性的问题，这会需要对多台机器进行管理，这种方法复杂又烦琐。

使用人工智能机器人完成 80%的重复性任务，20%的工作可以通过人类的创造力和推理能力进行手工测试。

人工智能可以做一些例如测试数据的数量或回归测试等重复性的任务，而测试人员可以专注于处理系统集成等创造性的和困难的任务。

使用人工智能机器人，测试人员可以重构测试以合并新的参数，这会使得测试的覆盖率增加却不会给测试团队带来额外的工作量。

人工智能可以自动创建测试用例，这降低了使用内置标准的工作级别。人工智能通过理解用户接受标准，自动生成测试代码或伪代码，测试自动化可以节省大量的时间和成本。

人工智能还可以进行无代码测试自动化，可以在web或移动应用程序上自动创建和运行测试，而无须编写任何代码。

人工智能机器人可以全天候工作，可以在任何需要的时候帮助调试项目，因此测试无须人工干预也可以运行很长的时间。

8.4.2 基于人工智能的软件测试优势

1. 使得测试变得更简单

机器学习擅长的就是通过数据训练来完成新的情形处理，这意味着测试人员将不需要大量手工编写自动化测试用例和执行测试，而是利用人工智能自动创建测试用例并执行。

测试人员的主要工作不再是执行测试，甚至也不是设计自动化测试用例，而是提供输入/输出数据来训练人工智能，最终可以让人工智能自动生成测试用例并执行。对于某些通用测试，只需要一个被验证过的模型，甚至连数据也无须提供。这种能够自动生成测试用例的系统叫AI bot，可以一次生成大量的组合测试用例，有效解决功能点和测试点的覆盖空白问题。

大约80%的测试工作到时候将由AI bot自动完成，而测试人员的主要精力将会被解放出来以放在更有创造性和探索性的测试任务上。这已经变为现实，比如App diff是一个基于人工智能的移动App自动化测试平台，能够完成一个典型移动App 90%的界面测试，而且它比手工测试做得更好。

2. 可以发现更多的软件缺陷

AI bot一边测试一边时刻不停地新增数据输入，测试能力会越来越好，因而能够发现更多的缺陷。与此同时，对于迭代频繁的软件开发而言，当发现一个缺陷后，测试人员常常需要确定这个缺陷是什么时候引入的，这往往需要耗费大量的精力和时间，而AI bot能够持续地跟踪软件开发过程，找出其中缺陷被引入的时间，从而为开发人员提供有效信息。

3. 基于人工智能的测试也会让测试人员感到困惑

测试人员可能会怀疑人工智能测试的有效性，要消除这种不信任，测试人员需要掌握不同于传统测试人员所需的技能，需要更多聚焦在数据科学技能上，还需要了解机器学习的原理。

AI bot适合那些重复性较强的测试任务，如果测试人员的工作内容重复性较高，无创造性，那么迟早会被人工智能取代。然而对于那些需要一些创造性和比较困难的测试任务，人工智能目前还无能为力。

8.4.3 基于人工智能的软件测试级别

通过智能技术进行软件测试有一个持续的发展过程。关于人工智能测试有5个定义的级别。

1. 第0级——非自主

为了运行自动化测试用例,需要编写代码在应用程序上运行这些步骤。一旦测试套件被开发就能在每个交付中重用。代码的编写是由测试人员手工完成的,以应用程序页面中的表单为例,每当添加一些功能时,如果添加了一些与该功能相关的新字段,就需要添加一个测试。在页面中添加表单意味着需要创建一个测试来检查页面中的所有字段。因此,当测试失败时,必须与开发人员确认是否部署了新的开发更改,或者它是一个缺陷。这种在测试过程中不涉及 AI bot 的基本自动化是人工智能测试的 0 级。

2. 第1级——自主

可以通过列举一个自动驾驶汽车的例子来解释这种级别的测试。如果为自动驾驶汽车提供良好的视野,自动驾驶汽车将更加独立和强大。同样的,测试系统如果加入人工智能会加强测试的效果。如果考虑 DOM 的例子,它能够在屏幕上找到元素并将其用于自动化,但它将永远不能识别其他缺陷,如页面当前位置不正确或某些元素隐藏了页面的某些部分的可见性。

测试人员查看应用程序页面时,当特定的操作被执行时,能一眼识别显示的所有字段值和检查是否与预期值一致,也能够识别页面的位置是否如预期正确。相似的人工智能应该能够马上捕捉到这个。人工智能必须是自给自足的,并能够考虑所有因素,而这些因素是人类在测试网页元素时手动执行的,所以第 1 级在参考基线的帮助下执行。

人工智能是自我装备的,不需要指定它的所有步骤。一些内置的功能可以自动执行简单的操作。人工智能运行测试用例的执行和持续追踪套件的执行状态,汇总了成功执行的用例,同时通知测试集失败的地方。这提供了识别缺陷和错误的自由,这些缺陷和错误应该优先考虑,以便更好地稳定系统。

3. 第2级——部分自动化

在上面的第 1 级-自主中已经讨论了如何严格工作。通过代码编写所有步骤执行自动化脚本可以很容易地移交给人工智能系统。无论是工作还是检查数据库值,或验证屏幕元素或检查网页的大小和尺寸都可以由人工智能使用算法来测试。

第 1 级可以确定通过和失败的测试集状态,但确定优先级和风险与缺陷仍是测试人员的工作。必须分析这些错误在系统里所带来的影响是什么,哪些需要在当前版本被修复和交付。这一级未能考虑的另一个因素是缺陷的冗余错误,例如:如果同样的问题落在很多测试用例,它会统计每一个缺陷都是独一无二的。

第 2 级人工智能现在能够识别错误的相似性,它可以聚焦并突出导致这些错误的准确问题区域,从而减少冗余缺陷的验证。它提供了一组相似的缺陷,减少了人工对类似问题进行分组的工作量。通过这些缺陷,人工可以检查缺陷的优先级和影响。根据这个分析决定是修复还是忽略当前的问题。

4. 第3级——条件自动化

在上面的例子中,2 级有自己的约束,例如页面元素的对齐和定位是在基线的支持下完成的。3 级帮助超越这些约束,在这里 3 级 AI 使用机器学习的概念。对于以上页面场景,第 3 级 AI 测试现在可以自己检查页面对齐和定位,而不需要任何参考基线。机器学习技术有助于在视觉上识别页面,然后可以参考客户的规格文件,并比较网页的大小、颜色、字体与预期的标准。

3 级适用在数据方面,也可以验证页面的数据驱动的元素,为一个数字字段检查它的上限、下限、数值数据而不是字母被接受、为日期字段检查有效的日期格式、为文本字段检查可以输入的最大长度等。这种人工智能是独立工作的，它所提供的协议能够自己测试一个应用程序，它首先理解这些规则，然后根据这些规则设计测试来进行应用程序测试。现在，对于新引入的变化，3 级适应变化，所以不需要人类的批准。人工智能致力于机器学习，并持续监控这些变化，然后将它们与旧版本进行比较，最后只生成那些需要人工批准的变化，这一点具有关键的区别。

5. 第 4 级——高自动化

第 3 级能够使用人工智能自动化执行用例，但那些触发 AI 算法仍然需要人工输入，第 4 级高自动化会克服这个障碍，AI 本身也可以触发自动化。同时，第 4 级高级自动化增加了检查的能力，这是使用强化学习技术完成的，它是机器学习的一个版本，现在人工智能可以区分它的视觉。例如登录航空公司网站订票，第一页是在网站上注册，第二页是预订页面，按选定的日期和时间，提供选择飞往不同的位置，第三页是支付页面，第四页显示购买机票的结果与机票交易细节。现在 4 级 AI 能够区分这 4 页，因此无论何时移动这些特定的页面：注册、预订、支付、总结，它能够识别页面和简单地执行为特定页面设计的动作并完成整个本身的任务序列而不需要人工输入。

6. 第 5 级——全自动化

第 5 级是一个高级的人工智能，目前还只是一个虚构的存在。这里的概念是为机器提供比人脑更多的智能。这一层次的人工智能将能够用自己的思维能力驱动与人类的对话，思想和想法是由人工智能本身产生的，而不是人类在人工智能系统中预先设定好的。

8.4.4 基于人工智能的自动判定用例

将人工智能技术融入软件测试当中，可以实现对测试结果的自动判定，比如利用自然语言处理技术对需求分析中上下文进行分析，给出测试用例设计逻辑等，利用图像识别技术判断界面设计是否符合需求等，这些都是基于人工智能的软件测试的发展方向。

自动判定测试用例的运行结果对错，可以通过设计测试用例、运行测试用例来判定测试用例是否通过。测试用例可以手动编写也可以自动生成，还可以依赖蜕变测试、常识、自动验证错误报告等方式。

1. 手动编写测试用例

```
import static org.junit.Assert.assertEquals;
import org.junit.Test;
public class CalculatorTest{
        Calculator cal = new Calculator();
        publit void testAdd(){
        System.out.println("JUnit");
        assertEquals(3,cal.add(1,2)));
}
```

2. 自动生成测试用例

```
import static org.junit.Assert.assertEquals;
import org.junit.Test;
public class CalculatorTest{
```

```
        Calculator cal = new Calculator();
        publit void testAdd(){
        System.out.println("JUnit");
        cal.add(1,2);
}
```

3. 蜕变测试

```
add(n,m) = ?
Add(n,m)< add(n + 1,m)
Assert(cal.add(1,2) - add(2,2)< 0)
Assert(cal.add(1,2) == add(2,1))
```

4. 常识

基于常识判断软件应用程序运行的对错，比如姓名一般为汉字表示，如果出现名字为数字则明显判定运行程序为错。邮件地址中必须存在“@”、“.”等规则作为智能测试用例判定的依据等。

5. 自动验证错误报告

如何实现错误验证报告的自动验证，首先是要自动提取错误报告，利用自然语言处理技术对错误报告进行处理，但是目前真正想实现自动验证在技术上还是难点。

6. 自动修复软件缺陷

通过测试用例获知软件有缺陷、通过分析测试用例进行错误定位、修复可疑语句，自动修复软件缺陷的方法包括基于变异的修复方法和基于模式的修复。

基于变异的修复方法中变异算子是将给定数学符号替换为其他数学符号，或从本项目内部其他地方复制一个条件替换，或从其他开源软件随机复制替换，基于测试用例验证补丁的有效性。

基于模式的修复，指获取大量的程序缺陷以及补丁(修复代码)，利用数据挖掘的方法学习缺陷修复的模式。给定一个缺陷，人工智能可预测使用哪个修复模式。

8.4.5 基于人工智能的测试软件

在软件测试中引入人工智能技术，可以帮助测试人员更加智能地进行工作，尤其是在测试设计、脚本编写，甚至测试方法上都有了一定的创新。诚然，基于人工智能的测试软件仍处于起步阶段。下面介绍几种基于人工智能的测试软件。

1. EggPlant

EggPlant 是一款基于人工智能的自动化测试软件，EggPlant 与传统的测试工具在方式上完全不同，它是基于图像识别的自动化功能测试工具，能够让测试人员像终端用户一样与被测试软件进行交互。更直观地讲，EggPlant 通过图像识别算法，发现程序执行的预期结果与实际结果存在哪些差异，甚至是不同的颜色，来判断程序执行结果是否正确。这样的操作让测试人员只需要学习少量的编程技巧就能直观地部署自动化测试。从这个角度而言，测试技术和被测试软件的底层实现技术是无关的。

EggPlant 支持各种应用，如网页应用、移动应用，各种常见的程序架构，如 B/S 架构、C/S 架构，以及各种操作系统环境下的各类软件。同时，EggPlant 还支持完善的测试管理和持续集成(Continuous Integration，CI)。

EggPlant 测试原理如图 8-2 所示。采用人工智能技术，EggPlant 通过黑盒测试方法进行功能测试，不需要了解被测试程序的底层技术，通过虚拟网络控制台(Virtual Network Console，VNC)传递图像信息进行分析即可。EggPlant 通过精确的图像识别算法，分析判断测试结果正确与否。EggPlant 还支持通过光学字符识别技术(Optical Character Recognition，OCR)对屏幕上的文本进行识别，以判断测试结果的正确与否。

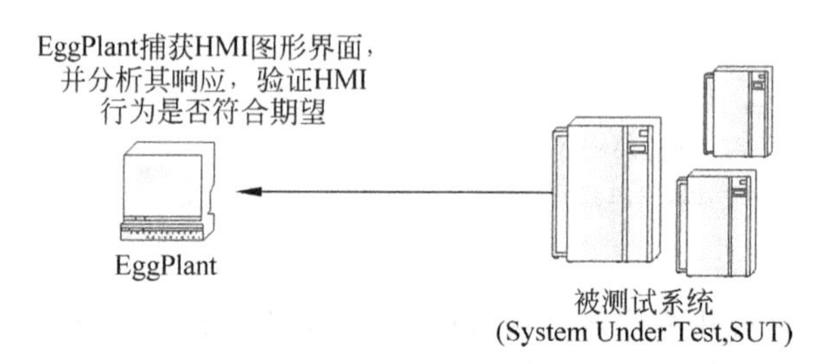

图 8-2 EggPlant 测试原理

安装有 EggPlant 测试软件的 PC 机通过 VNC 接入到被测试系统，在人工智能算法的支持下，采用合适的测试模型，对被测试系统的人机交互接口(Human Machine Interface，HMI)进行图像采集和分析，对测试结果进行比较、分析和判断，对界面文字进行识别等，开展智能自动化测试。EggPlant 软件框架示意如图 8-3 所示。

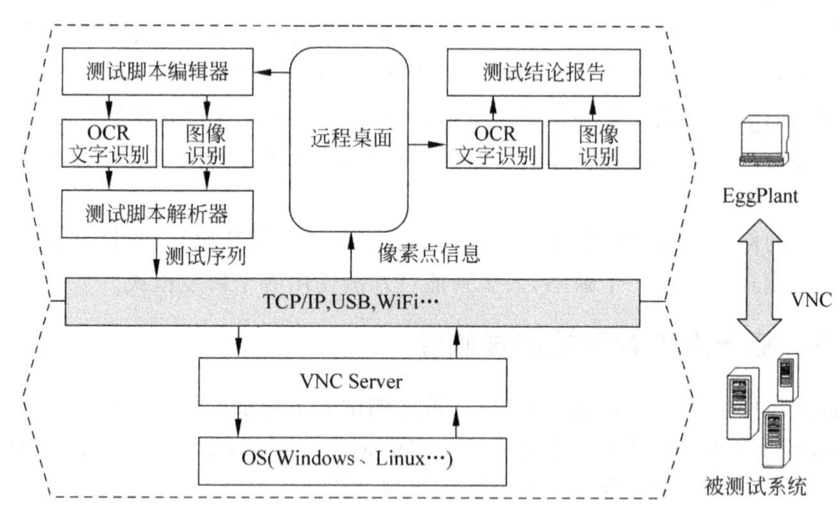

图 8-3 EggPlant 软件框架示意

EggPlant 具有以下特点。

(1) EggPlant 用户通过观察进行测试，通过分析实际屏幕而不是代码，使用智能图像和文本识别来测试应用程序的逻辑以及用户界面，并进行真正的端到端测试。测试可以在任何设备上进行，像最终用户一样与应用程序进行交互。

(2) EggPlant 能够测试软件的功能、性能和可用性，站在用户的角度测试与用户体验相关的关键属性。真正实现了让测试人员、业务人员、产品经理及用户都成为有效的测试人员。

(3) EggPlant 使用人工智能和机器学习自动生成测试用例，并优化测试执行以发现程序缺陷,并覆盖各种用户体验,可以增强自动化测试力度。

(4) EggPlant 实现了完全量化的质量管理,根据指标合格率和缺陷密度报告质量状态。

2. Applitools

Applitools 采用一种自适应算法进行可视化测试(视觉技术),不需要事先进行各种设置,不需要明确地调用所有元素,但能够发现程序中的错误。

(1) 利用机器学习、人工智能进行自动维护,能够将来自不同页面/浏览器/设备的类似变化组合在一起。

(2) 修改比较算法,以便能够辨别哪些更改是有意义的、更为显著的。

(3) 能够自动理解哪些更改可能是一种缺陷或一种期望,并根据这种差异进行排序。

3. MABL

MABL 侧重于对应用程序或网站进行功能测试。该软件通过与应用程序进行交互,经过大量"训练"生成测试。

(1) MABL 是一种没有脚本的自动化测试,并且支持持续集成。

(2) MABL 可以自动检测应用程序的元素是否已经修改,并能够动态更新测试,以检测这些改动。

(3) MABL 能够不断的比较测试结果和测试历史,以快速检测变化和回归,进而产生更加稳定的测试版本。

(4) MABL 可以帮助测试人员快速识别和修正缺陷,将影响缩小到可控的范围之内。

4. Appvance IQ

Appvance IQ 是一个由人工智能(AI)驱动的无代码创建测试、自主测试、持续测试的系统,能够实现统一的功能测试、性能测试和安全测试。

(1) Appvance IQ 支持由机器学习引擎创建应用程序蓝图,通过用户操作活动开展大数据分析,结合服务器日志等数据源,自动生成测试脚本。

(2) Appvance IQ 支持自主测试,即自动生成脚本,自动运行测试并发现缺陷,将人工干预降低到接近于零,能够获得接近 100%的代码、页面和操作覆盖率。

(3) Appvance IQ 在被测试系统上测试时,每次会激活 100 多个测试机器人,这些测试机器人协同工作,在被测试系统上探索可识别路径,边探索边创建测试用例,直到探索完所有的可识别路径。

8.5 智能软件测试的开发与应用

8.5.1 智能软件

1. 智能软件的概念

智能软件是指能产生人类智能行为的计算机软件。智能软件不仅可在传统的诺依曼的计算机系统上运行,而且也可在新一代的非诺依曼结构的计算机系统上运行。

智能的含义很广,其本质有待进一步探索,因而对"智能"难于给出一个完整确切的定义,但一般可做这样的表述:智能是人类大脑的较高级活动,它至少应具备获取和应用知识的能力、思维与推理的能力、问题求解的能力和学习能力。智能软件是研究、开发用于模拟、延伸和扩展人的智能的理论、方法、技术及应用系统的一门新的技术科学。

2. 智能软件的特性

(1) 适应性(adaptability)。适应性是软件对环境变化做出反应以继续满足功能性和非功能性需求的能力。自适应的属性包括自我配置、自我修复、自我保护和自我学习。适应性要求软件主动或被动地收集有关其操作环境的信息。探索、主动收集信息,为自我完善提供了有用的信息,但也危险,并且软件在探索时应格外小心安全相关情况。适应性要求软件应适应环境变化,并且还应包括对适应过程本身的要求,例如最大适应时间。适应性测试通常基于环境修改或突变。功能性和非功能性需求均应进行测试,并且最好以自动化方式进行回归测试。还应该测试软件执行的适应过程,以确定例如软件是否在所需时间范围内适应,以及软件为实现适应而消耗的资源是否在约束范围内。

(2) 自主性(autonomy)。自主性是软件在没有人工干预的情况下持续工作的能力。应该为软件指定预期的人工干预水平,并且应该是软件功能要求的一部分。自主性也可以与适应性或灵活性结合起来考虑。在某些情况下,基于 AI 的软件可能会表现出过多的自主性,在这种情况下,人类可能有必要从中夺取控制权。测试自主性的一种方法是尝试迫使软件脱离其自主行为,并在未指定的情况下请求干预。

(3) 演化(evolution)。演化与软件应对两种类型的变化的能力有关。第一种类型是用户需求更改时,这可能有多种原因,甚至可能是由用户与软件本身的交互引起的。第二种类型是软件更改其行为时,这可能是由于软件在使用时学习了新的行为。软件行为的变化并不总是积极的,而这种软件特性的消极形式可以称为退化、漂移或陈旧。软件演化测试通常采取维护测试的形式,需要经常运行。此测试通常需要监视指定的软件目标,例如性能目标(包括准确率、精确率和召回率),并确保没有数据偏差引入软件。该测试的结果可能是对软件进行了重新培训,也许使用了更新的培训数据集。

(4) 灵活性(flexibility)。灵活性是软件在超出其初始规格的环境中工作的能力,即根据实际情况更改其行为以实现其目标。灵活性应在要求中明确规定,这可以通过使用严格程度不同的动词非正式地实现,例如"必须""可能"和"接近",或者通过规范中的概率和可能性进行定义。可以使用不同的技术机制实现灵活性,例如反应性、主动性、交互性、适应性或自学。测试灵活性需要进行测试以扩展软件的原始性能。

(5) 偏差(bias)。偏差是对机器学习模型提供的预测值与实际值之间的距离的度量。在机器学习中,其思想是识别并归纳训练数据中的模式,并在模型中实施这些模式以对其进行分类和预测。如果训练数据不能代表预期可用于操作的数据,则该模型很可能会显示出偏差。偏差测试可以分两个阶段执行。首先,通过评审将其从训练数据中删除,但这需要专家评审员,可以识别可能造成偏见的特征。其次,通过使用无偏差测试集的独立测试对软件进行偏差测试。当知道训练数据存在偏差时,就有可能消除偏差的根源。或者可以接受该软件包括偏差,但是通过发布训练数据来提供透明度。

(6) 性能指标(performance metrics)。性能指标是为机器学习模型定义的,其中最流行的是准确率、精确率和召回率。通常在机器学习框架(例如 TensorFlow)中提供对性能模型的测试,该框架将为给定的测试数据集计算这些度量。

(7) 透明性/可解释性(transparency)。透明性(也称为可解释性)是衡量基于 AI 的软件得出结果的难易程度的一种度量。与许多非功能性需求一样,可能会与其他非功能性特征发生冲突。在这种情况下，可能需要权衡透明度以达到所需的准确性。解决潜在透明度问题的一种方法是发布用于创建(不透明)部署模型的框架，训练算法和训练数据的选择细节。可解释的 AI 领域涵盖了使基于 AI 的软件更易解释的方法。透明度测试是一项定性活动，理想情况下，要求目标受众执行测试，以确定基于 AI 的软件工作是否可以理解或所提供的解释是否令人满意。

(8) 复杂性(complexity)。基于 AI 的软件可能非常复杂，由于问题的复杂性，基于 AI 的软件通常用于无法解决的问题。例如，基于大数据进行决策，深度神经网络拥有超过 1 亿个参数并不罕见。这种软件的复杂性产生了一个预测性的问题。

(9) 不确定性(non-determinism)。不确定性是指软件不能保证每次运行都会从相同的输入产生相同的输出。对于非确定性软件，使用相同的前提条件和测试输入集的测试可能会有多个结果。确定性通常由测试人员假设，允许重新运行测试并获得相同的结果。当将测试重新用于回归或确认测试时，这非常有用。然而许多基于 AI 的软件是基于概率实现的，这意味着它们并不总是从相同的测试输入中产生相同的结果。基于 AI 的软件还可以包含其他非决定论的原因，比如并发处理。非确定性软件的测试要求测试人员解决以下问题：对于同一测试案例，多个实际结果可能被认为是正确的。对于确定性软件，对正确性的检查是对“实际结果是否等于预期结果”的简单检查，而对于非确定性软件，测试人员必须对所需的行为数据有更深入的了解，以便可以得出合理的结论，验证测试是否通过。

3. 人工智能的载体

人工智能的载体包括智能机器人、汽车、手机、扫地机及空调等。智能的真正载体是智能软件，包括算法和数据。人工智能本质是一种软件，人工智能的测试本质上是一种特殊的软件测试。

8.5.2 智能软件测试与传统软件测试对比

(1) 测试的难点。智能软件的代码非常少，而且高度标准化。写错代码的概率并不大，智能软件开发中，从设计到实现的转换出错的概率很小。传统软件开发中，设计到实现具有巨大的鸿沟，要编写海量的代码，出错的概率大。高度依赖于训练、测试数据，传统软件的业务逻辑蕴含于实现代码而不是数据。

(2) 测试的重点。智能软件的测试重点在于设计和数据，技术路径包括算法、数据规模与质量；而传统软件的测试重点在于需求和实现代码，如果需求理解有误，则代码实现也可能有误。

(3) 测试的标准。传统软件：真实输出必须和预期输出一致。智能软件：对错误有很强的容忍性。

(4) 覆盖率测试。传统软件覆盖代码中的某类元素，比如语句、分支、路径。智能软件关注神经元和连接，需要覆盖神经元和连接。神经网络的学习功能就是自动判定哪些神经元、哪些连接是解决问题的关键，某些神经元和连接实际上是可有可无的，如图 8-4 所示。

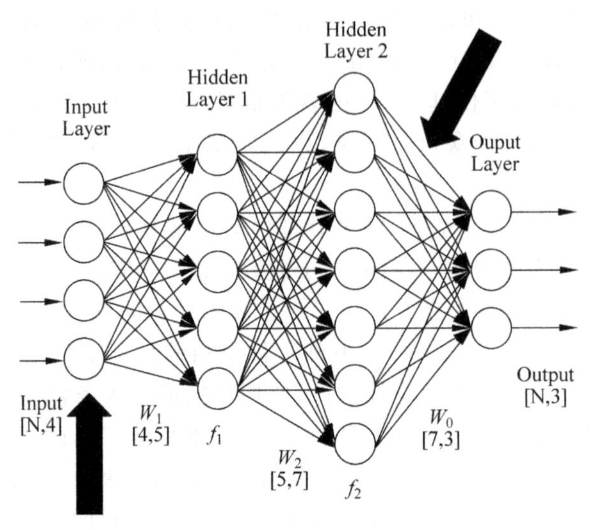

图 8-4　智能软件神经元测试

8.5.3　智能软件的典型测试应用——机器学习

1. 机器学习介绍

机器学习是 AI 的一种形式，是一门多领域交叉学科，涉及概率论、统计学、逼近论、凸分析及算法复杂度理论等多门学科。专门研究计算机怎样模拟或实现人类的学习行为，以获取新的知识或技能，重新组织已有的知识结构使之不断改善自身的性能。机器学习的结果称为模型，由 AI 开发框架使用选定的算法和训练数据创建。该模型反映了输入和输出之间的学习关系。机器学习的示例用途包括图像分类，玩游戏，语音识别，安全系统(恶意软件检测)，飞机防撞系统和自动驾驶汽车。

2. 机器学习的基本方法

机器学习的基本方法包括监督学习和无监督学习。

(1) 监督学习，算法会根据一组标记数据的训练来创建模型。监督学习的一个示例是，所提供的数据被标记为猫和狗的图片，并且所创建的模型有望在将来正确识别它看到的猫和狗。监督学习解决了两种形式的问题：分类问题和回归问题。分类是模型将输入分为不同类别的地方，例如“是-此模块容易出错”和“否-此模块不容易出错”。回归是模型提供值的地方，例如“模块中的错误预期数量为 12”。由于机器学习是概率性的，因此也可以衡量这些分类和回归正确的可能性。

(2) 无监督学习，训练集中的数据不会被标记，因此算法会得出数据本身的模式。无监督学习的典型案例，有一组有关客户的数据，系统根据数据去查找特定的客户分组，根据分组按特定的方式进行销售。由于不必标记训练数据，因此比无监督学习的训练数据更容易获取数据。通过强化学习，为系统定义了奖励函数，当系统接近所需的行为时，它将返回更高的结果。利用奖励功能的反馈，系统学会改善其行为。强化学习的一个例子是使用奖励功能找到最短路径的路径规划系统。

3. 机器学习的流程

机器学习的流程包括了解目标、选择框架、建模、原始数据、数据预处理、训练模型和模型评价。模型评价是指使用验证数据,根据性能指标对经过训练的模型进行评估,然后将结果用于改进调整模型。通常需要对评估结果进行可视化,并且不同的ML框架支持不同的可视化选项。在实践中,通常会创建和训练几个模型,并根据评估和调整的结果选择最佳模型。

模型参数调整后对模型进行测试,一旦对模型进行了训练、评估、调整和选择,就应该针对测试数据集进行测试,以确保符合商定的性能标准。该测试数据应完全独立于工作流中使用过的训练和验证数据。在使用模型时,存在其状况可能演变的风险,并且该模型可能会"偏离"其预期性能。为确保识别和管理任何漂移,应根据其接受标准定期评估运营模型。可能认为有必要更新模型以解决漂移问题,或者可以决定对新数据进行重新训练将产生更准确或更健壮的模型,在这种情况下,可以使用新的训练数据重新建模。可以使用A/B测试形式将新模型与现有模型进行比较。

4. 过拟合和欠拟合

当模型从无关紧要的信息中学习不正确的关系时,就会发生过度拟合,例如无关紧要的细节、随机波动和训练数据中的噪声(即训练数据中包含太多特征)。实际上,就好像该模型已经存储了训练数据,并且在实际使用中,该模型可以很好地使用与训练数据非常相似的数据,但是很难归纳和处理新数据。识别过度拟合的一种方法是确保使用独立于测试数据的独立测试集。

当模型无法从训练数据中识别输入和输出之间的关系时,就会发生拟合不足,即欠拟合。拟合不足通常发生在训练数据不足以提供足够的信息来推导输入和输出之间正确关系的情况下(即训练数据中包含的特征不足),但也可能在选择的算法不适合数据时发生。创建用于处理非线性数据的线性模型。这通常会导致做出许多错误预测的简化模型。

5. 机器学习测试

机器学习测试包括:验收标准,框架、算法/模型和参数选择,模型更新,训练数据质量,测试数据质量,模型集成测试,对抗样本测试。

(1) 验收标准、接受标准(包括功能性要求和非功能性要求)都应记录在案,并证明可以在此应用程序上使用,该模型应包括性能指标。

(2) 框架、算法/模型和参数选择,应当选择并证明选择框架、算法、模型、设置和超参数的理由。

(3) 模型更新,无论何时更新部署的模型,都应重新测试以确保其继续满足接受标准,包括针对可能未记录的隐式需求进行测试,例如测试模型降级。在适当的情况下,应针对先前的模型执行A/B测试或背对背测试(back-to-back testing)。

(4) 训练数据质量。机器学习系统高度依赖于代表操作数据的训练数据,并且某些机器学习系统具有广泛的操作环境(例如自动驾驶汽车中使用的环境)。已知边界条件(边缘情况)会在所有类型的系统(AI和非AI)中引起故障,应将其包括在训练数据中。就数据集的大小和偏差,透明度和完整性等特征而言,训练数据的选择应形成文件,并针对更关键的系统进行校准和确认。

(5) 测试数据质量。训练数据的标准同样适用于测试数据,但要注意的是,测试数据必须尽可能独立于训练数据。独立程度应形成文件并说明理由。测试数据应系统地选择或创建,并且还应包括负面测试(例如超出预期输入范围的输入)和对抗测试。

(6) 模型集成测试(系统测试),应该执行集成测试来确保机器学习模型可以与AI系统的其余部分集成。例如在进行对象识别时应该执行测试以检查是否将正确的图像文件传递给模型,并且该文件具有模型期望的格式。还应该执行测试以检查模型的输出是否被系统的其余部分正确地解释和使用。

(7) 对抗样本测试,是指对神经网络的输入做非常小的更改会在输出中产生意外的、错误的大更改(即与未更改的输入完全不同的结果)。对抗性示例的典型应用是在进行图像分类时,通过简单地改变几个像素,神经网络将其图像分类更改为一个非常不同的对象,并具有高度的置信度。但是对抗性示例不仅限于图像分类器,而且通常是神经网络的属性,因此适用于所有的神经网络。

对抗性例子通常是可以转移的,导致一个神经网络发生故障的对抗示例通常会导致经过训练以执行相同任务的其他神经网络发生故障。对抗性测试通常被称为进行对抗性攻击。通过执行这些攻击并在测试过程中识别漏洞,可以采取措施防止将来的失败,从而提高了神经网络的鲁棒性。可以在训练模型时进行攻击,然后在训练后的模型本身上进行攻击。训练期间的攻击可能包括破坏训练数据(例如修改标签),向训练集中添加不良数据(例如不需要的功能)以及破坏学习算法。

对训练后的模型的攻击可以是白盒或黑盒,并且涉及确定对抗性示例,这些示例将迫使模型给出不良结果。对于白盒攻击,攻击者完全了解用于训练模型的算法以及所使用的设置和参数。攻击者使用此知识来生成对抗性示例,例如,通过对输入进行较小的扰动并监视,导致模型发生较大变化的扰动。对于黑盒攻击,攻击者无法访问模型的内部工作原理或知识,也无法了解其训练方法。在这种情况下,攻击者首先使用该模型确定其功能,然后构建提供相同功能的"重复"模型。由于对抗性示例通常可以迁移,因此相同的白盒对抗性示例通常也可以在黑盒模型上使用。

小结

本章主要介绍了智能时代的软件测试,包括人工智能的概念、人工智能在软件测试领域的应用、智能软件的概念、测试智能软件和普通软件的区别、智能软件测试的典型应用。

习题

1. 判断题

(1) 基于人工智能的软件测试可以完全替代人工测试。(　　)

(2) 基于人工智能的软件测试可以发现更多的缺陷。(　　)

(3) 采用人工智能技术可以开展基于上下文的测试。(　　)

2. 简答题

(1) 结合自己的理解,简述人工智能能够解决软件测试中哪些问题。

(2) 简述自动化测试的过程。

(3) 简述人工智能软件测试的优势。

(4) 简述智能软件测试与传统软件测试的异同点。

参考文献

[1] 曾文，肖政宏，盘茂杰，等. 软件测试基础教程[M]. 北京：清华大学出版社，2016.

[2] Glenford J M . 软件测试的艺术[M].张晓明，等译. 北京：机械工业出版社，2016.

[3] Fowler M. 重构改善既有代码的设计[M].熊节，林从羽，译. 北京：人民邮电出版社，2019.

[4] 姜德迅. 代码坏味检测方法研究及重构分析[M]. 北京：中国纺织出版社，2021.

[5] 高原，刘辉，樊孝忠，等. 代码坏味的处理顺序[J]. 软件学报，2012，23(8)：1965-1977.

[6] Patton R. 软件测试[M]. 张小松，王钰，曹跃，等译. 北京：机械工业出版社，2021.

[7] Pressman R S. 软件工程实践者的研究方法[M]. 王林章，等译. 北京：机械工业出版社，2006.

[8] Jorgensen P C . 软件测试：一个软件工艺师的方法[M]. 马琳，等译. 北京：机械工业出版社，2017.

[9] 郭雷. 软件测试[M]. 北京：高等教育出版社，2019.

[10] Hunt A. 单元测试之道 Java 版——使用 JUnit[M]. 北京：电子工业出版社，2005.

[11] 孙继荣，李志蜀，王莉，等. 程序切片技术在软件测试中的应用[J]. 计算机应用研究，2007，24(5)：210-213.

[12] 朱少民. 全程软件测试[M]. 3 版. 北京：人民邮电出版社，2019.

[13] 斛嘉乙，符永蔚，樊映川. 软件测试技术指南[M]. 北京：机械工业出版社，2019.

[14] 周之昊，刘热. 软件测试与维护基础[M]. 北京：中国铁道出版社，2019.

[15] 柳纯录. 软件测评师教程[M]. 北京：清华大学出版社，2010.

[16] 侯殿军. 人工智能软件测试的研究和应用[J]. 科技论坛，2019，04：117-118.

[17] 基于 eggPlant 软件的 C4I 自动化测试方案[EB/OL]. (2015-08-07)[2022-01-23]. https://www.jishulink.com/content/post/1628.

[18] 朱少民. 未来已来，人工智能测试势不可挡：介绍 9 款 AI 测试工具[EB/OL]. (2018-03-16)[2022-01-23]. https://mp.weixin.qq.com/s?__biz=MjM5ODczMDc1Mw==&mid=2651844199&idx=1&sn=9bf381c2b1d0a9045bd74f680d8db721&chksm=bd3d03098a4a8a1f02ec9be51d5a0df8e0c2432e0bb976294584653220172 93d42e24ef7f38f&scene=21#wechat_redirect.

[19] 凌晨点点. 人工智能测试整体介绍——第三部分[EB/OL]. (2020-04-21)[2022-01-23]. https://blog.csdn.net/lhh08hasee/article/details/105663737.

附录

软件测评师考试大纲

一、考试说明

1. 考试要求

(1) 熟悉计算机基础知识;

(2) 熟悉操作系统、数据库、中间件、程序设计语言基础知识;

(3) 熟悉计算机网络基础知识;

(4) 熟悉软件工程知识,理解软件开发方法及过程;

(5) 熟悉软件质量及软件质量管理基础知识;

(6) 熟悉软件测试标准;

(7) 掌握软件测试技术及方法;

(8) 掌握软件测试项目管理知识;

(9) 掌握C语言以及C++或Java语言程序设计技术;

(10) 了解信息化及信息安全基础知识;

(11) 熟悉知识产权相关法律、法规;

(12) 正确阅读并理解相关领域的英文资料。

2. 通过本考试的合格人员能在掌握软件工程与软件测试知识的基础上,运用软件测试管理办法、软件测试策略、软件测试技术,独立承担软件测试项目;具有工程师的实际工作能力和业务水平。

3. 本考试设置的科目包括:

(1) 软件工程与软件测试基础知识,考试时间为150分钟,笔试,选择题;

(2) 软件测试应用技术,考试时间为150分钟,笔试,问答题。

二、考试范围

考试科目1:软件工程与软件测试基础知识

1. 计算机系统基础知识

1.1 计算机系统构成及硬件基础知识

- 计算机系统的构成

- 处理机
- 基本输入/输出设备
- 存储系统

1.2　操作系统基础知识

- 操作系统的中断控制、进程管理、线程管理
- 处理机管理、存储管理、设备管理、文件管理、作业管理
- 网络操作系统和嵌入式操作系统基础知识
- 操作系统的配置

1.3　数据库基础知识

- 数据库基本原理
- 数据库管理系统的功能和特征
- 数据库语言与编程

1.4　中间件基础知识

1.5　计算机网络基础知识

- 网络分类、体系结构与网络协议
- 常用网络设备
- Internet 基础知识及其应用
- 网络管理

1.6　程序设计语言知识

- 汇编、编译、解释系统的基础知识
- 程序设计语言的基本成分(数据、运算、控制和传输、过程(函数)调用)
- 面向对象程序设计
- C 语言以及 C++(或 Java)语言程序设计基础知识

2. 标准化基础知识

- 标准化的概念(标准化的意义、标准化的发展、标准化机构)
- 标准的层次(国际标准、国家标准、行业标准、企业标准)
- 标准的类别及生命周期

3. 信息安全知识

- 信息安全基本概念
- 计算机病毒及防范
- 网络入侵手段及防范
- 加密与解密机制

4. 信息化基础知识

- 信息化相关概念
- 与知识产权相关的法律、法规
- 信息网络系统、信息应用系统、信息资源系统基础知识

5. 软件工程知识

5.1　软件工程基础

- 软件工程概念

- 需求分析
- 软件系统设计
- 软件组件设计
- 软件编码
- 软件测试
- 软件维护

5.2　软件开发方法及过程

- 结构化开发方法
- 面向对象开发方法
- 瀑布模型
- 快速原型模型
- 螺旋模型

5.3　软件质量管理

- 软件质量及软件质量管理概念
- 软件质量管理体系
- 软件质量管理的目标、内容、方法和技术

5.4　软件过程管理

- 软件过程管理概念
- 软件过程改进
- 软件能力成熟度模型

5.5　软件配置管理

- 软件配置管理的意义
- 软件配置管理的过程、方法和技术

5.6　软件开发风险基础知识

- 风险管理
- 风险防范及应对

5.7　软件工程有关的标准

- 软件工程术语
- 计算机软件开发规范
- 计算机软件产品开发文件编制指南
- 计算机软件需求规范说明编制指南
- 计算机软件测试文件编制规范
- 计算机软件配置管理计划规范
- 计算机软件质量保证计划规范
- 数据流图、程序流程图、系统流程图、程序网络图和系统资源图的文件编制符号及约定

6. 软件评测师职业素质要求

- 软件评测师职业特点与岗位职责
- 软件评测师行为准则与职业道德要求

- 软件评测师的能力要求

7. 软件评测知识

7.1　软件测试基本概念

- 软件质量与软件测试
- 软件测试定义
- 软件测试目的
- 软件测试原则
- 软件测试对象

7.2　软件测试过程模型

- V 模型
- W 模型
- H 模型
- 测试模型的使用

7.3　软件测试类型

- 单元测试、集成测试、系统测试
- 确认测试、验收测试
- 开发方测试、用户测试、第三方测试
- 动态测试、静态测试
- 白盒测试、黑盒测试、灰盒测试

7.4　软件问题分类

- 软件错误
- 软件缺陷
- 软件故障
- 软件失效

7.5　测试标准

7.5.1　GB/T 16260.1—2006 软件工程 产品质量 第 1 部分：质量模型

7.5.2　GB/T 18905.1—2002 软件工程 产品评价 第 1 部分：概述

7.5.3　GB/T 18905.5—2002 软件工程 产品评价 第 5 部分：评价者用的过程

8. 软件评测现状与发展

- 国内外现状
- 软件评测发展趋势

9. 专业英语

- 正确阅读并理解相关领域的英文资料

考试科目 2：软件测试应用技术

1. 软件生命周期测试策略

1.1　设计阶段的评审

- 需求评审
- 设计评审
- 测试计划与设计

1.2　开发与运行阶段的测试

- 单元测试
- 集成测试
- 系统(确认)测试
- 验收测试

2. 测试用例设计方法

2.1　白盒测试设计

- 白盒测试基本技术
- 白盒测试方法

2.2　黑盒测试用例设计

- 测试用例设计方法
- 测试用例的编写

2.3　面向对象测试用例设计

2.4　测试方法选择的策略

- 黑盒测试方法选择策略
- 白盒测试方法选择策略
- 面向对象软件的测试策略

3. 软件测试技术与应用

3.1　软件自动化测试

- 软件自动化测试基本概念
- 选择自动化测试工具
- 功能自动化测试
- 负载压力自动化测试

3.2　面向对象软件的测试

- 面向对象测试模型
- 面向对象分析的测试
- 面向对象设计的测试
- 面向对象编程的测试
- 面向对象的单元测试
- 面向对象的集成测试
- 面向对象的系统测试

3.3　负载压力测试

- 负载压力测试基本概念
- 负载压力测试解决方案
- 负载压力测试指标分析
- 负载压力测试实施

3.4　Web应用测试

- Web应用的测试策略
- Web应用设计测试

- Web 应用开发测试
- Web 应用运行测试

3.5 网络测试

- 网络系统全生命周期测试策略
- 网络仿真技术
- 网络性能测试
- 网络应用测试

3.6 安全测试

- 测试内容
- 测试策略
- 测试方法

3.7 兼容性测试

- 硬件兼容性测试
- 软件兼容性测试
- 数据兼容性测试
- 新旧系统数据迁移测试
- 平台软件测试

3.8 易用性测试

- 功能易用性测试
- 用户界面测试

3.9 文档测试

- 文档测试的范围
- 用户文档的内容
- 用户文档测试的要点
- 用户手册的测试
- 在线帮助的测试

4. 测试项目管理

- 测试过程的特性与要求
- 软件测试与配置管理
- 测试的组织与人员
- 测试文档
- 软件测试风险分析
- 软件测试的成本管理

三、题型举例

(一) 选择题

1. 下面测试步骤(　　)中需要进行局部数据结构测试。

   A. 单元测试　　B. 集成测试　　C. 确认测试　　D. 系统测试

2. 软件的六大质量特性包括(　　)。

   A. 功能性、可靠性、可用性、效率、可维护、可移植

B. 功能性、可靠性、可用性、效率、稳定性、可移植

C. 功能性、可靠性、可扩展性、效率、稳定性、可移植

D. 功能性、可靠性、兼容性、效率、稳定性、可移植

（二）问答题

1. 白盒测试方法中的代码检查法需要重点考虑代码的执行效率，阅读以下两个循环，回答问题 1 和问题 2。

```
循环 1:
for (i = 0; i < n;i++)
{
if(condition)
DoSomething();
else
DoOtherthing();
}
循环 2:
if(condition)
{
for (i = 0; i < n;i++)
DoSomething()
}
else
{
for (i = 0; i < n;i++)
DoOtherthing();
}
```

问题 1：循环 1 的优点和缺点。

问题 2：循环 2 的优点和缺点。

2. 请简述软件系统负载压力测试的主要目的。